쉬운 설명, 다양한 예제

선형대수학 입문

이병무 지음

Introduction to LINEAR ALGEBRA

KM 경문사

머리말

선형대수학은 연립방정식, 행렬과 행렬식, 벡터공간, 그리고 선형변환 등을 다루는 학문으로, 현대수학에 있어서 매우 중요한 수학의 한 분야이다. 선형대수학은 수학의 전 분야뿐만 아니라 자연계는 물론 공학계, 인문사회계의 학생에게 필수적인 수학 과목이다.

이 책에서는 선형대수와 관련된 기본 개념을 설명하고 문제해결에 대한 적응력을 향상시키는데 주안점을 둠으로써 학생들로 하여금 선형대수학의 추상적인 이론에 대한 학습에 동기를 부여하고 흥미를 갖도록 하였다. 이 책은 오랜 강의 경험을 바탕으로, 학생이 쉽게 내용을 이해하고 실제로 계산 능력을 갖추도록 집필되었다. 특히 선형대수학을 필요로 하는 모든 학문분야를 전공하는 대학 1학년 또는 2학년 학생을 대상으로, 한 하기 또는 두 학기에 이수해야 할 부분을 체계적으로 담아내는데 초점을 두었다.

제1장에서는 벡터의 기본개념을 서술하고, 직선과 평면의 방정식에 대하여 기술하였다. 제2장에서는 행렬에 대하여 기술하고, 기본행연산을 이용하여 역행렬을 구하는 방법을 설명하였다. 제3장에서는 가우스 소거법(가우스-조르당 소거법)과 역행렬을 이용하여 선형연립방정식의 해를 구하는 방법을 다루었다. 제4장에서는 행렬식에 관하여 서술하고, 크라머 공식을 이용한 선형연립방정식의 해법을 소개하였다. 제5장에서는 벡터공간의 성질, 좌표벡터와 전이행렬에 관하여 서술하고, 끝으로 제6장에서는 선형변환, 특히 선형변환과 행렬과의 관계, 행렬의 대각화에 관하여 기술하였다.

이 책에서는 기본개념과 정리에 대한 이해를 돕고 광범위한 영역에 활용하기 위하여 반드시 갖추어야 할 기본 기능을 익히도록 하였다. 많은 예제를 이용하여 혼자서도 쉽게 새로운 개념과 정리에 대하여 충분히 이해하고 활용할 수 있도록 서술하였다. 집필과정에서 증명의 일부분은 독자에게 맡겨 스스로 해결점을 찾도록 하였고, 간단한 보기를 '예'로 증명이나 풀이가 뒤따르는 것은 '예제'로 구분하였다. 또한 각 절의 마지막에 연습문제를 제시하고 풀이 또는 증명과정을 자세히 제공함으로써 스스로 효과적으로 활용할 수 있도록 하였다.

이 책이 출간되어 선형대수학을 배우고 응용하고자 하는 여러분에게 많은 도움이 되기를 바란다. 다만 내용상 미비한 부분이나 시정을 요하는 점이 있을 때는 독자 여러분의 따뜻한 조언이 있기를 바란다.

끝으로 본 교재가 출판되기까지 적극적인 지원을 해준 경문사 관계자에게 감사드린다. 특히 편집에 수고를 아끼지 않은 편집부와 집필하는 동안 끊임없이 애정을 가지고 조언하며 원고를 수정해준 김엘라 씨를 포함한 많은 분들께도 감사와 함께 행운이 깃들기를 기원한다.

2013년 9월

지은이

차례

제4장 행렬식

제5장 벡터공간

제6장 선형변환과 행렬의 대각화

제 1 장

벡터

선형대수학은 '**벡터**와 **행렬**'이라는 두 개의 대상을 기본으로 한다. 벡터에 대한 연구는 아일랜드의 수학자 헤밀턴(Hamilton)에 의해 구체화되었고, 벡터는 수학은 물론 물리학, 공학에서 다양한 의미를 갖는다.

이 장에서는 공간에서 해석학적인 관점으로 벡터를 도입하고, 기하학적인 관점으로 벡터 대수, 내적과 외적, 삼중적의 기하학적 성질과 물리적 성질을 이해한다.

1.1 벡터

벡터는 크기와 방향을 갖는 양을 뜻한다. 공간에서 크기를 길이로 하고 방향을 갖는 유향 선분으로 벡터를 표현할 수 있다. 공간에서 점 P에서 점 Q로 향하는 벡터를 표현하는 방법으로 크기와 방향을 동시에 표현하는 화살표 $\overrightarrow{PQ}$를 오랫동안 사용하다가, 1814년경에 아르강(Argand)에 의해 순서쌍을 이용한 벡터의 표현방법이 구체화되었다.

참고

물리적인 양 중에서 크기(magnitude)만을 가진 양을 **스칼라**(scalar)라 하고, 크기와 방향(direction)을 동시에 가진 양을 **벡터**(vector)라 한다. 앞으로 특별한 언급이 없는 한, 스칼라는 실수로 제한한다.

1. 직교좌표계

공간 위에 점을 나타내는 방법 중 가장 널리 사용하는 것은 공간에 원점(origin) O에서 서로 수직으로 만나는 좌표축(3차원 공간에서 z축의 방향은 오른손법칙에 의해 결정)을 설정하고 주어진 점을 각 좌표축으로 정사영한 값을 각 성분으로 하여 순서쌍으로 표시하는 것이다.

일반적으로 n개의 성분을 갖는 순서쌍 전체의 집합을 n차원 공간(**n차원 유클리드 공간**)이라 하고 R^n으로 표시한다. 이것을 **n차원 직교좌표계**라 한다.

예 1

R^1은 실수 전체의 집합인 직선과 일치하므로 R^1을 간단히 R로 나타낸다. R^2는 기하학적으로 평면과 일치하고, R^3는 일반적인 공간으로 생각할 수 있다. 한편 R^4, R^5, $\cdots$를 고차원 공간이라 한다. ■

특별한 언급이 없는 한, 이 책에서는 직교좌표계 $O-xy$ 또는 $O-xyz$에서 생각하기로 한다.

2. 공간벡터

공간 위의 두 점 P와 Q에 대하여, 시점(initial point, 시작점) P에서 끝점(terminal point, 종점) Q에 이르는 **유향선분**(directed line segment)을 $\overrightarrow{PQ}$로 나타낸다(이것을 흔히 **기하벡터**라 한다). 이때 유향선분 $\overrightarrow{PQ}$의 크기를 $\|\overrightarrow{PQ}\|$으로 표기한다.

정의 1 벡터

두 유향선분이 같은 크기와 방향을 가질 때 두 유향선분은 동치라 하고, 동치인 유향선분의 집합을 **벡터**라고 한다.

벡터는 보통 진한 영문소문자(볼드체) $\mathbf{a}$, $\mathbf{b}$, $\cdots$ 또는 화살표 기호를 사용하여 $\vec{a}$, $\vec{b}$, $\cdots$로 나타내고, 스칼라는 이탤릭체 소문자로 표시한다. 화살표 $\vec{a}$, $\vec{b}$, $\cdots$가 벡터를 기하학적으로 표현하는데 유용하지만, 다양한 벡터를 대수적 $\mathbf{a}$, $\mathbf{b}$, $\cdots$로 표현하면 많은 장점을 갖게 된다.

벡터는 크기와 방향에 의해서만 정의되므로, 크기와 방향이 같은 두 벡터 $\mathbf{a}$와 $\mathbf{b}$는 시점의 위치와 관계없이 동일한 벡터, 즉 '같다'고 하고 $\mathbf{a}=\mathbf{b}$로 표기한다. 따라서 한 벡터를 평행이동하여도 동일한 벡터로 간주한다. 특히 크기가 0인 벡터(시점과 끝점이 같은 벡터)를 **영벡터**(zero vector)라 하고, $\mathbf{0}$으로 표기한다.

한편 벡터 $\mathbf{a}$에 스칼라 λ를 곱한 벡터를 $\lambda\mathbf{a}$로 정의한다. 특히 벡터 $\mathbf{a}$와 크기가 같고 방향이 반대인 벡터를 $-\mathbf{a}$로 나타낸다.

정의 2 합성벡터

두 벡터 $\mathbf{a}$와 $\mathbf{b}$의 시점이 일치할 때, 두 벡터 $\mathbf{a}$와 $\mathbf{b}$의 **합** 또는 **합성벡터**

$$\mathbf{c}=\mathbf{a}+\mathbf{b}$$

는 $\mathbf{a}$의 끝점이 $\mathbf{b}$의 시점이 되도록 $\mathbf{b}$를 평행이동하여, $\mathbf{a}$의 시점에서 $\mathbf{b}$의 끝점으로 향하는 벡터이다.

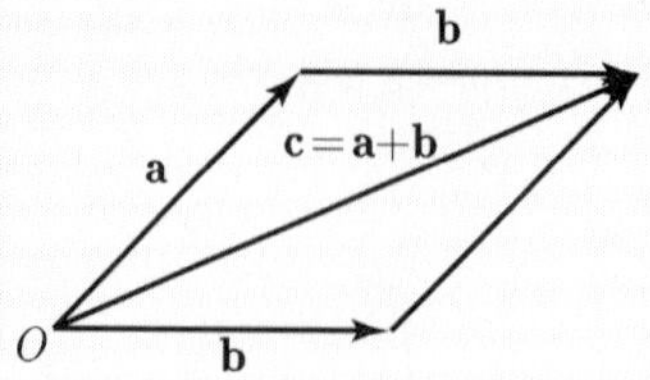

그림 1.1

3차원 공간 R^3 위의 임의의 두 점 $P_1(x_1,\ y_1,\ z_1)$과 $P_2(x_2,\ y_2,\ z_2)$에 대하여, 벡터 $\overrightarrow{P_1P_2}$를 시점이 원점 O가 되도록 평행이동해 보자. 그러면 점 $Q(x_2-x_1,\ y_2-y_1,\ z_2-z_1)$에 대하여, $\overrightarrow{P_1P_2}=\overrightarrow{OQ}$가 성립한다. 그러므로 R^3 위의 모든 벡터들의 집합은

$$\{\ \overrightarrow{OP}\ |\ P(x,\ y,\ z)\in R^3\}$$

가 된다. 즉 직교좌표계 $O-xyz$를 고정하면, O를 시점으로 하는 벡터 전체와 공간 위의 점 전체 사이에 일대일 대응이 된다. 따라서 R^3는 3차원 공간 위의 모든 벡터들의 집합으로 간주할 수 있다.

예 2

R^3에서 시점이 $A(2,\ 1,\ 1)$이고 끝점이 $B(3,\ 0,\ 4)$인 벡터와 시점이 $A(5,\ 1,\ 4)$이고 끝점이 $B(6,\ 0,\ 7)$인 벡터를 각각 $\mathbf{a}$, $\mathbf{b}$라 하면

$$\mathbf{a}=(1,\ -1,\ 3)=\mathbf{b}$$

로 두 벡터는 일치한다. ■

모든 벡터 $\overrightarrow{OP}$는 시점을 원점으로 보면, 끝점 $P(x,\ y,\ z)$에 의하여 결정된다. 이와 같이 O를 시점으로 할 때, 공간 위의 임의의 점 P의 위치를 나타내기 위하여 사용되는 벡터를 **위치벡터**(position vector)라 한다. 이때 R^3에서 시점이 원점 $O(0,\ 0,\ 0)$이고 끝점의 좌표가 $P(a_1,\ a_2,\ a_3)$이면, 유향선분 $\overrightarrow{OP}$로 주어진 벡터 $\mathbf{a}$, 즉 $\mathbf{a}=\overrightarrow{OP}$를

$$\mathbf{a}=(a_1,\ a_2,\ a_3)$$

로 표기한다. 특히 R^3에서 두 벡터 $\mathbf{a}=(a_1,\ a_2,\ a_3)$와 $\mathbf{b}=(b_1,\ b_2,\ b_3)$에 대하여 $a_1=b_1$, $a_2=b_2$와 $a_3=b_3$이면 $\mathbf{a}=\mathbf{b}$라 한다.

예 3

R^2에서 임의의 점 $P(a_1, a_2)$의 위치벡터는 기호 $\mathbf{a}$를 사용하여 $\mathbf{a}=(a_1, a_2)$로 표시한다. 이때 벡터 (a_1, a_2)의 방향은 x축 양의 방향으로부터 시계반대방향으로의 각 θ (단, $0 \le \theta \le 2\pi$)를 말하며, 단위는 라디안이다. ■

정의 3

세 실수들의 순서쌍 (a_1, a_2, a_3)를 **공간벡터** (vector in space), 간단히 벡터 (단, 혼동할 염려가 없을 때)라 하고

$$\mathbf{a}=(a_1,\ a_2,\ a_3) \text{ 또는 } \mathbf{a}=\begin{bmatrix} a_1 \\ a_2 \\ a_3 \end{bmatrix}$$

로 나타낸다. 이때 실수 a_1, a_2, a_3를 벡터 $\mathbf{a}$의 **성분** (component)이라 한다.

참고

n개의 실수의 순서쌍 (n - tuple) $(a_1, a_2, \cdots, a_n)$을 n 차원 벡터, 간단히 **벡터** (단, 혼동할 염려가 없을 때)라 하고

$$\mathbf{a}=(a_1,\ a_2,\ \cdots,\ a_n) \text{ 또는 } \mathbf{a}=\begin{bmatrix} a_1 \\ a_2 \\ \vdots \\ a_n \end{bmatrix}$$

으로 나타낸다. 이때 실수 $a_1, a_2, \cdots, a_n$을 벡터 $\mathbf{a}$의 **성분**이라 한다. 특히 R^n의 벡터 $\mathbf{a}=(a_1, a_2, \cdots, a_n)$, $\mathbf{b}=(b_1, b_2, \cdots, b_n)$에 대하여

$$a_i = b_i \ (\text{단, } i=1,\ 2,\ \cdots,\ n)$$

이면, $\mathbf{a}=\mathbf{b}$라고 한다.

R^2에서의 벡터 (a_1, a_2)는 1×2 행렬이라고도 볼 수 있다. 이때 벡터 (a_1, a_2)를 행벡터라 한다. 또한 1×2 행렬인

$$\begin{bmatrix} a_1 \\ a_2 \end{bmatrix}$$

도 하나의 벡터라 볼 수 있겠으며, 이것을 열벡터라 한다.

앞으로 편의상 벡터라 하면 특별한 언급이 없는 한, 행벡터를 뜻하는 것으로 한다.

정의 4

R^n의 벡터 $\mathbf{a} = (a_1, a_2, \cdots, a_n)$의 **노름**(norm) $\|\mathbf{a}\|$은

$$\|\mathbf{a}\| = \sqrt{a_1^2 + a_2^2 + \cdots + a_n^2}$$

으로 정의하고, 벡터 $\mathbf{a}$의 노름을 벡터의 **크기** 또는 **길이**(length)라 한다.

예 4

R^2의 벡터 $\mathbf{a} = (a_1, a_2)$의 크기는 $\|\mathbf{a}\| = \sqrt{a_1^2 + a_2^2}$이고, R^3의 벡터 $\mathbf{b} = (b_1, b_2, b_3)$의 크기는 $\|\mathbf{b}\| = \sqrt{b_1^2 + b_2^2 + b_3^3}$이다. ■

R^n의 벡터 $\mathbf{a}$에 대하여 노름이 1인 벡터, 즉

$$\|\mathbf{a}\| = 1$$

인 벡터를 **단위벡터**(unit vector)라 한다. $\mathbf{a} \neq \mathbf{0}$일 때, $\mathbf{a}$와 같은 방향을 가지는 단위벡터는

$$\frac{\mathbf{a}}{\|\mathbf{a}\|}$$

로 주어진다. 즉 $\mathbf{a} \neq \mathbf{0}$에 대하여 $\frac{\mathbf{a}}{\|\mathbf{a}\|}$는 $\mathbf{a}$ 방향의 단위벡터이다. 또한 R^n에서 노름이 0인 벡터를 영벡터라 하고, $\mathbf{0}$으로 표기한다. R^3에서 크기가 0인 벡터는 영벡터 $\mathbf{0} = (0, 0, 0)$뿐이고, 영벡터는 특정한 방향을 갖지 않는 유일한 벡터이다.

예제 1

R^n에서 크기가 0인 벡터는 영벡터 $\mathbf{0} = (0, 0, 0)$ 뿐이다.

증명 $\mathbf{a} = (a_1, a_2, \cdots, a_n) \in R^n$이 $\mathbf{0}$이 아닌 벡터라고 하자. 만약 $\|\mathbf{a}\| = 0$이라면, $\sqrt{\sum_{i=1}^{n} a_i^2} = 0$이므로 $\sum_{i=1}^{n} a_i^2 = 0$이 된다. 그런데 $a_i \in R$이므로, $a_i^2 \geq 0$이다. 그러므로

$$a_i = 0 \ (\text{단, } i = 1, 2, \cdots, n)$$

이 된다. 이것은 모순이다. 따라서 $\mathbf{a}=\mathbf{0}$이 성립한다. ■

이제부터 n차원 벡터 전체의 집합을 V_n으로 표기하기로 한다. 예를 들면 2차원 벡터 전체의 집합은 V_2, 3차원 벡터 전체의 집합은 V_3로 나타낸다.

정의 5 벡터의 합과 스칼라배

(1) $\mathbf{a}=(a_1,\ a_2,\ a_3)$, $\mathbf{b}=(b_1,\ b_2,\ b_3)$일 때, 두 벡터 $\mathbf{a}$, $\mathbf{b}$의 **합**을

$$\mathbf{a}+\mathbf{b}=(a_1+b_1,\ a_2+b_2,\ a_3+b_3)$$

로 정의하고, 두 벡터 $\mathbf{a}$, $\mathbf{b}$의 차는 $\mathbf{a}-\mathbf{b}=\mathbf{a}+(-\mathbf{b})$로 정의한다.

(2) λ가 스칼라이고, $\mathbf{a}=(a_1,\ a_2,\ a_3)$이면, **스칼라배** $\lambda\mathbf{a}$를

$$\lambda\mathbf{a}=(\lambda a_1,\ \lambda a_2,\ \lambda a_3)$$

로 정의한다.

두 벡터 $\mathbf{a}$, $\mathbf{b}$가 어떤 스칼라 λ에 대하여 $\mathbf{b}=\lambda\mathbf{a}$이면, $\mathbf{a}$와 $\mathbf{b}$는 **평행**(parallel)하다고 한다.

예제 2

R^3의 두 벡터 $\mathbf{a}=(2,\ 4,\ -5)$와 $\mathbf{b}=(1,\ 2,\ 3)$의 합에 평행한 단위벡터를 구하시오.

풀이 두 벡터의 합을 $\mathbf{c}$라 할 때, $\mathbf{c}=\mathbf{a}+\mathbf{b}=(3,\ 6,\ -2)$이고, $\mathbf{c}$의 크기는 $\|\mathbf{c}\|=7$이 된다. 따라서 $\mathbf{c}$에 평행한 단위벡터는

$$\frac{\mathbf{c}}{\|\mathbf{c}\|}=\left(\frac{3}{7},\ \frac{6}{7},\ -\frac{2}{7}\right)$$

로 주어진다. ■

정리 6 벡터의 성질

$\mathbf{a},\ \mathbf{b},\ \mathbf{c}\in V_n$와 스칼라 $\lambda,\ \mu$에 대하여, 다음이 성립한다.

(1) $\mathbf{a}+\mathbf{b}=\mathbf{b}+\mathbf{a}$

(2) $\mathbf{a}+(\mathbf{b}+\mathbf{c})=(\mathbf{a}+\mathbf{b})+\mathbf{c}$

(3) $\mathbf{a}+\mathbf{0}=\mathbf{a}+\mathbf{0}=\mathbf{a}$

(4) $\mathbf{a}+(-\mathbf{a})=\mathbf{0}=(-\mathbf{a})+\mathbf{a}$

(5) $\lambda(\mathbf{a}+\mathbf{b}) = \lambda\mathbf{a}+\lambda\mathbf{b}$ (6) $(\lambda+\mu)\mathbf{a} = \lambda\mathbf{a}+\mu\mathbf{a}$

(7) $(\lambda\mu)\mathbf{a} = \lambda(\mu\mathbf{a})$ (8) $0\mathbf{a} = \mathbf{0}$이고 $1\mathbf{a} = \mathbf{a}$

(9) $\lambda\mathbf{0} = \mathbf{0}$

R^2에서 **표준기저벡터** (standard base vector) 또는 **표준단위벡터** (standard unit vector), 간단히 **기본벡터**로 정의되는 두 벡터

$$\mathbf{i} = (1, 0), \quad \mathbf{j} = (0, 1)$$

은 양의 x축과 y축 방향을 각각 나타내는 단위벡터이다. 또한 R^3에서 표준기저벡터로 정의되는 다음 세 벡터

$$\mathbf{i} = (1, 0, 0), \quad \mathbf{j} = (0, 1, 0), \quad \mathbf{k} = (0, 0, 1)$$

은 양의 x축, y축, z축 방향을 각각 나타내는 단위벡터이다. 이때 특별한 언급이 없는 한, **우수직교좌표계** (right - handed rectangular coordinate systems)를 사용한다.

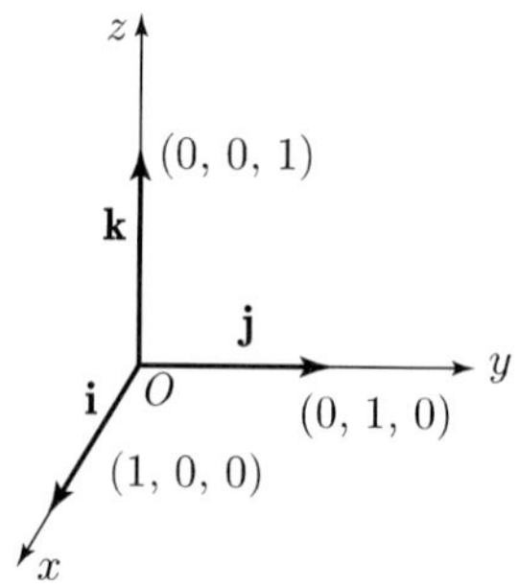

그림 1.2

예 5

R^3의 임의의 벡터 $\mathbf{a} = (a_1, a_2, a_3)$는 단위벡터 $\mathbf{i}$, $\mathbf{j}$와 $\mathbf{k}$에 의하여

$$\mathbf{a} = a_1\mathbf{i} + a_2\mathbf{j} + a_3\mathbf{k}$$

로 유일하게 표시된다. ■

정의 7 일차결합

R^n의 임의의 벡터 $\mathbf{v}_1, \mathbf{v}_2, \cdots, \mathbf{v}_k$와 실수 $c_1, c_2, \cdots, c_k$에 대하여

$$\mathbf{x} = c_1\mathbf{v}_1 + c_2\mathbf{v}_2 + \cdots + c_k\mathbf{v}_k$$

형태의 벡터 $\mathbf{x}$를 $\mathbf{v}_1, \mathbf{v}_2, \cdots, \mathbf{v}_k$의 **일차결합**(linear combination)이라 한다.

3. 벡터의 내적

(1) 벡터의 내적

정의 8 벡터의 내적

R^n의 두 벡터 $\mathbf{a} = (a_1, a_2, \cdots, a_n)$, $\mathbf{b} = (b_1, b_2, \cdots, b_n)$에 대하여 $\mathbf{a}$와 $\mathbf{b}$의 **내적**(inner product 또는 dot product) $\mathbf{a} \cdot \mathbf{b}$는 실수, 즉 스칼라

$$\mathbf{a} \cdot \mathbf{b} = a_1b_1 + a_2b_2 + \cdots + a_nb_n$$

로 정의하고, "**a** dot **b**"로 읽는다. 내적을 **스칼라적**(scalar product)이라고도 한다.

이제 내적의 기본성질을 알아보자. 내적에 관한 다음 성질은 정의로부터 쉽게 확인된다.

정리 9 내적의 성질

$\mathbf{a}$, $\mathbf{b}$와 $\mathbf{c}$가 R^n의 벡터이고 λ가 스칼라일 때, 다음이 성립한다.

(1) $\|\mathbf{a}\| = \sqrt{\mathbf{a} \cdot \mathbf{a}}$

(2) $\mathbf{a} \cdot \mathbf{b} = \mathbf{b} \cdot \mathbf{a}$

(3) $\mathbf{0} \cdot \mathbf{a} = 0$

(4) $(\lambda\mathbf{a}) \cdot \mathbf{b} = \lambda(\mathbf{a} \cdot \mathbf{b}) = \mathbf{a} \cdot (\lambda\mathbf{b})$

(5) $\mathbf{a} \cdot (\mathbf{b} + \mathbf{c}) = \mathbf{a} \cdot \mathbf{b} + \mathbf{a} \cdot \mathbf{c}$ (내적의 분배법칙)

참고

정리 9로부터 내적은 선형성을 가짐을 알 수 있다. 즉 세 벡터 $\mathbf{a}$, $\mathbf{b}$, $\mathbf{c}$가 R^n의 벡터이고 λ, μ가 스칼라일 때

$$\mathbf{a} \cdot (\lambda\mathbf{b} + \mu\mathbf{c}) = \lambda(\mathbf{a} \cdot \mathbf{b}) + \mu(\mathbf{a} \cdot \mathbf{c})$$

가 성립한다.

벡터의 노름에 관한 다음 정리는 벡터의 연산법칙과 내적의 성질로부터 쉽게 유도할 수

있다.

정리 10

$\mathbf{a}$와 $\mathbf{b}$가 R^n의 벡터이고 λ가 스칼라일 때, 다음이 성립한다.

(1) $\|\mathbf{a}\| \geq 0$이고 $\|\mathbf{a}\| = 0 \Leftrightarrow \mathbf{a} = \mathbf{0}$

(2) $\|\lambda\mathbf{a}\| = |\lambda|\,\|\mathbf{a}\|$

(3) $|\mathbf{a}\cdot\mathbf{b}| \leq \|\mathbf{a}\|\,\|\mathbf{b}\|$ (코시-슈바르츠 부등식)

(4) $\|\mathbf{a}+\mathbf{b}\| \leq \|\mathbf{a}\|+\|\mathbf{b}\|$ (삼각부등식)

(5) $\|\mathbf{a}+\mathbf{b}\|^2+\|\mathbf{a}-\mathbf{b}\|^2 = 2(\|\mathbf{a}\|^2+\|\mathbf{b}\|^2)$ (평행사변형 법칙)

증명 여기서는 (4)만 증명하고, 나머지는 독자에게 남긴다. $\mathbf{a}\cdot\mathbf{b} \leq |\mathbf{a}\cdot\mathbf{b}|$과 코시-슈바르츠 부등식((3) 벡터의 정사영; 예제 참조)을 이용하면

$$\begin{aligned}\|\mathbf{a}+\mathbf{b}\|^2 &= (\mathbf{a}+\mathbf{b})\cdot(\mathbf{a}+\mathbf{b})\\ &= \mathbf{a}\cdot\mathbf{a}+2(\mathbf{a}\cdot\mathbf{b})+\mathbf{b}\cdot\mathbf{b}\\ &\leq \mathbf{a}\cdot\mathbf{a}+2|\mathbf{a}\cdot\mathbf{b}|+\mathbf{b}\cdot\mathbf{b}\\ &\leq \|\mathbf{a}\|^2+2\|\mathbf{a}\|\,\|\mathbf{b}\|+\|\mathbf{b}\|^2\\ &= (\|\mathbf{a}\|+\|\mathbf{b}\|)^2\end{aligned}$$

이므로

$$\|\mathbf{a}+\mathbf{b}\| \leq \|\mathbf{a}\|+\|\mathbf{b}\|$$

이 주어진다. 이때 $\mathbf{a}$와 $\mathbf{b}$가 평행한 경우, 등호가 성립한다. ■

참고

$\mathbf{a}\cdot\mathbf{b}=0$, 즉 두 벡터 $\mathbf{a}$와 $\mathbf{b}$가 수직인 경우가

$$\|\mathbf{a}+\mathbf{b}\|^2 = \|\mathbf{a}\|^2+\|\mathbf{b}\|^2$$

즉 **피타고라스 정리**(Phythagoras Theorem)이다.

내적 $\mathbf{a}\cdot\mathbf{b}$는 $\mathbf{a}$와 $\mathbf{b}$의 사이각 θ(단, $0 \leq \theta \leq \pi$)를 이용하여 기하학적으로 표현할 수 있다. 벡터 $\mathbf{a}$와 $\mathbf{b}$가 $\mathbf{0}$이 아닐 때, 두 벡터 사이각 θ는 시점이 원점이면서 두 벡터 $\mathbf{a}$, $\mathbf{b}$와 동형인 벡터 사이의 가장 작은 음이 아닌 각으로 정의한다.

코시-슈바르츠 부등식으로부터, R^n의 $\mathbf{0}$이 아닌 두 벡터 $\mathbf{a}$, $\mathbf{b}$에 대하여

$$-1 \le \frac{\mathbf{a} \cdot \mathbf{b}}{\|\mathbf{a}\|\|\mathbf{b}\|} \le 1$$

이 성립하므로

$$\cos\theta = \frac{\mathbf{a} \cdot \mathbf{b}}{\|\mathbf{a}\|\|\mathbf{b}\|}$$

를 만족하는 실수 θ (단, $0 \le \theta \le \pi$) 가 유일하게 존재한다.

정의 11

R^n의 $\mathbf{0}$ 아닌 두 벡터 $\mathbf{a}$, $\mathbf{b}$에 대하여

$$\mathbf{a} \cdot \mathbf{b} = \|\mathbf{a}\|\|\mathbf{b}\|\cos\theta$$

를 만족하는 실수 θ(단, $0 \le \theta \le \pi$)를 두 벡터 $\mathbf{a}$, $\mathbf{b}$의 **사이각**이라 하고, 이때 $\cos\theta$를 두 벡터 $\mathbf{a}$와 $\mathbf{b}$의 **여현**이라 한다.

θ가 $\mathbf{0}$이 아닌 두 벡터 $\mathbf{a}$와 $\mathbf{b}$의 사이각이면, 두 벡터 $\mathbf{a}$와 $\mathbf{b}$의 여현 $\cos\theta$는

$$\cos\theta = \frac{\mathbf{a} \cdot \mathbf{b}}{\|\mathbf{a}\|\|\mathbf{b}\|}$$

로 주어진다.

예 6

R^3의 두 벡터 $\mathbf{a} = (1, 0, 0)$과 $\mathbf{b} = (2, 2, 0)$에 대하여 $\mathbf{a} \cdot \mathbf{b} = 2$이고 $\|\mathbf{a}\| = 1$, $\|\mathbf{b}\| = 2\sqrt{2}$ 이므로, 두 벡터 $\mathbf{a}$와 $\mathbf{b}$의 사이각 θ는

$$\theta = \cos^{-1}\frac{2}{2\sqrt{2}} = \cos^{-1}\frac{1}{\sqrt{2}} = \frac{\pi}{4}$$

로 주어진다. ■

참고

$\mathbf{0}$이 아닌 두 벡터 $\mathbf{a}$와 $\mathbf{b}$가 평행한 벡터이면, $\theta = 0$ 또는 $\theta = \pi$가 된다. 또한 두 벡터 $\mathbf{a}$와 $\mathbf{b}$가 **수직**(perpendicular) 또는 **직교**(orthogonal)할 필요충분조건은 $\mathbf{a} \cdot \mathbf{b} = 0$, 즉 사이각이 $\frac{\pi}{2}$일 때이다. 두 벡터 $\mathbf{a}$, $\mathbf{b}$ 중 어느 하나가 영벡터일 때, 교각 θ는 정의하지 않는다. 그러나

영벡터는 모든 벡터와 내적이 0이므로, 영벡터는 모든 벡터와 수직이라고 정의한다.

예제 3

R^3에서 세 점 $P(3,\ 1,\ 2)$, $Q(7,\ 0,\ 1)$, $R(2,\ 3,\ -4)$를 꼭짓점으로 갖는 삼각형은 직각삼각형이다.

증명 $\overrightarrow{PQ}=(4,\ -1,\ -1)$, $\overrightarrow{PR}=(-1,\ 2,\ -6)$이고

$$\|\overrightarrow{PQ}\|=\sqrt{18},\quad \|\overrightarrow{PR}\|=\sqrt{41},\quad \|\overrightarrow{QR}\|=\sqrt{59}$$

이다. 이때 $\overrightarrow{PQ}\cdot\overrightarrow{PR}=0$이므로, 세 점 P, Q, R을 꼭짓점으로 갖는 삼각형은 $\angle P=90°$인 직각삼각형이다. ■

R^n의 부분집합 $S=\{\mathbf{a},\ \mathbf{b}\}$의 두 벡터 $\mathbf{a}$, $\mathbf{b}$가 서로 직교하면, $\mathbf{a}$, $\mathbf{b}$를 **직교벡터**(orthogonal vector)라 하고, 두 벡터 $\mathbf{a}$, $\mathbf{b}$가 서로 직교하면서 각각 단위벡터이면 $\mathbf{a}$, $\mathbf{b}$를 **정규직교벡터**(orthonormal vector)라고 한다.

(2) 방향각과 방향코사인

하나의 유향선분 $\overrightarrow{AB}$의 방향각은 원점 O를 지나서 R^3에서 $\overrightarrow{AB}$에 평행한 $\overrightarrow{OP}$가 양의 x축, y축 그리고 z축과 각각 만드는 각 α, β, γ이다. 즉 R^3에서 $\mathbf{0}$이 아닌 벡터 $\mathbf{a}$의 **방향각**(direction angle)은 $\mathbf{a}$가 양의 x축, y축 그리고 z축과 각각 만드는 각 α, β, γ이다. 또한 방향각의 코사인(또는 여현) $\cos\alpha$, $\cos\beta$, $\cos\gamma$를 벡터 $\mathbf{a}$의 **방향코사인**(또는 **방향여현**)이라 하고

$$\cos\alpha=\frac{\mathbf{a}\cdot\mathbf{i}}{\|\mathbf{a}\|\|\mathbf{i}\|}=\frac{a_1}{\|\mathbf{a}\|},\quad \cos\beta=\frac{\mathbf{a}\cdot\mathbf{j}}{\|\mathbf{a}\|\|\mathbf{j}\|}=\frac{a_2}{\|\mathbf{a}\|},$$

$$\cos\gamma=\frac{\mathbf{a}\cdot\mathbf{k}}{\|\mathbf{a}\|\|\mathbf{k}\|}=\frac{a_3}{\|\mathbf{a}\|}$$

로 주어진다. 따라서 $\cos^2\alpha+\cos^2\beta+\cos^2\gamma=1$이 성립한다. 또한

$$\begin{aligned}\mathbf{a}&=(a_1,\ a_2,\ a_3)=(\|\mathbf{a}\|\cos\alpha,\ \|\mathbf{a}\|\cos\beta,\ \|\mathbf{a}\|\cos\gamma)\\&=\|\mathbf{a}\|(\cos\alpha,\ \cos\beta,\ \cos\gamma)\end{aligned}$$

이므로, $\dfrac{\mathbf{a}}{\|\mathbf{a}\|}=(\cos\alpha,\ \cos\beta,\ \cos\gamma)$가 된다. 이것은 방향코사인이 $\mathbf{a}$와 방향이 같은 단위벡터의 성분임을 의미하고 있다.

만일 $\mathbf{a}=(a, b, c)$이고 $\|\mathbf{a}\| \neq 0$이면, a, b와 c를 벡터 $\mathbf{a}$의 **방향수**(direction number)라 한다.

(3) 벡터의 정사영

한 벡터의 다른 벡터로의 **정사영**(orthogonal projection)은 벡터에 대한 유용한 개념 중의 하나이다.

R^3에서 시점 O를 갖는 $\mathbf{0}$이 아닌 두 벡터를 $\mathbf{a}=\overrightarrow{OQ}$와 $\mathbf{b}=\overrightarrow{OR}$이라고 하고, R에서 $\overrightarrow{OQ}$를 포함하는 직선에 내린 수선의 발을 S라고 하자.

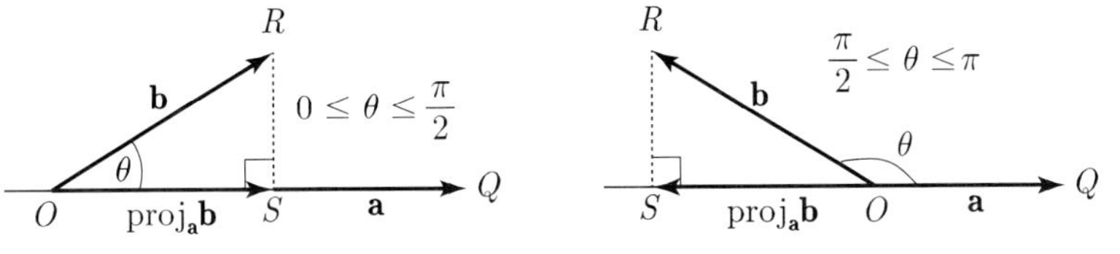

그림 1.3

① 벡터사영

$\overrightarrow{OS}$인 벡터를 $\mathbf{a}$ 위로의 $\mathbf{b}$의 **벡터사영**이라 하고, $\text{proj}_{\mathbf{a}}\mathbf{b}$로 표시한다.

정의 12 벡터사영

$\mathbf{0}$이 아닌 두 벡터 $\mathbf{a}$와 $\mathbf{b}$에 대하여, $\mathbf{a}$ 위로의 $\mathbf{b}$의 **벡터사영**(vector projection)을 $\text{proj}_{\mathbf{a}}\mathbf{b}$로 표현하고

$$\text{proj}_{\mathbf{a}}\mathbf{b}=\left(\frac{\mathbf{a}\cdot\mathbf{b}}{\|\mathbf{a}\|}\right)\frac{\mathbf{a}}{\|\mathbf{a}\|}=\frac{\mathbf{a}\cdot\mathbf{b}}{\|\mathbf{a}\|^2}\mathbf{a}$$

로 정의한다.

두 벡터 $\mathbf{a}$와 $\mathbf{b}$가 수직이면 $\mathbf{a}\cdot\mathbf{b}=0$이므로 $\text{proj}_{\mathbf{a}}\mathbf{b}=\mathbf{0}$이 성립한다.

예 7

두 벡터 $\mathbf{a}=(2, -2, 1)$, $\mathbf{b}=(4, 2, 5)$에 대하여 $\mathbf{a}\cdot\mathbf{b}=9$이고, $\|\mathbf{a}\|^2=9$이므로, $\mathbf{a}$ 위로의 $\mathbf{b}$의 벡터사영 $\text{proj}_{\mathbf{a}}\mathbf{b}$는

$$\text{proj}_{\mathbf{a}}\mathbf{b} = \frac{\mathbf{a}\cdot\mathbf{b}}{\|\mathbf{a}\|^2}\mathbf{a} = \frac{9}{9}(2,\ -2,\ 1) = (2,\ -2,\ 1)$$

로 주어진다. ■

예제 4

(코시 - 슈바르츠 부등식) $\mathbf{a}$와 $\mathbf{b}$가 R^n의 두 벡터일 때

$$|\mathbf{a}\cdot\mathbf{b}| \le \|\mathbf{a}\|\|\mathbf{b}\| \qquad (*)$$

이 성립한다.

증명 $\mathbf{a}=\mathbf{0}$이면 $|\mathbf{a}\cdot\mathbf{b}| = 0 = \|\mathbf{a}\|\|\mathbf{b}\|$이므로 $(*)$가 성립한다. 이제 $\mathbf{a}\ne\mathbf{0}$이라 하고, $\mathbf{p}=\text{proj}_{\mathbf{a}}\mathbf{b}$, $\mathbf{c}=\mathbf{b}-\mathbf{p}$라 놓으면

$$\mathbf{c}\cdot\mathbf{p} = 0,\ \ \mathbf{p} = \frac{\mathbf{b}\cdot\mathbf{a}}{\|\mathbf{a}\|^2}\mathbf{a}$$

가 된다. 따라서

$$\begin{aligned} 0 \le \mathbf{c}\cdot\mathbf{c} &= \mathbf{c}\cdot(\mathbf{b}-\mathbf{p}) = \mathbf{c}\cdot\mathbf{b} - \mathbf{c}\cdot\mathbf{p} \\ &= \mathbf{c}\cdot\mathbf{b} = (\mathbf{b}-\mathbf{p})\cdot\mathbf{b} = \mathbf{b}\cdot\mathbf{b} - \mathbf{p}\cdot\mathbf{b} \\ &= \|\mathbf{b}\|^2 - \frac{\mathbf{b}\cdot\mathbf{a}}{\|\mathbf{a}\|^2}\mathbf{a}\cdot\mathbf{b} \end{aligned}$$

로 주어진다. 그러므로 $(*)$

$$|\mathbf{a}\cdot\mathbf{b}| \le \|\mathbf{a}\|\|\mathbf{b}\|$$

이 성립한다. ■

정리 13 벡터사영의 성질

$\mathbf{0}$이 아닌 두 벡터 $\mathbf{a}$와 $\mathbf{b}$에 대하여, $\mathbf{a}$ 위로의 $\mathbf{b}$의 벡터사영 $\text{proj}_{\mathbf{a}}\mathbf{b}$는 다음 성질을 만족하는 유일한 벡터이다.

(1) $\text{proj}_{\mathbf{a}}\mathbf{b}$는 $\mathbf{a}$와 평행　　(2) $\mathbf{b}-\text{proj}_{\mathbf{a}}\mathbf{b}$는 $\mathbf{a}$와 수직

② 스칼라사영

$\mathbf{0}$이 아닌 두 벡터 $\mathbf{a}$, $\mathbf{b}$에 대하여 각 θ가 $\mathbf{a}$와 $\mathbf{b}$ 사이의 각일 때, $\mathbf{a}$ 위로의 $\mathbf{b}$의 **스칼라사**

영(scalar projection), 즉 $\mathbf{a}$ 방향의 $\mathbf{b}$의 성분을

$$\text{comp}_{\mathbf{a}}\mathbf{b} = \|\mathbf{b}\|\cos\theta$$

로 정의한다. 이때 $\frac{\pi}{2} < \theta \leq \pi$이면 $\text{comp}_{\mathbf{a}}\mathbf{b}$는 음이 된다. 한편

$$\text{comp}_{\mathbf{a}}\mathbf{b} = \|\mathbf{b}\|\cos\theta = \frac{\mathbf{a}\cdot\mathbf{b}}{\|\mathbf{a}\|} = \frac{\mathbf{a}}{\|\mathbf{a}\|}\cdot\mathbf{b}$$

이므로, $\mathbf{a}$ 위로의 $\mathbf{b}$의 스칼라사영은 $\mathbf{a}$와 방향이 같은 단위벡터와 $\mathbf{b}$와의 내적이다. 또한

$$\mathbf{a}\cdot\mathbf{b} = \|\mathbf{a}\|\|\mathbf{b}\|\cos\theta = \|\mathbf{a}\|(\|\mathbf{b}\|\cos\theta)$$

이므로, $\mathbf{a}$와 $\mathbf{b}$의 내적은 $\mathbf{a}$의 크기에 $\mathbf{a}$ 위로의 $\mathbf{b}$의 스칼라사영을 곱한 것으로 설명될 수 있다.

예제 5

두 벡터 $\mathbf{a} = (2,\ 3,\ 1)$, $\mathbf{b} = (1,\ 1,\ 2)$에 대하여, $\mathbf{a}$ 위로의 $\mathbf{b}$의 스칼라사영과 벡터사영을 구하시오.

풀이 $\|\mathbf{a}\| = \sqrt{14}$이고 $\mathbf{a}\cdot\mathbf{b} = 7$이므로, $\mathbf{a}$ 위로의 $\mathbf{b}$의 스칼라사영은

$$\text{comp}_{\mathbf{a}}\mathbf{b} = \|\mathbf{b}\|\cos\theta = \frac{\mathbf{a}\cdot\mathbf{b}}{\|\mathbf{a}\|} = \frac{7}{\sqrt{14}}$$

이다. 또한 벡터사영은 이 스칼라사영을 $\mathbf{a}$ 방향의 단위벡터에 곱한 것이므로

$$\begin{aligned}\text{proj}_{\mathbf{a}}\mathbf{b} &= \left(\frac{\mathbf{a}\cdot\mathbf{b}}{\|\mathbf{a}\|}\right)\frac{\mathbf{a}}{\|\mathbf{a}\|}\\ &= \frac{7}{\sqrt{14}}\frac{\mathbf{a}}{\|\mathbf{a}\|} = \left(1,\ \frac{3}{2},\ \frac{1}{2}\right)\end{aligned}$$

로 주어진다. ■

4. 벡터의 외적

R^3의 두 벡터 $\mathbf{a}$와 $\mathbf{b}$의 외적 $\mathbf{a}\times\mathbf{b}$는 벡터가 된다. 특히 $\mathbf{a}\times\mathbf{b}$는 $\mathbf{a}$와 $\mathbf{b}$가 3차원 벡터일 경우에만 정의됨에 유의한다. 단, xy평면은 xyz공간에서 x축과 y축을 포함하는 평면으로 생각할 수 있다.

정의 14 벡터의 외적

R^3의 두 벡터 $\mathbf{a}=(a_1, a_2, a_3)$, $\mathbf{b}=(b_1, b_2, b_3)$에 대하여 $\mathbf{a}$와 $\mathbf{b}$의 **외적**(cross product) 또는 **벡터적**(vector product) $\mathbf{a}\times\mathbf{b}$는

$$\mathbf{a}\times\mathbf{b}=(a_2b_3-a_3b_2,\ a_3b_1-a_1b_3,\ a_1b_2-a_2b_1)$$

으로 정의하고, '$\mathbf{a}$ cross $\mathbf{b}$'로 읽는다.

두 벡터의 외적은 행렬식의 표현법을 이용한다. 행렬식과 표준기저벡터 $\mathbf{i}$, $\mathbf{j}$와 $\mathbf{k}$를 이용하면, 두 벡터 $\mathbf{a}=(a_1, a_2, a_3)$, $\mathbf{b}=(b_1, b_2, b_3)$의 외적 $\mathbf{a}\times\mathbf{b}$는

$$\mathbf{a}\times\mathbf{b}=\begin{vmatrix}\mathbf{i} & \mathbf{j} & \mathbf{k}\\ a_1 & a_2 & a_3\\ b_1 & b_2 & b_3\end{vmatrix}$$

로 표현된다. 이때 행렬식의 첫 행이 벡터로 이루어져 있지만, 이것은 보통의 행렬식으로 생각하여 전개하면 된다.

예제 6

R^3의 두 벡터 $\mathbf{a}=(a_1, a_2, a_3)$, $\mathbf{b}=(b_1, b_2, b_3)$에 대하여, $\mathbf{a}$와 $\mathbf{b}$의 외적 $\mathbf{a}\times\mathbf{b}$는 $\mathbf{a}$와 $\mathbf{b}$ 모두와 직교한다.

증명

$$(\mathbf{a}\times\mathbf{b})\cdot\mathbf{a}=\begin{vmatrix}a_2 & a_3\\ b_2 & b_3\end{vmatrix}a_1-\begin{vmatrix}a_1 & a_3\\ b_1 & b_3\end{vmatrix}a_2+\begin{vmatrix}a_1 & a_2\\ b_1 & b_2\end{vmatrix}a_3=0$$

이므로, $\mathbf{a}\times\mathbf{b}$는 $\mathbf{a}$와 직교한다. 같은 방법으로 $(\mathbf{a}\times\mathbf{b})\cdot\mathbf{b}=0$이다. 따라서 외적 $\mathbf{a}\times\mathbf{b}$는 $\mathbf{a}$와 $\mathbf{b}$ 모두와 직교한다. ■

R^3의 두 벡터 $\mathbf{a}$와 $\mathbf{b}$의 외적 $\mathbf{a}\times\mathbf{b}$에 대하여, $\mathbf{a}\times\mathbf{b}$의 크기 $\|\mathbf{a}\times\mathbf{b}\|$은 다음 정리로 주어진다.

정리 15

θ (단, $0\le\theta\le\pi$)가 R^3의 두 벡터 $\mathbf{a}$와 $\mathbf{b}$의 사이각일 때, $\mathbf{a}\times\mathbf{b}$의 크기 $\|\mathbf{a}\times\mathbf{b}\|$은

$$\|\mathbf{a}\times\mathbf{b}\|=\|\mathbf{a}\|\,\|\mathbf{b}\|\sin\theta$$

로 주어진다. 따라서 $\|\mathbf{a}\times\mathbf{b}\|$은 두 벡터 $\mathbf{a}$와 $\mathbf{b}$에 의하여 결정되는 평행사변형의 넓이와 같다.

(증명)
$$\begin{aligned}\|\mathbf{a}\times\mathbf{b}\|^2 &= (a_2b_3-a_3b_2)^2+(a_3b_1-a_1b_3)^2+(a_1b_2-a_2b_1)^2\\ &= (a_1^2+a_2^2+a_3^2)(b_1^2+b_2^2+b_3^2)-(a_1b_1+a_2b_2+a_3b_3)^2\\ &= \|\mathbf{a}\|^2\|\mathbf{b}\|^2-(\mathbf{a}\cdot\mathbf{b})^2\\ &= \|\mathbf{a}\|^2\|\mathbf{b}\|^2-\|\mathbf{a}\|^2\|\mathbf{b}\|^2\cos^2\theta\\ &= \|\mathbf{a}\|^2\|\mathbf{b}\|^2(1-\cos^2\theta)=\|\mathbf{a}\|^2\|\mathbf{b}\|^2\sin^2\theta\end{aligned}$$

이다. $0\le\theta\le\pi$일 때, $\sin\theta\ge 0$이므로

$$\|\mathbf{a}\times\mathbf{b}\|=\|\mathbf{a}\|\,\|\mathbf{b}\|\sin\theta$$

를 얻는다. ■

물리학자는, 오른손법칙에 의하여 결정되는 방향에 따라 $\mathbf{a}$와 $\mathbf{b}$ 모두에 수직이 되고 크기가 $\|\mathbf{a}\|\,\|\mathbf{b}\|\sin\theta$인 벡터로 외적 $\mathbf{a}\times\mathbf{b}$를 정의한다. 즉 외적 $\mathbf{a}\times\mathbf{b}$를 오른손법칙에 의하여 결정되는 방향에 따라 $\mathbf{a}$와 $\mathbf{b}$ 모두에 수직이 되고 크기가 $\|\mathbf{a}\|\,\|\mathbf{b}\|\sin\theta$인 벡터

$$\mathbf{a}\times\mathbf{b}=\|\mathbf{a}\|\,\|\mathbf{b}\|\sin\theta\,\mathbf{n}$$

으로 정의한다. 여기서 $\mathbf{n}$은 $\mathbf{a}$와 $\mathbf{b}$ 모누에 수직인 단위벡터이다.

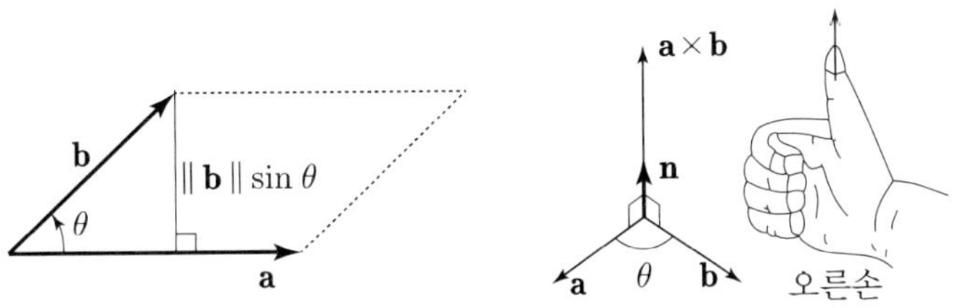

그림 1.6

참고

$\mathbf{0}$이 아닌 두 벡터 $\mathbf{a}$와 $\mathbf{b}$가 평행할 필요충분조건은 $\mathbf{a}\times\mathbf{b}=\mathbf{0}$이다.

예제 7

R^3에서 세 꼭지점이 $P(1,\ 4,\ 6)$, $Q(-2,\ 5,\ -1)$, $R(1,\ -1,\ 1)$로 주어진 삼각형의 넓이를 구하시오.

풀이 유향선분 $\overrightarrow{PQ}$와 $\overrightarrow{PR}$에 대응되는 벡터는 각각

$$\mathbf{a}=(-3,\ 1,\ -7),\ \mathbf{b}=(0,\ -5,\ -5)$$

이므로, 외적 $\mathbf{a}\times\mathbf{b}$는

$$\mathbf{a}\times\mathbf{b}=\begin{vmatrix}\mathbf{i} & \mathbf{j} & \mathbf{k}\\ -3 & 1 & -7\\ 0 & -5 & -5\end{vmatrix}=-40\mathbf{i}-15\mathbf{j}+15\mathbf{k}$$

이다. 따라서 삼각형 $\triangle PQR$의 넓이 A는

$$A=\frac{1}{2}\|\mathbf{a}\times\mathbf{b}\|=\frac{5\sqrt{82}}{2}$$

로 주어진다. ■

참고

두 벡터의 외적에서는 교환법칙과 결합법칙이 성립하지 않는다. 예를 들면 외적을 표준기저벡터에 적용할 때

$$\mathbf{i}\times\mathbf{j}=\mathbf{k},\quad \mathbf{j}\times\mathbf{k}=\mathbf{i},\quad \mathbf{k}\times\mathbf{i}=\mathbf{j}$$
$$\mathbf{j}\times\mathbf{i}=-\mathbf{k},\ \mathbf{k}\times\mathbf{j}=-\mathbf{i},\ \mathbf{i}\times\mathbf{k}=-\mathbf{j}$$

이고, $\mathbf{i}\times(\mathbf{i}\times\mathbf{j})=-\mathbf{j}$, $(\mathbf{i}\times\mathbf{i})\times\mathbf{j}=\mathbf{0}$이 되기 때문이다.

다음 정리는 외적의 정의를 이용하여 쉽게 유도할 수 있다.

정리 16 외적의 성질

$\mathbf{a}$, $\mathbf{b}$, $\mathbf{c}$가 V_3의 세 벡터이고 λ가 스칼라일 때, 다음이 성립한다.

(1) $\mathbf{a}\times\mathbf{0}=\mathbf{0}\times\mathbf{a}=\mathbf{0}$

(2) $\mathbf{a}\times\mathbf{b}=-\mathbf{b}\times\mathbf{a}$

(3) $(\lambda\mathbf{a})\times\mathbf{b}=\lambda(\mathbf{a}\times\mathbf{b})=\mathbf{a}\times(\lambda\mathbf{b})$

(4) $\mathbf{a}\times(\mathbf{b}+\mathbf{c})=\mathbf{a}\times\mathbf{b}+\mathbf{a}\times\mathbf{c}$

(5) $(\mathbf{a}+\mathbf{b})\times\mathbf{c}=\mathbf{a}\times\mathbf{c}+\mathbf{b}\times\mathbf{c}$

(6) $\|\mathbf{a}\times\mathbf{b}\|^2=\|\mathbf{a}\|^2\|\mathbf{b}\|^2-(\mathbf{a}\cdot\mathbf{b})^2$

5. 벡터의 삼중적

세 벡터 $\mathbf{a}$, $\mathbf{b}$, $\mathbf{c}$의 삼중적은

$$(\mathbf{a}\cdot\mathbf{b})\mathbf{c},\ \ \mathbf{a}\cdot(\mathbf{b}\times\mathbf{c}),\ \ \mathbf{a}\times(\mathbf{b}\times\mathbf{c})$$

로 주어진다.

① $(\mathbf{a}\cdot\mathbf{b})\mathbf{c}$의 성질

$(\mathbf{a}\cdot\mathbf{b})\mathbf{c}$는 단순히 스칼라 $\mathbf{a}\cdot\mathbf{b}$를 벡터 $\mathbf{c}$에 곱한 것이다. 따라서

$$(\mathbf{a}\cdot\mathbf{b})\mathbf{c}\neq\mathbf{a}(\mathbf{b}\cdot\mathbf{c})$$

가 성립한다.

② $\mathbf{a}\cdot(\mathbf{b}\times\mathbf{c})$의 성질

정의 17 스칼라 삼중적

R^3의 세 벡터 $\mathbf{a}=(a_1,\ a_2,\ a_3)$, $\mathbf{b}=(b_1,\ b_2,\ b_3)$, $\mathbf{c}=(c_1,\ c_2,\ c_3)$의 **스칼라 삼중적**(scalar triple product)은 $\mathbf{a}\cdot(\mathbf{b}\times\mathbf{c})$로 정의되고 행렬식

$$\mathbf{a}\cdot(\mathbf{b}\times\mathbf{c})=\begin{vmatrix} a_1 & a_2 & a_3 \\ b_1 & b_2 & b_3 \\ c_1 & c_2 & c_3 \end{vmatrix}$$

로 표현할 수 있다. 스칼라 삼중적의 기하학적 의미는 세 벡터 $\mathbf{a}$, $\mathbf{b}$, $\mathbf{c}$에 의하여 결정되는 평행육면체를 생각함으로 알 수 있다.

R^3의 세 벡터 $\mathbf{a}=(a_1,\ a_2,\ a_3)$, $\mathbf{b}=(b_1,\ b_2,\ b_3)$, $\mathbf{c}=(c_1,\ c_2,\ c_3)$의 스칼라 삼중적은 행렬식

$$\mathbf{a}\cdot(\mathbf{b}\times\mathbf{c})=\begin{vmatrix} a_1 & a_2 & a_3 \\ b_1 & b_2 & b_3 \\ c_1 & c_2 & c_3 \end{vmatrix}$$

로 표현할 수 있으므로, 행렬식의 성질로부터

$$\mathbf{a}\cdot(\mathbf{b}\times\mathbf{c})=\mathbf{b}\cdot(\mathbf{c}\times\mathbf{a})=\mathbf{c}\cdot(\mathbf{a}\times\mathbf{b})$$

를 얻는다. 따라서 $\mathbf{a}$, $\mathbf{b}$와 $\mathbf{c}$가 V_3의 벡터일 때, 다음이 성립한다.

$$\mathbf{a}\cdot(\mathbf{b}\times\mathbf{c})=(\mathbf{a}\times\mathbf{b})\cdot\mathbf{c}$$

정리 18

R^3의 세 벡터 $\mathbf{a}$, $\mathbf{b}$와 $\mathbf{c}$가 비공면 벡터일 때, 세 벡터 $\mathbf{a}$, $\mathbf{b}$, $\mathbf{c}$를 이웃하는 세 모서리로 하는 평행육면체의 부피 V는 스칼라 삼중적의 크기, 즉

$$V = |\mathbf{a} \cdot (\mathbf{b} \times \mathbf{c})|$$

으로 주어진다.

예 8

$\mathbf{a} = (1,\ 4,\ -4)$, $\mathbf{b} = (0,\ 3,\ 2)$, $\mathbf{c} = (3,\ -2,\ -5)$가 R^3의 세 벡터일 때

$$\mathbf{a} \cdot (\mathbf{b} \times \mathbf{c}) = \begin{vmatrix} 1 & 4 & -4 \\ 0 & 3 & 2 \\ 3 & -2 & -5 \end{vmatrix} = 49$$

이므로, $|\mathbf{a} \cdot (\mathbf{b} \times \mathbf{c})| = 49$이다. 따라서 R^3의 세 벡터 $\mathbf{a}$, $\mathbf{b}$, $\mathbf{c}$를 이웃하는 세 모서리로 하는 평행육면체의 부피는 49로 주어진다. ■

참고

R^3의 세 벡터 $\mathbf{a}$, $\mathbf{b}$, $\mathbf{c}$가 동일 평면 위에 있을 필요충분조건은 $\mathbf{a} \cdot (\mathbf{b} \times \mathbf{c}) = 0$이다.

예 9

R^3의 세 벡터 $\mathbf{a} = (1,\ 4,\ -7)$, $\mathbf{b} = (2,\ -1,\ 4)$, $\mathbf{c} = (0,\ -9,\ 18)$에 대하여

$$\mathbf{a} \cdot (\mathbf{b} \times \mathbf{c}) = 0$$

을 만족하므로, 세 벡터 $\mathbf{a}$, $\mathbf{b}$, $\mathbf{c}$는 동일 평면 위에 놓여 있다. ■

③ $\mathbf{a} \times (\mathbf{b} \times \mathbf{c})$의 성질

정의 19 벡터 삼중적

R^3의 세 벡터 $\mathbf{a}$, $\mathbf{b}$, $\mathbf{c}$의 **벡터 삼중적**(vector triple product)은 벡터

$$\mathbf{a} \times (\mathbf{b} \times \mathbf{c})$$

로 정의된다.

벡터 삼중적은 결합법칙이 성립하지 않는다. 즉 세 벡터 $\mathbf{a}$, $\mathbf{b}$, $\mathbf{c}$가 R^3의 벡터일 때, 일반적으로

$$\mathbf{a}\times(\mathbf{b}\times\mathbf{c})\neq(\mathbf{a}\times\mathbf{b})\times\mathbf{c}$$

가 된다. 때로는 괄호를 생략하여 $\mathbf{a}\cdot(\mathbf{b}\times\mathbf{c})$를 간단히 $\mathbf{a}\cdot\mathbf{b}\times\mathbf{c}$로 표시하기도 한다. 그러나 $\mathbf{a}\times(\mathbf{b}\times\mathbf{c})$의 괄호는 반드시 사용하여야 함에 유의한다.

정리 20 라그랑주 항등식

$\mathbf{a}$, $\mathbf{b}$, $\mathbf{c}$가 V_3의 벡터일 때, 다음이 성립한다.

(1) $\mathbf{a}\times(\mathbf{b}\times\mathbf{c})=(\mathbf{a}\cdot\mathbf{c})\mathbf{b}-(\mathbf{a}\cdot\mathbf{b})\mathbf{c}$

(2) $\mathbf{a}\times(\mathbf{b}\times\mathbf{c})+\mathbf{b}\times(\mathbf{c}\times\mathbf{a})+\mathbf{c}\times(\mathbf{a}\times\mathbf{b})=\mathbf{0}$

연습문제 1.1

Exercises

1. a, b, c를 크기로 갖는 $\mathbf{0}$이 아닌 세 벡터 $\mathbf{a}$, $\mathbf{b}$, $\mathbf{c}$가 삼각형의 세 변을 나타낼 때

$$c^2=a^2+b^2-2ab\cos\theta$$

가 성립함을 보이시오. 이것은 평면 삼각형에 대한 **코사인법칙**(the law of cosines) 또는 **여현법칙**이라 한다.

2. R^n의 두 벡터 $\mathbf{a}=(a_1,\ a_2,\ \cdots,\ a_n)$, $\mathbf{b}=(b_1,\ b_2,\ \cdots,\ b_n)$에 대하여, $\mathbf{b}$가 $\mathbf{a}$와 수직일 필요충분조건이

$$\|\mathbf{b}-\mathbf{a}\|=\|\mathbf{b}-(-\mathbf{a})\|$$

임을 보이시오.

3. 평면 삼각형에 대한 코사인 법칙을 사용하여, θ가 두 벡터 $\mathbf{a}$와 $\mathbf{b}$의 사이각일 때 $\mathbf{a}$와 $\mathbf{b}$의 내적 $\mathbf{a}\cdot\mathbf{b}$는

$$\mathbf{a}\cdot\mathbf{b}=\|\mathbf{a}\|\|\mathbf{b}\|\cos\theta$$

로 주어짐을 보이시오.

4. R^3의 두 벡터 $\mathbf{a}=(1, 1, 0)$와 $\mathbf{b}=(1, 0, 1)$에 대하여, $\mathbf{a}$, $\mathbf{b}$ 두 벡터가 이루는 사이각을 구하시오.

5. R^3 위의 세 점 $A(1, 3, 2)$, $B(-2, 1, 3)$, $C(3, 1, 1)$에 대하여, 선분 $\overline{AB}$와 선분 $\overline{AC}$가 이루는 각을 θ라 할 때, $\cos\theta$를 구하시오.

6. R^3의 두 벡터 $\mathbf{a}=(2, 3, 1)$, $\mathbf{b}=(-1, 1, 2)$에 대하여, $\mathbf{a}$ 위로의 $\mathbf{b}$의 스칼라사영과 벡터사영을 구하시오.

7. R^3의 세 벡터 $\mathbf{a}$, $\mathbf{b}$와 $\mathbf{c}$가 동일 평면 위에 있지 않을 때, 세 벡터 $\mathbf{a}$, $\mathbf{b}$와 $\mathbf{c}$에 의하여 결정되는 평행육면체의 부피 V는 스칼라 삼중적의 크기, 즉

$$V=|\mathbf{a}\cdot(\mathbf{b}\times\mathbf{c})|$$

로 주어짐을 보이시오.

8. R^3의 두 벡터 $\mathbf{a}=(2, -1, 4)$, $\mathbf{b}=(1, 0, 1)$에 모두 수직인 단위벡터를 구하시오.

9. R^3 위의 네 점 $A(1, 1, 1)$, $B(4, 0, 1)$, $C(4, 2, 0)$, $D(2, 2, 3)$을 꼭짓점으로 하는 사면체의 부피를 구하시오.

1.2 공간 R^3에서 직선과 평면의 방정식

이 절에서는 벡터의 내적을 이용하여 R^3에서의 직선의 방정식과 평면의 방정식을 구하고, 이와 관련된 거리문제를 살펴본다. 이제부터 특별한 언급이 없는 한, 직교좌표계에서 생각하기로 한다.

1. 방향각과 방향코사인

R^3에서 하나의 유향선분 $\overrightarrow{AB}$의 **방향각**은 원점 O를 지나서 $\overrightarrow{AB}$에 평행한 $\overrightarrow{OP}$가 양의 x축, y축, 그리고 z축과 각각 만드는 각 α, β와 γ이다. 이때

$$l = \cos\alpha,\quad m = \cos\beta,\quad n = \cos\gamma$$

를 유향선분 $\overrightarrow{AB}$ (따라서 $\overrightarrow{OP}$)의 **방향코사인**(direction cosine)이라 한다. $\overrightarrow{OP}$의 방향은 방향코사인 l, m, n에 의하여 결정된다.

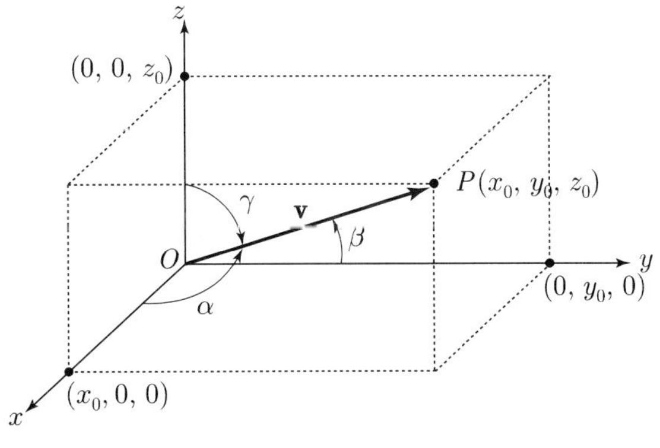

그림 1.5

참고

R^3에서 한 직선 g의 방향코사인을 l, m, n이라 할 때

$$l^2 + m^2 + n^2 = 1$$

이 성립한다. 또한 g와 반대방향의 직선을 g'이라 하면 g'의 방향코사인은 $-l$, $-m$, $-n$이 된다.

예 1

R^3에서 원점 O와 점 $P(1,\ 1,\ 2)$를 지나는 직선의 방향코사인은 $\|\overrightarrow{OP}\| = \sqrt{6}$으로부터

$$\cos\alpha = \frac{1}{\sqrt{6}},\ \cos\beta = \frac{1}{\sqrt{6}},\ \cos\gamma = \frac{2}{\sqrt{6}}$$

로 주어진다. ■

정리 1

R^3에서 두 직선의 방향코사인을 각각 $l_1,\ m_1,\ n_1$과 $l_2,\ m_2,\ n_2$라 할 때, 이 두 직선이 만나서 이루는 각을 θ라 하면

$$\cos\theta = l_1 l_2 + m_1 m_2 + n_1 n_2$$

가 성립한다. 따라서 두 직선이 수직일 조건과 평행할 조건은 각각

$$l_1 l_2 + m_1 m_2 + n_1 n_2 = 0\text{과 } l_1 = l_2,\ m_1 = m_2,\ n_1 = n_2$$

로 주어진다.

2. 직선의 방정식

R^3에서의 직선의 방정식을 구해보자. R^3 위의 한 점 $P_0(x_0,\ y_0,\ z_0)$를 지나고 $\mathbf{0}$이 아닌 벡터 $\mathbf{v}$에 평행한 직선의 방정식 L은

$$\overrightarrow{P_0P} = t\mathbf{v}\ \ (\text{단},\ t \in R)$$

를 만족하는 점 $P(x,\ y,\ z)$의 집합이다. 이때 간략하게 하기 위해 $t \in R$를 생략하기도 한다.

L과 평행인 벡터를 $\mathbf{v}$, L 위의 임의의 점을 $P(x,\ y,\ z)$, $\mathbf{r}_0$와 $\mathbf{r}$을 각각 $\overrightarrow{OP_0}$와 $\overrightarrow{OP}$라 할 때, R^3에서의 직선의 방정식은 다음 세 가지로 나타낼 수 있다.

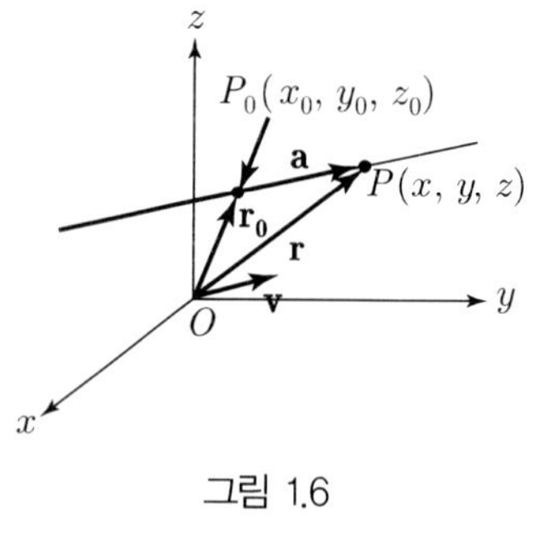

그림 1.6

① 벡터방정식

$\overrightarrow{P_0P}$를 표현하는 벡터를 $\mathbf{a}$라 하면, $\mathbf{r} = \mathbf{r}_0 + \mathbf{a}$를 얻는다. 그런데 $\mathbf{a}$와 $\mathbf{v}$가 평행하므로 $\mathbf{a} = t\mathbf{v}$를 만족하는 실수 t가 존재한다. 따라서

$$\mathbf{r} = \mathbf{r}_0 + t\mathbf{v} \ (\text{단, } t \in R) \qquad (*)$$

가 된다. 이때 (*)를 직선 L의 **벡터방정식**(vector equation)이라 하고, t를 매개변수라 한다.

예제 1

R^3에서 한 점 $(5, 1, 3)$을 지나고 벡터 $\mathbf{i} + 2\mathbf{j} - \mathbf{k}$에 평행한 직선의 벡터방정식을 구하시오.

풀이 $\mathbf{r}_0 = (5, 1, 3)$이고 $\mathbf{v} = (1, 2, -1)$이므로 벡터방정식은

$$\mathbf{r} = (5\mathbf{i} + \mathbf{j} + 3\mathbf{k}) + t(\mathbf{i} + 2\mathbf{j} - \mathbf{k})$$

즉

$$\mathbf{r} = (5 + t)\mathbf{i} + (1 + 2t)\mathbf{j} + (3 - t)\mathbf{k}$$

로 주어진다. 여기서 $t \in R$ 이다. ■

② 매개변수방정식

벡터 $\mathbf{v}$를 $\mathbf{v} = (a, b, c)$라 놓으면 $t\mathbf{v} = (ta, tb, tc)$이므로, $\mathbf{r} = (x, y, z)$와 $\mathbf{r}_0 = (x_0, y_0, z_0)$라 할 때 벡터방정식 (*)는

$$(x, y, z) = (x_0 + ta, y_0 + tb, z_0 + tc)$$

가 된다. 그러므로 세 방정식

$$x = x_0 + ta, \ y = y_0 + tb, \ z = z_0 + tc$$

를 얻는다. 이 방정식을 점 $P_0(x_0, y_0, z_0)$를 지나고, 벡터 $\mathbf{v} = (a, b, c)$에 평행한 직선 L의 **매개변수방정식**(parametric equation)이라 한다. 여기서 $t \in R$ 이다.

예제 2

R^3에서 두 점 $P(3, 4, 2)$, $Q(1, 0, 3)$을 지나는 직선의 매개변수방정식을 구하시오.

풀이 구하고자 하는 직선은 벡터 $\overrightarrow{PQ} = (-2, -4, 1)$과 평행하고 점 P를 지나므로, 직선의 매개변수방정식은

$$x = 3 - 2t,\ y = 4 - 4t,\ z = 2 + t \ (\text{단},\ t \in R) \qquad (*)$$

로 주어진다. 여기서 만일 $0 \le t \le 1$로 제한하면 (*)는 P에서 Q까지의 선분(line segment)을 나타내는 방정식이 된다. ■

참고

R^3에서 한 벡터 $\mathbf{v} = (a,\ b,\ c)$가 직선 L의 방향을 결정할 때, $a,\ b,\ c$를 L의 **방향수** 또는 **방향비**(direction ratio)라 한다. 한편 직선 L의 방향코사인은 단위벡터 $\dfrac{\mathbf{v}}{\|\mathbf{v}\|}$로 주어지므로, L의 방향코사인 $l,\ m,\ n$과 방향수 $a,\ b,\ c$ 사이에는

$$\frac{l}{a} = \frac{m}{b} = \frac{n}{c}$$

인 관계가 있다.

③ 대칭방정식

직선 L을 표현하는 다른 방법은 매개변수방정식에서 매개변수 t를 소거하는 것이다. $a,\ b,\ c$ 모두가 0이 아니면, 직선 L의 매개변수방정식으로부터

$$\frac{x - x_0}{a} = \frac{y - y_0}{b} = \frac{z - z_0}{c}$$

를 얻는다. 이 방정식을 L의 **대칭방정식**(symmetric equation)이라 한다. 이때 이 직선의 방향코사인 $l,\ m,\ n$은 각각

$$l = \pm\frac{a}{\sqrt{a^2 + b^2 + c^2}},\quad m = \pm\frac{b}{\sqrt{a^2 + b^2 + c^2}},\quad n = \pm\frac{c}{\sqrt{a^2 + b^2 + c^2}}$$

로 주어진다. 대칭방정식에서 $a,\ b,\ c$ 중 어느 하나가 0인 경우에도 역시 t를 소거할 수 있다. 예를 들면 $a = 0$일 때 L의 대칭방정식은

$$x = x_0,\quad \frac{y - y_0}{b} = \frac{z - z_0}{c}$$

로 쓸 수 있다. 이것은 L이 수직면 $x = x_0$ 위에 놓여 있음을 의미한다.

참고

R^3에서 한 점 $P(x_1,\ y_1,\ z_1)$을 지나고 방향코사인이 $l,\ m$과 n인 직선의 대칭방정식은

$$\frac{x-x_0}{l} = \frac{y-y_0}{m} = \frac{z-z_0}{n}$$

이다. 한편 R^3에서 두 점 $P(x_1,\ y_1,\ z_1)$과 $Q(x_2,\ y_2,\ z_2)$를 지나는 직선 L의 대칭방정식은 L의 방향수가 $x_2-x_1,\ y_2-y_1,\ z_2-z_1$이므로

$$\frac{x-x_1}{x_2-x_1} = \frac{y-y_1}{y_2-y_1} = \frac{z-z_1}{z_2-z_1}$$

로 주어진다.

예 2

R^3에서 한 점 $A(7,\ -1,\ 3)$을 지나고 벡터 $\mathbf{v}=(4,\ 2,\ 5)$에 평행한 직선의 매개변수방정식은

$$x=7+4t,\ y=-1+2t,\ z=3+5t \ \ (\text{단, } t \in R)$$

이고, 대칭방정식은

$$\frac{x-7}{4} = \frac{y+1}{2} = \frac{z-3}{5}$$

으로 주어진다. 이때 직선의 방향코사인은 $\frac{4}{3\sqrt{5}},\ \frac{2}{3\sqrt{5}},\ \frac{5}{3\sqrt{5}}$이다. ■

예제 3

R^3에서 두 점 $A(2,\ 4,\ -3)$과 $B(3,\ -1,\ 1)$을 지나는 직선의 매개변수방정식과 대칭방정식을 구하시오.

풀이 $\overrightarrow{AB}$를 가지는 벡터는 $\mathbf{v}=(1,\ -5,\ 4)$이고, $\mathbf{v}$는 직선과 평행하며, 방향수는 $a=1$, $b=-5$, $c=4$이다. 따라서 점 $A(2,\ 4,\ -3)$을 P_0라 두면, 매개변수방정식은

$$x=2+t,\ y=4-5t,\ z=-3+4t \ \ (\text{단, } t \in R)$$

이고, 대칭방정식은

$$\frac{x-2}{1} = \frac{y-4}{-5} = \frac{z+3}{4}$$

으로 주어진다. ■

3. 평면의 방정식

R^3에서의 평면의 방정식을 구해보자. R^3에서 한 점 $P_0(x_0,\ y_0,\ z_0)$를 지나고 $\mathbf{0}$이 아닌 벡터 $\mathbf{n}$에 수직인 평면의 방정식 π는

$$\mathbf{n} \cdot \overrightarrow{P_0P} = 0$$

을 만족하는 점 $P(x,\ y,\ z)$의 집합으로, P_0와 $\mathbf{n}$에 의하여 유일하게 결정된다. 이때 평면 π에 수직인 직교벡터 $\mathbf{n}$을 **법선벡터**(normal vector), 또는 간단히 **법벡터**라 하고, 단위벡터 $\dfrac{\mathbf{n}}{\|\mathbf{n}\|}$을 평면 π의 **방향코사인** 또는 **단위법벡터**라 한다.

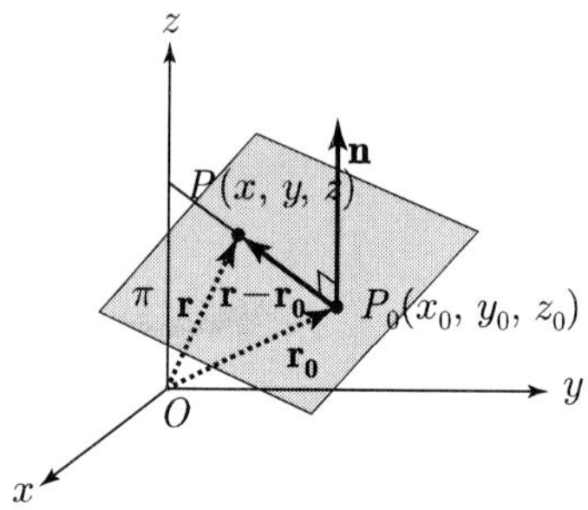

그림 1.7

$P(x,\ y,\ z)$를 평면 위의 임의의 점이라 하고, $\mathbf{r}_0$와 $\mathbf{r}$을 각각 $\overrightarrow{OP_0}$와 $\overrightarrow{OP}$라 하면 벡터 $\mathbf{r}-\mathbf{r}_0$는 $\overrightarrow{P_0P}$로 표현된다. 법선벡터 $\mathbf{n}$은 $\mathbf{r}-\mathbf{r}_0$와 직교하므로

$$\mathbf{n} \cdot (\mathbf{r}-\mathbf{r}_0) = 0,\ \text{즉}\ \mathbf{n} \cdot \mathbf{r} = \mathbf{n} \cdot \mathbf{r}_0$$

가 성립한다. 성분으로 표시하면, $\mathbf{n} = (a,\ b,\ c)$, $\mathbf{r} = (x,\ y,\ z)$, $\mathbf{r}_0 = (x_0,\ y_0,\ z_0)$라 놓을 때

$$a(x-x_0)+b(y-y_0)+c(z-z_0)=0$$

즉

$$ax+by+cz = ax_0+by_0+cz_0$$

로 변형된다. 여기서 $d = ax_0+by_0+cz_0$라 하면 평면의 방정식은

$$ax+by+cz = d \tag{*}$$

로 고쳐 쓸 수 있다. 이때 (*)를 **일반적인 평면의 방정식**이라 한다. 역으로 $a,\ b,\ c$가 모두는 0이 아닐 때, $ax+by+cz=d$는 법선벡터가 $\mathbf{n}=(a,\ b,\ c)$인 평면을 나타낸다.

예제 4

R^3에서 세 점 $P(1, 0, 2)$, $Q(3, -1, 6)$, $R(5, 2, 4)$를 지나는 평면의 방정식을 구하시오.

풀이 $\overrightarrow{PQ}$와 $\overrightarrow{PR}$에 대응되는 벡터 **a**와 **b**는 각각

$$\mathbf{a} = (2, -1, 4), \ \mathbf{b} = (4, 2, 2)$$

이고, 외적 $\mathbf{a} \times \mathbf{b}$를 법선벡터

$$\mathbf{n} = \mathbf{a} \times \mathbf{b} = \begin{vmatrix} \mathbf{i} & \mathbf{j} & \mathbf{k} \\ 2 & -1 & 4 \\ 4 & 2 & 2 \end{vmatrix} = -10\mathbf{i} + 12\mathbf{j} + 8\mathbf{k}$$

로 택할 수 있으므로, 평면의 방정식은

$$(-10, 12, 8) \cdot (x-1, y-0, z-2) = 0, \text{ 즉 } 5x - 6y - 4z + 3 = 0$$

으로 주어진다. ■

참고

초평면 (hyperplane)

모두는 0이 아닌 스칼라 $a_1, a_2, \cdots, a_n$에 대하여, 선형방정식 $a_1x_1 + a_2x_2 + \cdots + a_nx_n = b$를 만족하는 R^n에서의 점 $(x_1, x_2, \cdots, x_n)$의 집합을 R^n에서의 **초평면**이라 한다. 특히 $b = 0$인 경우, 법선벡터 $(a_1, a_2, \cdots, a_n)$을 갖는 원점을 지나는 초평면이 된다.

R^3에서의 평면 π 위의 한 점 $\mathbf{x}_0$와 평면 π와 평행이지만 서로 상수배가 아닌 두 벡터 $\mathbf{v}_1$과 $\mathbf{v}_2$가 있다면, 평면 π를 벡터방정식 또는 매개변수방정식으로 유일하게 표현할 수 있다.

① 벡터방정식

R^3에서의 평면 π 위의 임의의 점을 $\mathbf{x}$라 하면, $\mathbf{x} - \mathbf{x}_0$는 두 벡터 $\mathbf{v}_1$과 $\mathbf{v}_2$의 일차결합

$$\mathbf{x} - \mathbf{x}_0 = t_1\mathbf{v}_1 + t_2\mathbf{v}_2$$

즉

$$\mathbf{x} = \mathbf{x}_0 + t_1\mathbf{v}_1 + t_2\mathbf{v}_2$$

로 표현된다. 여기서 실수 t_1과 t_2를 매개변수라 한다. 따라서 위의 식의 $\mathbf{x}$는 평면 π 위의 모든 점을 나타낸다. 이때

$$\mathbf{x} = \mathbf{x}_0 + t_1\mathbf{v}_1 + t_2\mathbf{v}_2 \ (\text{단, } t_1, t_2 \in R) \qquad (*)$$

를 두 벡터 $\mathbf{v}_1$과 $\mathbf{v}_2$에 평행이며 $\mathbf{x}_0$를 지나는 평면 π의 **벡터방정식**이라 한다.

② 매개변수방정식

특히 (*)로부터 $\mathbf{x}_0 = (x_0, y_0, z_0)$, $\mathbf{v}_1 = (a_1, b_1, c_1)$, $\mathbf{v}_2 = (a_2, b_2, c_2)$라 놓으면

$$(x, y, z) = (x_0, y_0, z_0) + t_1(a_1, b_1, c_1) + t_2(a_2, b_2, c_2)$$

즉

$$x = x_0 + a_1t_1 + a_2t_2,\ y = y_0 + b_1t_1 + b_2t_2,\ z = z_0 + c_1t_1 + c_2t_2$$

를 얻는다. 이것을 평면 π의 **매개변수방정식**이라 한다.

예제 5

R^3에서 세 점 $P(4, 3, -1)$, $Q(6, -4, 7)$, $R(1, 2, 3)$을 지나는 평면의 벡터방정식과 매개변수방정식을 구하시오.

풀이 $\mathbf{x} = (x, y, z)$, $\mathbf{x}_0 = (4, 3, -1)$, $\mathbf{x}_1 = (6, -4, 7)$, $\mathbf{x}_2 = (1, 2, 3)$으로 놓으면

$$\mathbf{x}_1 - \mathbf{x}_0 = \overrightarrow{PQ} = (2, -7, 8),\quad \mathbf{x}_2 - \mathbf{x}_0 = \overrightarrow{PR} = (-3, -1, 4)$$

가 된다. 이때 구하려는 평면의 벡터방정식 $\mathbf{x} - \mathbf{x}_0$는 두 벡터 $\mathbf{x}_1 - \mathbf{x}_0$와 $\mathbf{x}_2 - \mathbf{x}_0$의 일차결합으로 표시되므로

$$\mathbf{x} = \mathbf{x}_0 + t_1(\mathbf{x}_1 - \mathbf{x}_0) + t_2(\mathbf{x}_2 - \mathbf{x}_0) \ (\text{단, } t_1, t_2 \in R)$$

이다. 한편

$$\begin{aligned}(x, y, z) &= (4, 3, -1) + t_1(2, -7, 8) + t_2(-3, -1, 4)\\ &= (4 + 2t_1 - 3t_2, 3 - 7t_1 - t_2, -1 + 8t_1 + 4t_2)\end{aligned}$$

이므로, 평면의 매개변수방정식은

$$x = 4 + 2t_1 - 3t_2,\ y = 3 - 7t_1 - t_2,\ z = -1 + 8t_1 + 4t_2$$

로 주어진다. ■

이제 스칼라사영을 이용하여, R^3에서 한 점과 평면 사이의 거리를 구하는 방법을 알아본다.

정리 2

R^3의 한 점 $P_1(x_1,\ y_1,\ z_1)$에서 평면 $ax+by+cz+d=0$까지의 거리 D는 다음으로 주어진다.

$$D=\frac{|ax_1+by_1+cz_1+d|}{\sqrt{a^2+b^2+c^2}}$$

증명 평면 위의 한 점을 $P_0(x_0,\ y_0,\ z_0)$라 하고, $\mathbf{b}$를 $\overrightarrow{P_0P_1}$에 대응하는 벡터라 하면 $\mathbf{b}=(x_1-x_0,\ y_1-y_0,\ z_1-z_0)$이다. 그런데 P_1에서 평면까지의 거리 D는 법선벡터 $\mathbf{n}=(a,\ b,\ c)$ 위로의 $\mathbf{b}$의 스칼라사영의 절대값과 같으므로

$$\begin{aligned}D&=\|\mathbf{b}\|\,|\cos\theta|=\frac{|\mathbf{n}\cdot\mathbf{b}|}{\|\mathbf{n}\|}\\&=\frac{|a(x_1-x_0)+b(y_1-y_0)+c(z_1-z_0)|}{\sqrt{a^2+b^2+c^2}}\\&=\frac{|(ax_1+by_1+cz_1)-(ax_0+by_0+cz_0)|}{\sqrt{a^2+b^2+c^2}}\end{aligned}$$

가 된다. 그런데 $ax_0+by_0+cz_0+d=0$이므로, D는

$$D=\frac{|ax_1+by_1+cz_1+d|}{\sqrt{a^2+b^2+c^2}}$$

로 주어진다.

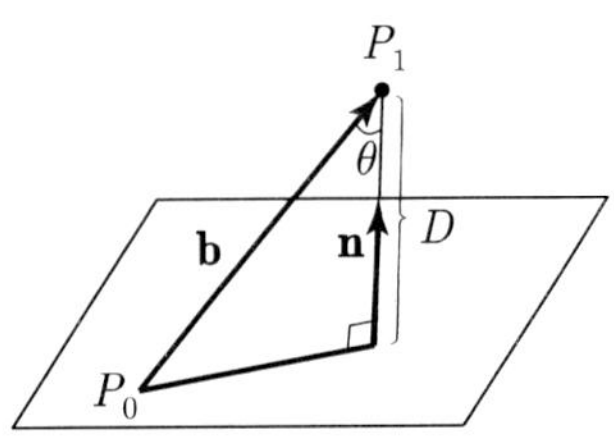

그림 1.8

■

예제 6

R^3에서 두 평면 $x-2y+3z=2$와 $3x-6y+9z=12$ 사이의 거리 D를 구하시오.

풀이 두 평면은 서로 평행하므로, 평면 $3x-6y+9z=12$ 위의 한 점 $(0,\ -2,\ 0)$과 평면 $x-2y+3z=2$와의 거리를 구하면 된다. 따라서 거리 D는

$$D=\frac{|0+4+0-2|}{\sqrt{1+4+9}}=\frac{2}{\sqrt{14}}$$

로 주어진다. ■

두 평면은 그들의 법선벡터가 평행할 때 평행이다. 두 평면이 평행하지 않으면 그들은 한 직선에서 만나고, 이때 두 평면의 사이각은 그들의 법선벡터 사이의 예각으로 정의한다.

예제 7

R^3에서 두 평면 $x+y+z=1$과 $x-2y+3z=1$이 만나서 이루는 각을 구하시오.

풀이 두 평면의 법선벡터가 각각

$$\mathbf{n}_1=(1,\ 1,\ 1),\ \mathbf{n}_2=(1,\ -2,\ 3)$$

이므로, 두 평면 사이의 각은 θ라 하면

$$\cos\theta=\frac{\mathbf{n}_1\cdot\mathbf{n}_2}{\|\mathbf{n}_1\|\|\mathbf{n}_2\|}=\frac{2}{\sqrt{42}}$$

가 된다. 따라서 $\theta=\cos^{-1}\left(\frac{2}{\sqrt{42}}\right)\approx 72°$이다. ■

4. 헤세(Hesse)의 표준형

정리 3 헤세의 표준형

R^3의 원점 O에서 평면 π에 내린 수선 $\overline{OH}$의 길이를 p, 유향선분 $\overrightarrow{OH}$의 방향코사인을 l, m과 n이라 하면 평면의 방정식은 **헤세의 표준형**

$$lx+my+nz=p$$

로 주어진다.

증명 점 H의 좌표를 $(x_1,\ y_1,\ z_1)$이라 하고, 평면 위의 임의의 한 점 P의 좌표를 $(x,\ y,\ z)$라 하자.

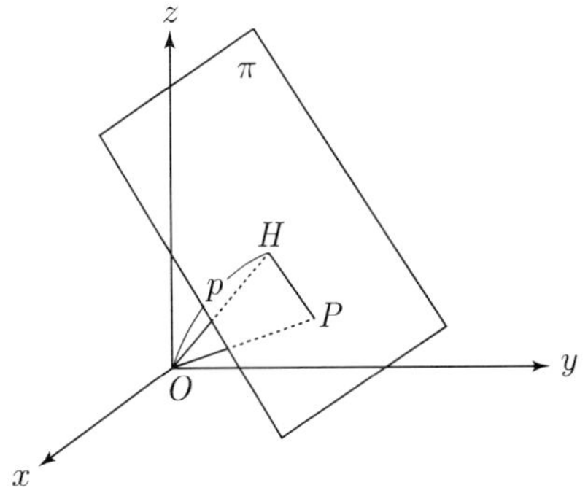

그림 1.9

이때 유향선분 $\overrightarrow{OH}$의 방향코사인이 $l,\ m,\ n$이므로

$$x_1 = lp,\ y_1 = mp,\ z_1 = np$$

가 성립한다. 그런데 $\overline{OH} \perp \overline{PH}$이므로

$$l(x-x_0)+m(y-y_0)+n(z-z_0)=0$$

이 된다. 따라서 평면의 방정식은

$$\begin{aligned} lx+my+nz &= lx_1+my_1+nz_1 \\ &= p(l^2+m^2+n^2)=p \end{aligned}$$

로 주어진다. ■

참고

R^2에서 두 점 $M(a,\ 0)$과 $N(0,\ b)$를 지나는 직선 g의 방정식은 $\dfrac{x}{a}+\dfrac{y}{b}=1$이므로, 양변에 p를 곱하면 $\dfrac{p}{a}x+\dfrac{p}{b}y=p$를 얻는다. 이때

$$\frac{p}{a}=\frac{|\overline{OH}|}{|\overline{OM}|}=\cos\theta=l,\quad \frac{p}{b}=\frac{|\overline{OH}|}{|\overline{ON}|}=\sin\theta=m$$

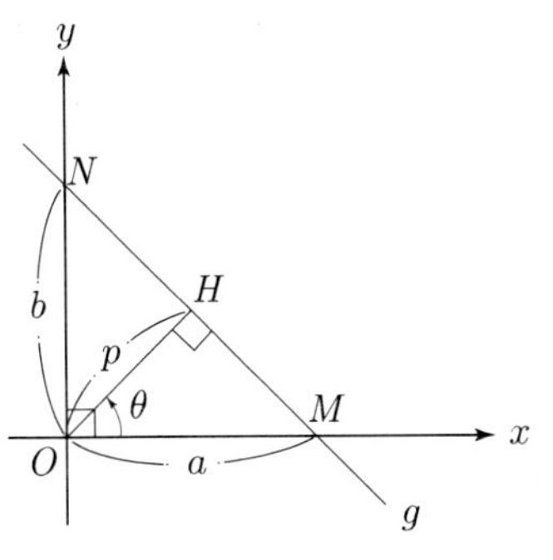

그림 1.10

이므로, 직선 g의 헤세의 표준형은

$$x\cos\theta + y\sin\theta = p \text{ 또는 } lx + my = p$$

로 주어진다. 여기서 l, m은 직선 g의 방향코사인이다.

정리 4

R^3의 원점 O에서 평면 $ax+by+cz+d=0$에 내린 수선 $\overline{OH}$의 길이를 p, 유향선분 $\overrightarrow{OH}$의 방향코사인을 l, m, n이라 하면

$$l = \pm\frac{a}{\sqrt{a^2+b^2+c^2}}, \quad m = \pm\frac{b}{\sqrt{a^2+b^2+c^2}}$$

$$n = \pm\frac{c}{\sqrt{a^2+b^2+c^2}}, \quad -p = \pm\frac{d}{\sqrt{a^2+b^2+c^2}}$$

가 성립한다. 여기서 $\pm$는 $p>0$가 되도록 선택한다.

예 3

R^3에서 두 평면 $x+y+z=5$, $x+y+z=10$ 사이의 거리는 $\frac{5\sqrt{3}}{3}$이다. ■

예제 8

R^3에서 한 점 $P(x_0, y_0, z_0)$로부터 평면 $ax+by+cz+d=0$에 이르는 거리는

$$h = \frac{|ax_0+by_0+cz_0+d|}{\sqrt{a^2+b^2+c^2}}$$

으로 주어진다.

증명 원점이 점 P에 오도록

$$x = \bar{x}+x_0,\ y = \bar{y}+y_0,\ z = \bar{z}+z_0$$

를 $ax+by+cz+d=0$에 대입하면

$$a\bar{x}+b\bar{y}+c\bar{z} = -(ax_0+by_0+cz_0+d)$$

가 된다. 따라서 원점으로부터 이 평면에 이르는 거리는

$$h = \frac{|ax_0 + by_0 + cz_0 + d|}{\sqrt{a^2 + b^2 + c^2}}$$

으로 주어진다. ■

연습문제 1.2 Exercises

1. R^3에서 한 점 $P(5, 1, 3)$을 지나고 벡터 $\mathbf{i} + 2\mathbf{j} - \mathbf{k}$에 평행한 직선의 매개변수방정식을 구하시오.

2. $x = 5z + 3$과 $y = \frac{5}{4}z + 7$로 주어진 직선의 방향코사인을 구하시오.

3. R^3에서 세 점 $P(-4, -1, -1)$, $Q(-1, -2, -3)$, $R(-2, 0, 1)$을 포함하는 평면의 방정식을 구하시오.

4. R^3의 원점 O와 한 점 $A(1, 1, 0)$을 포함하는 평면 π_1과 R^3의 두 점 $B(0, 1, 1)$, $C(1, 0, 2)$를 포함하는 평면 π_2가 서로 평행할 때, π_1의 방정식을 구하시오.

5. R^3에서 두 평면 $x - 2y + 3z - 4 = 0$과 $2x + 3y - z - 5 = 0$이 만나서 이루는 각을 구하시오.

6. R^3에서 평면 $-2x + 3y - 6z - 1 = 0$과 구 $(x-1)^2 + (y+4)^2 + (z-3)^2 = 1$ 사이의 거리를 구하시오.

7. R^3의 한 벡터 $\mathbf{b} = (1, 5, 3)$의 종점을 지나는 평면이 벡터 $\mathbf{a} = (2, 3, 6)$에 수직일 때, 원점으로부터 이 평면에 이르는 거리 D를 구하시오.

8. R^2에서 $3x + 4y + 12 = 0$을 헤세의 표준형으로 변형하시오.

제2장

행렬

2.1 행렬과 행렬대수

연립일차방정식의 일반적인 해법이 연구되면서 행렬의 개념이 나타났다. 코시가 1821년 'tableau'란 이름으로 행렬의 개념을 처음으로 소개하였다. '**행렬**'이란 용어는 1850년 영국의 수학자 실베스터 (Sylvester)가 직사각형 모양의 수의 배열에 붙인 이름이며, 1858년에 영국의 케일리 (Cayley)가 '**행렬론**'을 출판함으로써 행렬의 이론이 학문적인 체계를 갖추게 되었다. 행렬의 개념은 실생활뿐만 아니라, 수학적 문제를 해결하는 데도 유용하게 이용되는 개념으로서, 오늘날에는 사회의 모든 영역에서 중요하게 사용되고 있다.

참고

케일리는 행렬의 대수학, 비유클리드 기하학, n차원 기하학, 불변식의 이론, 행렬식, 군론 등에 현저한 업적을 남겼다.

1. 행렬

이미 제1장에서 행렬에 대하여 간단히 언급하였지만. 여기서는 행렬에 대한 구체적인 내용을 소개한다.

정의 1 **행렬**

mn개의 실수 (또는 복소수) a_{ij} (단, $i = 1, 2, \cdots, m$; $j = 1, 2, \cdots, n$)를 직사각형 모양

$$A = \begin{bmatrix} a_{11} & a_{12} & \cdots & a_{1n} \\ a_{21} & a_{22} & \cdots & a_{2n} \\ \vdots & \vdots & \vdots & \vdots \\ a_{m1} & a_{m2} & \cdots & a_{mn} \end{bmatrix}$$

으로 배열한 것을 $m \times n$ **행렬** (matrix)이라 하고, 행렬 A의 수평선을 **행** (row), 수직선을 **열** (column)이라 부른다. 이때 a_{ij}를 행렬 A의 i행, j열의 성분 (entry), 간단히 ij 성분 또는 ij 원소 (element)라 한다.

행렬 A의 모든 성분이 실수인 경우를 **실행렬** (real matrix)이라 하고, 복소수인 경우를 **복**

소행렬 (complex matrix)이라고 한다. 행렬의 크기는 행과 열의 개수에 의하여 기술되며, 벡터는 오직 한 개의 행이나 열을 갖는 행렬이 된다. 행렬은 알파벳의 대문자로 나타내고, 행렬의 성분은 소문자를 이용한다.

이 책을 서술함에 있어서 특별한 언급이 없는 한, 행렬의 성분은 항상 실수로 가정한다.

예 1

$m \times n$ 행렬 A에서

$$[a_{i1}\ a_{i2} \cdots a_{in}]\ (\text{단, } 1 \le i \le m)$$

을 A의 i행(ith row)이라 하고

$$\begin{bmatrix} a_{1j} \\ a_{2j} \\ \vdots \\ a_{mj} \end{bmatrix}\ (\text{단, } 1 \le j \le n)$$

을 A의 j열(jth column)이라고 한다. 때로는 $A_{(i)}$를 A의 i행, $A^{(j)}$를 A의 j행으로 표기하며, 이때

$$A = \begin{bmatrix} A_{(1)} \\ A_{(2)} \\ \vdots \\ A_{(m)} \end{bmatrix} = [A^{(1)} A^{(2)} \cdots A^{(n)}]$$

으로 나타낸다. ■

일반적으로 m개의 행과 n개의 열을 갖는, 즉 크기가 $m \times n$인 행렬 A를 간단히

$$A = [a_{ij}]_{m \times n}$$

로 표기한다. 단, 행렬의 크기가 내용으로부터 명백하면 첨자는 생략하고

$$A = [a_{ij}]$$

로 표기한다. 특히 $m = n$인 행렬을 n차 **정사각행렬** (square matrix)이라 하며, n차 정사각행렬 A의 대각선상에 위치해 있는 성분들 a_{ij} (단, $i = j$), 즉 행과 열의 첨자가 같은 $a_{11}, a_{22}, \cdots, a_{nn}$을 A의 **주대각성분** (main diagonal entry), 간단히 **대각성분** (diagonal entry) 또는 대각요소라고 한다.

정의 2 **대각행렬**

정사각행렬 A의 주대각성분 이외의 모든 성분이 0일 때 (0 아닌 성분은 대각선에만 있는 경우), A를 **대각행렬** (diagonal matrix)이라 하고, 보통 D로 표기한다.

주대각성분이 $a_{11}, a_{22}, \cdots, a_{nn}$인 대각행렬 A를

$$\mathrm{diag}\,[\,a_{11},\ a_{22},\ \cdots,\ a_{nn}\,]$$

으로 나타내기도 한다. 특히 주대각성분이 모두 같은 대각행렬을 **스칼라행렬** (scalar matrix)이라고 한다.

예 2

다음 3차 정사각행렬

$$H=\begin{bmatrix} 3 & 0 & 0 \\ 0 & 2 & 0 \\ 0 & 0 & 1 \end{bmatrix},\quad I=\begin{bmatrix} 1 & 0 & 0 \\ 0 & 1 & 0 \\ 0 & 0 & 1 \end{bmatrix}$$

은 모두 대각행렬이다. 특히 I는 스칼라행렬이다. ■

정의 3 **삼각행렬**

대각성분보다 위에 놓여 있는 성분이 모두 0인 정사각행렬을 **하삼각행렬** (lower triangular matrix)이라 하고, 대각성분보다 아래에 놓여 있는 성분이 모두 0인 정사각행렬을 **상삼각행렬** (upper triangular matrix)이라 한다. 하삼각 또는 상삼각행렬을 통틀어 **삼각행렬** (triangular matrix)이라 한다.

일반적으로 3차 상삼각행렬은

$$\begin{bmatrix} a_{11} & a_{12} & a_{13} \\ 0 & a_{22} & a_{23} \\ 0 & 0 & a_{33} \end{bmatrix}$$

이고, 3차 하삼각행렬은

$$\begin{bmatrix} a_{11} & 0 & 0 \\ a_{21} & a_{22} & 0 \\ a_{31} & a_{32} & a_{33} \end{bmatrix}$$

과 같은 형태로 주어진다.

예 3

행렬 D, L, U, R, C, A가 각각

$$D = \begin{bmatrix} 4 & 0 & 0 \\ 0 & 1 & 0 \\ 0 & 0 & 2 \end{bmatrix},\ L = \begin{bmatrix} 1 & 0 & 0 \\ 2 & 0 & 0 \\ 4 & 3 & 2 \end{bmatrix},\ U = \begin{bmatrix} 2 & 1 & 2 \\ 0 & 3 & 2 \\ 0 & 0 & 4 \end{bmatrix},$$

$$R = [1 \quad 2 \quad 3],\ C = \begin{bmatrix} 2 \\ 4 \\ 3 \end{bmatrix},\ A = \begin{bmatrix} 0 & 1 & 2 \\ 3 & 0 & 4 \\ 2 & 1 & 0 \end{bmatrix}$$

으로 주어질 때

(1) D는 대각행렬이다.

(2) L은 하삼각행렬이고 U는 상삼각행렬이다.

(3) R은 행 행렬 $(m=1)$이고 C는 열 행렬 $(n=1)$이다.

(4) D, L, U, A는 정사각행렬이지만 R, C는 정사각행렬이 아니다. ■

종종 주어진 행렬 A의 부분행렬을 고려해야 할 필요가 있다. **부분행렬**이란 A의 일부 행과 열들을 제거하여 얻어진 행렬을 뜻한다. 특별히 관심을 갖는 것은 행렬을 다른 부분행렬들로 분할하여 얻어진 부분행렬들이다.

예 4

행렬

$$A = \left[\begin{array}{ccc|cc|c} 3 & 0 & 2 & 5 & 4 & -2 \\ -5 & 2 & 4 & 0 & 2 & 2 \\ \hline -6 & -8 & 3 & 1 & 7 & -4 \end{array}\right] = \begin{bmatrix} A_{11} & A_{12} & A_{13} \\ A_{21} & A_{22} & A_{23} \end{bmatrix}$$

에 대하여, $A_{11} = \begin{bmatrix} 3 & 0 & 2 \\ -5 & 2 & 4 \end{bmatrix}$는 A의 2×3 부분행렬이고 $A_{12} = \begin{bmatrix} 5 & 4 \\ 0 & 2 \end{bmatrix}$는 A의 2×2 부분행렬이다. ■

참고

$m \times n$ 행렬 A의 부분행렬에 대하여 다음 표기법을 사용한다.

$$A^{(j)} = \begin{bmatrix} a_{1j} \\ a_{2j} \\ \vdots \\ a_{mj} \end{bmatrix} \quad (\text{단, } 1 \le j \le n)$$

는 A의 j번째 열이고, $A_{(i)} = [a_{i1}\ a_{i2} \cdots a_{in}]$ (단, $1 \le i \le m$)은 A의 i번째 행이다.

예 5

$m \times n$ 행렬

$$A = \begin{bmatrix} a_{11} & a_{12} & \cdots & a_{1n} \\ a_{21} & a_{22} & \cdots & a_{2n} \\ \vdots & \vdots & \vdots & \vdots \\ a_{m1} & a_{m2} & \cdots & a_{mn} \end{bmatrix}$$

을

$$\begin{bmatrix} A_{(1)} \\ A_{(2)} \\ \vdots \\ A_{(m)} \end{bmatrix} \text{ 또는 } [\ A^{(1)}\ A^{(2)} \cdots\ A^{(n)}\ ]$$

으로 표기한다. ■

2. 행렬의 연산

행렬의 연산에는 행렬덧셈, 스칼라배와 행렬곱셈이 있다. 행렬연산의 대수적 성질 중 많은 부분은 실수 연산과 일치하지만, 일부 성질은 일치하지 않는다. 사실 행렬연산은 실수연산의 일반화된 모습이다.

(1) 행렬의 상등

정의 4 행렬의 상등

두 $m \times n$ 행렬 $A = [a_{ij}]_{m \times n}$, $B = [b_{ij}]_{m \times n}$가 모든 i, j에 대하여 $a_{ij} = b_{ij}$를 만족하면 A와 B는 '**서로 같다**(equal)' 또는 '**상등**'이라 하고 $A = B$로 나타낸다.

예 6

두 3차 정사각행렬

$$A=\begin{bmatrix} x & 1 & y \\ 3 & -2 & 4 \\ 0 & -3 & 4 \end{bmatrix},\ B=\begin{bmatrix} 1 & 1 & 2 \\ z & -2 & 4 \\ 0 & w & 4 \end{bmatrix}$$

에 대하여, $A=B$가 성립하기 위한 필요충분조건은

$$x=1,\ y=2,\ z=3,\ w=-3$$

이다. ■

(2) 행렬덧셈(matrix addition)

정의 5 두 행렬의 합

A와 B가 같은 크기의 행렬이면 **합**(sum) $A+B$는 A와 B의 대응하는 원소를 더하여 얻어지는 행렬이다. 즉 두 $m\times n$ 행렬 $A=[a_{ij}]_{m\times n}$과 $B=[b_{ij}]_{m\times n}$에 대하여, A와 B의 합 $A+B$는

$$A+B=[a_{ij}+b_{ij}]_{m\times n}$$

로 정의한다.

A와 B가 같은 크기의 행렬이 아니라면 그들의 합은 정의되지 않는다. 덧셈은 결합법칙과 교환법칙이 성립한다.

예 7

세 행렬

$$A=\begin{bmatrix} 3 & -2 & 4 \\ 0 & -3 & -1 \end{bmatrix},\ B=\begin{bmatrix} 2 & 4 & 6 \\ 0 & 1 & 3 \end{bmatrix},\ C=\begin{bmatrix} 1 & 3 \\ 2 & 4 \end{bmatrix}$$

에 대하여

$$A+B=\begin{bmatrix} 3+2 & -2+4 & 4+6 \\ 0+0 & -3+1 & -1+3 \end{bmatrix}=\begin{bmatrix} 5 & 2 & 10 \\ 0 & -2 & 2 \end{bmatrix}$$

이다. 그러나 A와 C, B와 C는 크기가 다르므로, $A+C$와 $B+C$는 정의되지 않는다.

■

(3) 스칼라배 (scalar multiplication)

정의 6 스칼라배

A가 행렬이고 λ가 실수라면 **스칼라배** λA는 A의 각 원소에 λ를 곱하여 얻어진 행렬이다. 즉 $m \times n$ 행렬 $A=[a_{ij}]_{m\times n}$와 스칼라 (실수) λ에 대하여, 스칼라배 (실수배) λA는

$$\lambda A = [\lambda a_{ij}]_{m\times n}$$

로 정의한다. 일반적으로 A의 덧셈의 역원 $(-1)A$를 간단히 $-A$로 정의한다.

예 8

2×3 행렬

$$A=\begin{bmatrix} 3 & -2 & 4 \\ 0 & -3 & -1 \end{bmatrix}$$

에 대하여

$$2A=\begin{bmatrix} 6 & -4 & 8 \\ 0 & -6 & -2 \end{bmatrix},\ (-1)A=\begin{bmatrix} -3 & 2 & -4 \\ 0 & 3 & 1 \end{bmatrix}$$

로 주어진다. ■

참고

두 행렬 A와 B가 같은 크기이고 정확히 같은 방법으로 분할되었다면 통상적인 두 행렬의 합 $A+B$에 같은 분할을 적용하는 것은 당연하다. 이 경우에 $A+B$의 각 블록은 A와 B의 대응하는 블록의 합이다. 분할된 행렬의 스칼라배는 또한 블록별로 계산된다.

정의 7 영행렬

모든 성분이 0인 행렬을 **영행렬** (zero matrix)이라 하고, O로 나타낸다. 특히 $m\times n$ 행렬에서 크기의 구분이 필요할 때는 $O_{m\times n}$로 표기한다.

임의의 행렬 A에 대하여, O가 A와 크기가 같은 영행렬이면

$$A+O=O+A=A$$

가 성립한다. 즉 영행렬 O가 행렬의 합에 대한 항등원이다.

예 9

다음 행렬은 모두 영행렬이다.

$$\begin{bmatrix} 0 & 0 & 0 \\ 0 & 0 & 0 \\ 0 & 0 & 0 \end{bmatrix},\ \begin{bmatrix} 0 & 0 & 0 \\ 0 & 0 & 0 \end{bmatrix},\ \begin{bmatrix} 0 \\ 0 \\ 0 \end{bmatrix},\ [0\ \ 0\ \ 0]$$ ■

(4) 행렬곱셈(matrix multiplication)

두 n차원 벡터 $\mathbf{a}=(a_1, a_2, \cdots, a_n)$과 $\mathbf{b}=(b_1, b_2, \cdots, b_n)$의 내적

$$\mathbf{a}\cdot\mathbf{b}=a_1b_1+\cdots+a_nb_n$$

의 정의를 행렬기호를 이용하면, $1\times n$ 행렬 A와 $n\times 1$ 행렬 B의 곱은

$$AB=[a_1\ a_2 \cdots\ a_n]\begin{bmatrix} b_1 \\ b_2 \\ \vdots \\ b_n \end{bmatrix}=a_1b_1+a_2b_2+\cdots+a_nb_n=\sum_{i=1}^{n}a_ib_i$$

로 정의된다. 따라서 행렬의 각 행은 이러한 벡터들로 구성되므로 행렬의 곱의 정의로 일반화할 수 있다.

예 10

(1) $[1\ \ 2\ \ 2]\begin{bmatrix} 3 \\ 1 \\ -2 \end{bmatrix}=1\times 3+(-2)\times 1+2\times(-2)=-3$

(2) 일차방정식 $a_1x_1+a_2x_2+\cdots+a_nx_n=b$는

$$[a_1\ a_2 \cdots\ a_n]\begin{bmatrix} x_1 \\ x_2 \\ \vdots \\ x_n \end{bmatrix}=b$$

로 표기된다. ■

다음 행렬의 곱셈연산은 케일리가 제시하였다. 케일리는 1855년 합성함수와 선형변환을

연구하면서 행렬간의 곱셈을 정의하였고, 행렬들의 집합 안에 수학적 구조를 주는 **행렬대수** (matrix algebra)에 대한 연구를 시작하게 되었다.

정의 8 두 행렬의 곱

두 행렬 $A=[a_{ik}]_{m\times p}$와 $B=[b_{kj}]_{p\times n}$에 대하여, A와 B의 **곱** AB는

$$c_{ij}=\sum_{k=1}^{p} a_{ik}b_{kj} \text{ (단, } i=1,\ 2,\ \cdots,\ m;\ j=1,\ 2,\ \cdots,\ p\text{)}$$

일 때 행렬 $C=[c_{ij}]_{m\times n}$로 정의된다. 여기서

$$c_{ij}=a_{i1}b_{1j}+a_{i2}b_{2j}+\cdots+a_{ip}b_{pj}=\sum_{k=1}^{p} a_{ik}b_{kj}$$

이다.

두 행렬 $A=[a_{ik}]_{m\times p}$와 $B=[b_{kj}]_{p\times n}$에 대하여, A의 i번째 행을 $A_{(i)}$, B의 j번째 열을 $B^{(j)}$로 표기하면

$$C=AB=\begin{bmatrix} A_{(1)} \\ A_{(2)} \\ \vdots \\ A_{(m)} \end{bmatrix}\begin{bmatrix} B^{(1)} & B^{(2)} & \cdots & B^{(n)} \end{bmatrix}$$

$$=\begin{bmatrix} A_{(1)}B^{(1)} & A_{(1)}B^{(2)} & \cdots & A_{(1)}B^{(n)} \\ \vdots & \vdots & \vdots & \vdots \\ A_{(m)}B^{(1)} & A_{(m)}B^{(2)} & \cdots & A_{(m)}B^{(n)} \end{bmatrix}$$

으로 나타낼 수 있다. 여기서

$$c_{ij}=A_{(i)}B^{(j)}=\begin{bmatrix} a_{i1} & \cdots & a_{in} \end{bmatrix}\begin{bmatrix} b_{1j} \\ \vdots \\ b_{nj} \end{bmatrix}=\sum_{k=1}^{n} a_{ik}b_{kj}$$

이다.

예 11

두 행렬 $A=\begin{bmatrix} 1 & 1 \\ 2 & -3 \\ 4 & 1 \end{bmatrix}$과 $B=\begin{bmatrix} 3 & 2 \\ 4 & -1 \end{bmatrix}$에 대하여, AB를 구해보자. A의 크기가 3×2

이고 B의 크기가 2×2이므로 AB는 정의되고, 크기는 3×2가 된다. 이때 성분들을 계산하면 다음과 같다.

$$AB=\begin{bmatrix} 1\times3+1\times4 & 1\times2+1\times(-1) \\ 2\times3+(-3)\times4 & 2\times2+(-3)\times(-1) \\ 4\times3+1\times4 & 4\times2+1\times(-1) \end{bmatrix}=\begin{bmatrix} 7 & 1 \\ -6 & 7 \\ 6 & 7 \end{bmatrix}$$ ■

예제 1

A, B가 n차 하삼각행렬일 때, A와 B의 곱 AB는 n차 하삼각행렬이 된다.

증명 $AB=C$라 하면, $c_{ij}=\sum_{k=1}^{n} a_{ik}b_{kj}$ (단, $1\le i,\ k\le n$)이다. 여기서 $i<j$이면 $a_{ik}=0$ 또는 $b_{kj}=0$으로 주어진다. 따라서 $c_{ij}=0$ (단, $i<j$)이 된다. 그러므로 C는 하삼각행렬이다. ■

행렬곱셈에서는 결합법칙과 덧셈에 대해 배분법칙이 성립되지만, 교환법칙은 성립하지 않는다. 그러나 두 행렬이 역행렬 관계이거나 두 행렬 중 한 행렬이 단위행렬의 k (단, k는 실수)배, 즉 스칼라행렬이면 행렬의 곱셈에서 교환법칙이 성립한다.

예제 2

두 행렬 $A=\begin{bmatrix} 2 & 1 & 1 \\ 3 & 3 & 0 \end{bmatrix}$, $B=\begin{bmatrix} 3 & 1 \\ 0 & 2 \\ 2 & 4 \end{bmatrix}$에 대하여, AB와 BA를 구하시오.

풀이 A는 2×3 행렬이고 B는 3×2 행렬이므로, AB는 존재하고 2×2 행렬이다. AB를 구하면

$$AB=\begin{bmatrix} 2 & 1 & 1 \\ 3 & 3 & 0 \end{bmatrix}\begin{bmatrix} 3 & 1 \\ 0 & 2 \\ 2 & 4 \end{bmatrix}=\begin{bmatrix} 6+0+2 & 2+2+4 \\ 9+0+0 & 3+6+0 \end{bmatrix}=\begin{bmatrix} 8 & 8 \\ 9 & 9 \end{bmatrix}$$

이다. 한편 B는 3×2 행렬이고 A는 2×3 행렬이므로, BA는 정의되고 3×3 행렬이다. 이때 BA를 구하면

$$BA=\begin{bmatrix} 3 & 1 \\ 0 & 2 \\ 2 & 4 \end{bmatrix}\begin{bmatrix} 2 & 1 & 1 \\ 3 & 3 & 0 \end{bmatrix}=\begin{bmatrix} 6+3 & 3+3 & 3+0 \\ 0+6 & 0+6 & 0+0 \\ 4+12 & 2+12 & 2+0 \end{bmatrix}=\begin{bmatrix} 9 & 6 & 3 \\ 6 & 6 & 0 \\ 16 & 14 & 2 \end{bmatrix}$$

가 된다. 여기서 AB와 BA가 둘 다 정의되지만 크기는 다르다는 것을 알 수 있다.

■

참고

n차 대각행렬 D와 일반적인 n차 정사각행렬 A에 대하여 DA와 AD를 각각 계산하면 DA는 A의 각 행에 D에 대각성분을 곱한 결과와 같고, AD는 A의 열에 D의 대응하는 대각성분을 곱한 결과와 같다.

예 12

두 3차 정사각행렬 $A=\begin{bmatrix}1&0&0\\0&3&0\\0&0&2\end{bmatrix}$와 $D=\begin{bmatrix}a_{11}&a_{12}&a_{13}\\a_{21}&a_{22}&a_{23}\\a_{31}&a_{32}&a_{33}\end{bmatrix}$에 대하여, DA와 AD를 각각 계산하면

$$DA=\begin{bmatrix}a_{11}&a_{12}&a_{13}\\3a_{21}&3a_{22}&3a_{23}\\2a_{31}&2a_{32}&2a_{33}\end{bmatrix},\quad AD=\begin{bmatrix}a_{11}&3a_{12}&2a_{13}\\a_{21}&3a_{22}&2a_{23}\\a_{31}&3a_{32}&2a_{33}\end{bmatrix}$$

로 주어진다. ■

실수의 곱셈연산에 대한 항등원 1이 있듯이 행렬 곱 연산에 대하여 항등원 역할을 하는 행렬이 존재한다.

정의 9 단위행렬

주대각성분이 모두 1이고, 나머지 성분은 모두 0인 정사각행렬을 **단위행렬**(unit matrix) 또는 **항등행렬**(identity matrix)이라 하고, 보통 I로 나타낸다. n차 단위행렬에서 특히 행렬의 크기를 강조할 필요가 있는 경우는 I_n으로 정의한다. 즉

$$I_n=\begin{bmatrix}1&0&\cdots&0\\0&1&\cdots&0\\\vdots&\vdots&\vdots&\vdots\\0&0&\cdots&1\end{bmatrix}$$

로 표기한다.

임의의 정사각행렬 A에 대하여 $AI=IA=A$가 성립한다.

예 13

$$[\,1\,],\ \begin{bmatrix} 1 & 0 \\ 0 & 1 \end{bmatrix},\ \begin{bmatrix} 1 & 0 & 0 \\ 0 & 1 & 0 \\ 0 & 0 & 1 \end{bmatrix}$$

은 모두 단위행렬이다. ■

참고

A가 임의의 $m \times n$ 행렬일 때, 단위행렬 I_m, I_n에 대하여

$$I_m A = A I_n = A$$

가 성립한다.

예 14

2×3 행렬 $A = \begin{bmatrix} a_{11} & a_{12} & a_{13} \\ a_{21} & a_{22} & a_{23} \end{bmatrix}$에 대하여

$$I_2 A = \begin{bmatrix} 1 & 0 \\ 0 & 1 \end{bmatrix} \begin{bmatrix} a_{11} & a_{12} & a_{13} \\ a_{21} & a_{22} & a_{23} \end{bmatrix} = \begin{bmatrix} a_{11} & a_{12} & a_{13} \\ a_{21} & a_{22} & a_{23} \end{bmatrix} = A$$

$$A I_3 = \begin{bmatrix} a_{11} & a_{12} & a_{13} \\ a_{21} & a_{22} & a_{23} \end{bmatrix} \begin{bmatrix} 1 & 0 & 0 \\ 0 & 1 & 0 \\ 0 & 0 & 1 \end{bmatrix} = \begin{bmatrix} a_{11} & a_{12} & a_{13} \\ a_{21} & a_{22} & a_{23} \end{bmatrix} = A$$

가 성립한다. ■

행렬의 연산법칙이 우리가 이미 알고 있는 실수의 연산법칙과 유사한 점이 많으나 몇 가지 예외가 있다.

① 실수 a, b에 대하여 $ab = ba$는 항상 성립하지만, 행렬 A, B에 대하여 $AB = BA$가 성립하지 않는다. 이 등식이 성립될 수 없는 이유에는 AB 또는 BA가 정의되지 않는 경우와, AB와 BA가 모두 정의되더라도 $AB \neq BA$인 경우가 있다.

예 15

행렬 A, B, C, D, E가 각각

$$A=\begin{bmatrix}1&2&-1\\3&2&0\end{bmatrix},\ B=\begin{bmatrix}1&2&1&0\\0&2&1&2\\4&0&-1&-2\end{bmatrix},\ C=\begin{bmatrix}1&2\\0&-3\\2&-1\end{bmatrix},$$

$$D=\begin{bmatrix}-1&0\\2&-2\end{bmatrix},\ E=\begin{bmatrix}1&2\\3&0\end{bmatrix}$$

으로 주어질 때

(1) AB는 정의되지만, BA는 정의되지 않는다.

(2) AC는 2×2 행렬이지만 CA는 3×3 행렬이므로, $AC\neq CA$.

(3) DE와 ED는 모두 2×2 행렬이지만

$$DE=\begin{bmatrix}-1&-2\\-4&4\end{bmatrix},\ ED=\begin{bmatrix}3&-4\\-3&0\end{bmatrix}$$

이므로, $DE\neq ED$이다. ■

예 16

n차 정사각행렬 A, B에 대하여 $AB\neq BA$이므로

$$(A+B)(A-B)\neq A^2-B^2$$

이다. 이때 $(A+B)(A-B)=A^2-AB+BA-B^2$이 성립한다. ■

② 실수의 연산에서는

(i) $ab=ac$이고 $a\neq0$이면 $b=c$

(ii) $ad=0$이면 $a=0$ 또는 $d=0$

가 성립하지만, 행렬의 곱에 있어서는 소거법칙이 적용되지 않는다. 특히 두 행렬 A, B의 곱 AB가 영행렬 O라도 $A=O$이거나 $B=O$라 단정할 수 없음에 유의한다.

예 17

2차 정사각행렬 A, B, C, D가 각각

$$A=\begin{bmatrix}0&1\\0&2\end{bmatrix},\ B=\begin{bmatrix}1&1\\3&4\end{bmatrix},\ C=\begin{bmatrix}2&5\\3&4\end{bmatrix},\ D=\begin{bmatrix}3&7\\0&0\end{bmatrix}$$

으로 주어질 때

(1) $AB=\begin{bmatrix}3&4\\6&8\end{bmatrix}=AC$이고 $A\neq O$이지만 $B\neq C$이다.

(2) $AD = O$이지만, $A \neq O$, $D \neq O$이다. ■

행렬의 곱셈연산은 선형연립방정식으로부터 유래된다. n개의 미지수를 갖는 m개의 선형방정식으로 이루어진 선형연립방정식

$$\begin{cases} a_{11}x_1 + a_{12}x_2 + \cdots + a_{1n}x_n = b_1 \\ a_{21}x_1 + a_{22}x_2 + \cdots + a_{2n}x_n = b_2 \\ \quad \vdots \\ a_{m1}x_1 + a_{m2}x_2 + \cdots + a_{mn}x_n = b_m \end{cases} \tag{*}$$

을 행렬의 곱과 관련하여 표기하면

$$\begin{bmatrix} a_{11} & a_{12} & \cdots & a_{1n} \\ a_{21} & a_{22} & \cdots & a_{2n} \\ \vdots & \vdots & \vdots & \vdots \\ a_{m1} & a_{m2} & \cdots & a_{mn} \end{bmatrix} \begin{bmatrix} x_1 \\ x_2 \\ \vdots \\ x_n \end{bmatrix} = \begin{bmatrix} b_1 \\ b_2 \\ \vdots \\ b_m \end{bmatrix}$$

으로 나타낼 수 있다. 여기서

$$A = \begin{bmatrix} a_{11} & a_{12} & \cdots & a_{1n} \\ a_{21} & a_{22} & \cdots & a_{2n} \\ \vdots & \vdots & \vdots & \vdots \\ a_{m1} & a_{m2} & \cdots & a_{mn} \end{bmatrix}, \quad \mathbf{x} = \begin{bmatrix} x_1 \\ x_2 \\ \vdots \\ x_n \end{bmatrix}, \quad \mathbf{b} = \begin{bmatrix} b_1 \\ b_2 \\ \vdots \\ b_m \end{bmatrix}$$

이라 하면, 선형연립방정식 (*)는 행렬표현을 이용하여 간단히 **행렬방정식** $A\mathbf{x} = \mathbf{b}$, 즉

$$A\mathbf{x} = \begin{bmatrix} a_{11} & a_{12} & \cdots & a_{1n} \\ a_{21} & a_{22} & \cdots & a_{2n} \\ \vdots & \vdots & \vdots & \vdots \\ a_{m1} & a_{m2} & \cdots & a_{mn} \end{bmatrix} \begin{bmatrix} x_1 \\ x_2 \\ \vdots \\ x_n \end{bmatrix} = \begin{bmatrix} b_1 \\ b_2 \\ \vdots \\ b_m \end{bmatrix} = \mathbf{b}$$

로 표시된다.

참고

행렬방정식 $A\mathbf{x} = \mathbf{b}$는 열벡터들의 일차결합

$$x_1 A^{(1)} + x_2 A^{(2)} + \cdots + x_n A^{(n)} = \mathbf{b}$$

와 동치이다. 이러한 표현은 선형연립방정식과 관련한 다양한 이론 전개에 유용하다.

(5) 전치행렬

정의 10 전치행렬

A가 $m \times n$ 행렬일 때 행의 원소와 열의 원소를 서로 바꾸어 놓은 $n \times m$ 행렬을 A의 **전치행렬**(transposed matrix)이라 하고, A^T로 표시한다. 즉 행렬 $A = [a_{ij}]_{m \times n}$에 대하여, A의 전치행렬 A^T는

$$A^T = [a_{ij}']_{n \times m},\ a_{ij}' = a_{ji}\ (\text{단, } 1 \le i \le m,\ 1 \le j \le n)$$

로 정의한다.

A가 정사각행렬일 때, $A^T = A$를 만족하면 A를 **대칭행렬**(symmetric matrix)이라 하고, $A^T = -A$를 만족하면 A를 **반대칭행렬**(skew symmetric matrix) 또는 **교대행렬**(alternating matrix)이라고 한다. 대칭행렬은 일반 행렬보다 다루기 쉽고 많은 응용문제에서 나타난다. 가장 간단한 예가 이차형식이다(6.2절 참조).

참고

주어진 행렬 A와 A의 전치행렬 A^T와의 곱은 대칭행렬이다. 한편 $A = [a_{ij}]_{n \times n}$가 반대칭행렬이면 모든 i, j에 대하여

$$a_{ij} = -a_{ji}$$

가 성립하므로, 반대칭행렬 $A = [a_{ij}]_{n \times n}$의 주대각성분은 모두 0이 된다.

예 18

세 행렬 $A = \begin{bmatrix} a & b \\ c & d \end{bmatrix}$, $B = \begin{bmatrix} 1 & 2 \\ 3 & 4 \\ 5 & 6 \end{bmatrix}$, $C = \begin{bmatrix} 1 & 1 & 1 & 1 \\ -4 & 3 & -2 & 1 \end{bmatrix}$에 대하여

$$A^T = \begin{bmatrix} a & c \\ b & d \end{bmatrix},\ B^T = \begin{bmatrix} 1 & 3 & 5 \\ 2 & 4 & 6 \end{bmatrix},\ C^T = \begin{bmatrix} 1 & -4 \\ 1 & 3 \\ 1 & -2 \\ 1 & 1 \end{bmatrix}$$

로 주어진다. ■

정리 11 전치행렬의 성질

두 행렬 A, B가 주어진 연산을 정의할 수 있는 크기이고, λ가 임의의 스칼라일 때, 다음이 성립한다.

(1) $(A^T)^T = A$ (2) $(A+B)^T = A^T + B^T$

(3) $(\lambda A)^T = \lambda A^T$ (4) $(AB)^T = B^T A^T$

증명 여기서는 (4)만 증명하고, 나머지는 독자에게 남긴다.

$$A = [a_{ij}]_{m \times p},\ B = [b_{jk}]_{p \times n},\ AB = [c_{ik}]_{m \times n}$$

라 하고

$$A^T = [a_{ij}']_{p \times m},\ B^T = [b_{jk}']_{n \times p}$$

에 대하여, $(AB)^T$의 ik 성분을 c_{ik}'이라고 하자. 그러면

$$\begin{aligned} c_{ik}' = c_{ki} &= a_{k1}b_{1i} + a_{k2}b_{2i} + \cdots + a_{kp}b_{pi} \\ &= a_{1k}'b_{i1}' + a_{2k}'b_{i2}' + \cdots + a_{pk}'b_{ip}' \\ &= b_{i1}'a_{1k}' + b_{i2}'a_{2k}' + \cdots + b_{ip}'a_{pk}' \end{aligned}$$

으로 주어진다. 그런데

$$b_{i1}'a_{1k}' + b_{i2}'a_{2k}' + \cdots + b_{ip}'a_{pk}'$$

은 $B^T A^T$의 ik 성분이므로, $(AB)^T = B^T A^T$가 성립한다. ■

예 19

임의의 정사각행렬 A에 대하여, $A + A^T$는 대칭행렬이 되고 $A - A^T$는 반대칭행렬이 된다. 이때

$$A = \frac{A + A^T}{2} + \frac{A - A^T}{2}$$

가 성립한다. ■

R^n에 있는 벡터들은 $n \times 1$ 행렬로 간주되므로, 전치행렬의 성질 (정리 11)은 또한 벡터들에도 적용된다.

예 20

두 행렬 $A=\begin{bmatrix} 1 & -3 \\ -2 & 4 \end{bmatrix}$, $X=\begin{bmatrix} 5 \\ 3 \end{bmatrix}$에 대하여 $AX=\begin{bmatrix} 1 & -3 \\ -2 & 4 \end{bmatrix}\begin{bmatrix} 5 \\ 3 \end{bmatrix}=\begin{bmatrix} -4 \\ 2 \end{bmatrix}$이므로, $(AX)^T=[-4 \quad 2]$를 얻는다. 이때

$$X^TA^T=[5 \quad 3]\begin{bmatrix} 1 & -2 \\ -3 & 4 \end{bmatrix}=[-4 \quad 2]$$

이므로, $(AX)^T$와 X^TA^T는 같다. 그러나

$$XX^T=\begin{bmatrix} 5 \\ 3 \end{bmatrix}[5 \quad 3]=\begin{bmatrix} 25 & 15 \\ 15 & 9 \end{bmatrix},\ X^TX=[5 \quad 3]\begin{bmatrix} 5 \\ 3 \end{bmatrix}=34$$

임에 유의한다. 한편 A^TX^T는 정의되지 않는다. ■

예제 3

R^n의 벡터 $\mathbf{x}=(x_1,\ x_2,\ \cdots,\ x_n)$에 대하여, $\mathbf{x}^T\mathbf{x}=0$일 필요충분조건은 $\mathbf{x}=\mathbf{0}$이다.

증명 $\mathbf{x}^T\mathbf{x}=0$은 $\sum_{i=1}^{n} x_i^{\,2}=0$과 동치이다. 그런데 x_i가 실수이므로, 모든 $i=1,\ 2,\ \cdots,\ n$에 대하여 $x_i=0$이 된다. 따라서 $\mathbf{x}^T\mathbf{x}=0$일 필요충분조건은 $\mathbf{x}=\mathbf{0}$이다. ■

(6) 행렬의 대각합

n차 정사각행렬 $A=[a_{ij}]_{n\times n}$의 **대각합** (trace) $\text{tr}(A)$는

$$\text{tr}(A)=a_{11}+a_{22}+\cdots+a_{nn}$$

으로 정의한다.

참고

(대각합의 성질)

n차 정사각행렬 A, B와 임의의 스칼라 λ에 대하여, 다음이 성립한다.

(1) $\text{tr}(A^T)=\text{tr}(A)$

(2) $\text{tr}(\lambda A^T)=\lambda\,\text{tr}(A)$

(3) $\text{tr}(A+B)=\text{tr}(A)+\text{tr}(B)$

(4) $\text{tr}(A-B)=\text{tr}(A)-\text{tr}(B)$

(5) $\text{tr}(AB)=\text{tr}(BA)$

(7) 가역행렬과 역행렬

케일리는 실베스터를 통하여 행렬 개념의 중요성을 인식하고, 1853년 역행렬에 관한 논문을 최초로 발표했다.

정의 12 가역행렬과 역행렬

정사각행렬 A에 대하여 $AB=BA=I$를 만족하는 정사각행렬 B가 존재할 때 A를 **가역행렬**(invertible matrix) 또는 **정칙행렬**(reguler matrix)이라 하고, 이때 행렬 B를 행렬 A의 **역행렬**(inverse matrix)이라 하며, A의 역행렬은 A^{-1}로 표시한다. 행렬 A가 역행렬을 가지면 A를 **가역적**(invertible)이라고 한다.

예 21

두 2차 정사각행렬 $A=\begin{bmatrix} 1 & -2 \\ 1 & -1 \end{bmatrix}$, $B=\begin{bmatrix} -1 & 2 \\ -1 & 1 \end{bmatrix}$에 대하여

$$AB=\begin{bmatrix} 1 & -2 \\ 1 & -1 \end{bmatrix}\begin{bmatrix} -1 & 2 \\ -1 & 1 \end{bmatrix}=\begin{bmatrix} 1 & 0 \\ 0 & 1 \end{bmatrix}=I_2$$

$$BA=\begin{bmatrix} -1 & 2 \\ -1 & 1 \end{bmatrix}\begin{bmatrix} 1 & -2 \\ 1 & -1 \end{bmatrix}=\begin{bmatrix} 1 & 0 \\ 0 & 1 \end{bmatrix}=I_2$$

이므로, B는 A의 역행렬이다. ■

예 22

$d_1, d_2, \cdots, d_n$이 모두 0이 아닌 실수일 때, n차 대각행렬

$$D=\mathrm{diag}\,[d_1, d_2, \cdots, d_n]$$

의 역행렬 D^{-1}는

$$D^{-1}=\mathrm{diag}\,[d_1^{-1}, d_2^{-1}, \cdots, d_n^{-1}]$$

로 주어진다. ■

0이 아닌 모든 실수는 곱에 대하여 역원을 갖는다. 그러나 영행렬이 아닌 모든 행렬이 역행렬을 갖는 것은 아니다.

참고

n차 정사각행렬 A가 가역일 때

$$AB = AC \text{이면, } B = C$$

가 성립한다.

정의 13 직교행렬

n차 가역행렬 A가

$$AA^T = A^TA = I_n, \text{ 즉 } A^{-1} = A^T$$

를 만족할 때, A를 **직교행렬**(orthogonal matrix)이라고 한다.

참고

일반적으로 역행렬의 계산은 간단하지 않다. 그러나 직교행렬의 역행렬은 단지 전치행렬을 구하면 얻을 수 있는 좋은 성질을 가지고 있다.

예 23

다음 두 2차 정사각행렬

$$A = \begin{bmatrix} \cos\theta & -\sin\theta \\ \sin\theta & \cos\theta \end{bmatrix}, \quad B = \begin{bmatrix} \frac{1}{\sqrt{2}} & -\frac{1}{\sqrt{2}} \\ \frac{1}{\sqrt{2}} & \frac{1}{\sqrt{2}} \end{bmatrix}$$

은 직교행렬이므로, 역행렬은 각각

$$A^{-1} = \begin{bmatrix} \cos\theta & \sin\theta \\ -\sin\theta & \cos\theta \end{bmatrix}, \quad B^{-1} = \begin{bmatrix} \frac{1}{\sqrt{2}} & \frac{1}{\sqrt{2}} \\ -\frac{1}{\sqrt{2}} & \frac{1}{\sqrt{2}} \end{bmatrix}$$

로 주어진다. 여기서 θ는 임의의 실수이다. ■

정리 14

직교행렬 A, B에 대하여, 다음이 성립한다.

(1) 직교행렬 A의 전치행렬 A^T는 직교행렬이다.

(2) 직교행렬 A의 역행렬 A^{-1}는 직교행렬이다.
(3) 두 직교행렬 A, B의 곱 AB는 직교행렬이다.

증명 여기서는 (3)만 증명하고, 나머지는 독자에게 남긴다. $A^{-1}=A^T$, $B^{-1}=B^T$이면

$$(AB)^{-1}=B^{-1}A^{-1}=B^TA^T=(AB)^T$$

이므로, AB는 직교행렬이다. ■

(8) 멱등행렬

정사각행렬 A가

$$A^2=AA=A$$

를 만족할 때, A를 **멱등행렬**(idempotent matrix)이라고 한다.

예 24

$A^2=A$를 만족하는 정사각행렬 A에 대하여

$$\begin{aligned}(I-A)^2&=I^2-2AI+A^2\\&=I^2-2A+A=I^2-A=I-A\end{aligned}$$

이므로

$$(I-A)^2=I-A$$

가 성립한다. ■

참고
(멱등행렬의 성질)
(1) 정칙인 멱등행렬은 단위행렬뿐이다.
(2) n차 단위행렬 I와 임의의 n차 멱등행렬 A에 대하여, $I-A$는 n차 멱등행렬이다.
(3) P가 n차 직교행렬이고 A가 n차 멱등행렬이면, P^TAP도 n차 멱등행렬이다.

3. 행렬대수

우리가 잘 알고 있는 대부분의 실수의 연산규칙들이 행렬연산에 대해서도 성립한다. 물론

몇몇 예외는 있다. 예를 들어 행렬 곱의 교환법칙 $AB = BA$는 성립하지 않음을 앞에서 보았다. 실수의 덧셈연산에 대한 항등원 0이 있듯이 행렬의 덧셈연산에 대하여 항등원의 역할을 하는 행렬이 있다.

행렬의 합과 스칼라 곱에 대해 다음과 같은 행렬의 연산법칙이 성립함을 쉽게 알 수 있다.

정리 15 행렬의 덧셈과 스칼라배의 성질

임의의 스칼라 α, β와 $m \times n$ 행렬 A, B, C에 대하여, 다음이 성립한다.

(1) $A + B = B + A$ (교환법칙)

(2) $(A + B) + C = A + (B + C)$ (결합법칙)

(3) $A + O = O + A = A$ (행렬의 합에 관한 항등원의 존재성)

(4) $A + (-A) = O$ (행렬의 합에 관한 역원의 존재성)

(5) $(\alpha + \beta)A = \alpha A + \beta A$ (스칼라 덧셈에 대한 스칼라배의 분배법칙)

(6) $\alpha(A + B) = \alpha A + \alpha B$ (행렬의 합에 대한 스칼라배의 분배법칙)

(7) $(\alpha\beta)A = \alpha(\beta A) = \beta(\alpha A)$ (스칼라배의 결합법칙)

(8) $1A = A$

증명 여기서는 (6)만 증명하고 나머지는 독자에게 남긴다. 이 등식을 증명하려면 좌변과 우변의 크기가 같고, 각각에 대응하는 성분이 서로 같음을 밝히면 된다.

$A = [a_{ij}]_{m \times n}$, $B = [b_{ij}]_{m \times n}$라 하면

$$\begin{aligned}\alpha(A + B) &= \alpha[a_{ij} + b_{ij}] = [\alpha(a_{ij} + b_{ij})] \\ &= [\alpha a_{ij} + \alpha b_{ij}] = \alpha[a_{ij}] + \alpha[b_{ij}] \\ &= \alpha A + \alpha B\end{aligned}$$

가 성립한다. ■

행렬곱에 대해 다음과 같은 연산법칙이 성립한다.

정리 16 행렬곱의 성질

임의의 스칼라 α와 행렬 A, B, C에 대하여, 다음이 성립한다. 단, 주어진 연산은 정의되어 있다고 가정한다.

(1) $(AB)C = A(BC)$ (결합법칙)

(2) $A(B + C) = AB + AC$ (분배법칙)

(3) $(A+B)C = AC+BC$ (분배법칙)

(4) $\alpha(AB) = (\alpha A)B = A(\alpha B)$

증명 여기서는 (2)만 증명하고 나머지는 독자에게 남긴다. 이 등식을 증명하려면 좌변과 우변의 크기가 같고, 각각에 대응하는 성분이 서로 같음을 밝히면 된다.

$A=[a_{ij}]_{m\times p}$, $B=[b_{ij}]_{p\times n}$, $C=[c_{ij}]_{p\times n}$라 하면

$$\begin{aligned} A(B+C) &= [a_{ij}][b_{ij}+c_{ij}] \\ &= \left[\sum_{k=1}^{p} a_{ik}(b_{kj}+c_{kj})\right] \\ &= \left[\sum_{k=1}^{p} a_{ik}b_{kj} + \sum_{k=1}^{p} a_{ik}c_{kj}\right] \\ &= \left[\sum_{k=1}^{p} a_{ik}b_{kj}\right] + \left[\sum_{k=1}^{p} a_{ik}c_{kj}\right] \\ &= AB+AC \end{aligned}$$

가 성립한다. ■

예 25

세 행렬 A, B, C가

$$A=\begin{bmatrix} 1 & 2 \\ 3 & 4 \\ 0 & 1 \end{bmatrix},\quad B=\begin{bmatrix} 4 & 3 \\ 2 & 1 \end{bmatrix},\quad C=\begin{bmatrix} 1 & 0 \\ 2 & 3 \end{bmatrix}$$

으로 주어질 때, 곱에 대한 결합법칙

$$(AB)C = A(BC)$$

가 성립한다. 왜냐하면 $AB=\begin{bmatrix} 1 & 2 \\ 3 & 4 \\ 0 & 1 \end{bmatrix}\begin{bmatrix} 4 & 3 \\ 2 & 1 \end{bmatrix}=\begin{bmatrix} 8 & 5 \\ 20 & 13 \\ 2 & 1 \end{bmatrix}$로부터

$$(AB)C=\begin{bmatrix} 8 & 5 \\ 20 & 13 \\ 2 & 1 \end{bmatrix}\begin{bmatrix} 1 & 0 \\ 2 & 3 \end{bmatrix}=\begin{bmatrix} 18 & 15 \\ 46 & 39 \\ 4 & 3 \end{bmatrix}$$

이고, $BC=\begin{bmatrix} 4 & 3 \\ 2 & 1 \end{bmatrix}\begin{bmatrix} 1 & 0 \\ 2 & 3 \end{bmatrix}=\begin{bmatrix} 10 & 9 \\ 4 & 3 \end{bmatrix}$으로부터

$$A(BC)=\begin{bmatrix} 1 & 2 \\ 3 & 4 \\ 0 & 1 \end{bmatrix}\begin{bmatrix} 10 & 9 \\ 4 & 3 \end{bmatrix}=\begin{bmatrix} 18 & 15 \\ 46 & 39 \\ 4 & 3 \end{bmatrix}$$

으로 주어지기 때문이다. ■

세 행렬 A, B, C에 대하여 곱에 대한 결합법칙 $(AB)C=A(BC)$가 성립한다는 것은 세 행렬의 곱을 ABC로 표기하여도 혼동이 없다는 의미이다.

정의 17 행렬의 거듭제곱

A가 n차 정사각행렬일 때, 음이 아닌 정수 n에 대하여 행렬 A의 **거듭제곱**을

$$A^0 = I_n,\ A^1 = A,\ A^2 = A \cdot A,\ \cdots,\ A^n = A \cdot A^{n-1}$$

으로 정의한다. 여기서 I_n은 단위행렬이다.

예 26

3차 정사각행렬 A가

$$A = \begin{bmatrix} 1 & 2 & 0 \\ 0 & 1 & 3 \\ 0 & 0 & 1 \end{bmatrix}$$

로 주어질 때, 모든 정수 k에 대하여 A^k은

$$A^k = \begin{bmatrix} 1 & 2k & 3k(k-1) \\ 0 & 1 & 3k \\ 0 & 0 & 1 \end{bmatrix}$$

로 주어진다. ■

A가 정사각행렬이고 r, s가 음이 아닌 정수일 때

$$A^r A^s = A^{r+s},\ (A^r)^s = A^{rs}$$

이 성립한다.

참고

A가 4차 정사각행렬이고 $\mathbf{x}$가 R^4의 벡터일 때, $A^2\mathbf{x}$를 구하는 가장 빠른 방법은 $A(A\mathbf{x})$를 계산하는 것이다.

예 27

정사각행렬 A에 대해 $A^k = O$가 되는 양의 정수 k가 존재하면

$$(I - A)(I + A + \cdots + A^{k-1}) = I$$

이므로, $I - A$는 가역행렬이고

$$(I - A)^{-1} = I + A + \cdots + A^{k-1}$$

으로 주어진다. ■

정리 18

실수를 원소로 갖는 2차 정사각행렬 전체 집합 $M_2(R)$은 다음을 만족한다. 이때 $M_2(R)$을 2차의 **행렬환**이라 한다.

(1) $A,\ B \in M_2(R)$이면 $A + B \in M_2(R)$

(2) 임의의 $A,\ B \in M_2(R)$에 대하여, $A + B = B + A$

(3) 임의의 $A,\ B,\ C \in M_2(R)$에 대하여

$$(A + B) + C = A + (B + C)$$

(4) 모든 $A \in M_2(R)$에 대하여 $O + A = A + O = A$를 만족하는 $O \in M_2(R)$가 존재한다.

(5) 각 $A \in M_2(R)$에 대하여 $A + (-A) = (-A) + A = O$를 만족하는 $-A \in M_2(R)$가 존재한다.

(6) 임의의 $A,\ B \in M_2(R)$이면 $AB \in M_2(R)$

(7) 임의의 $A,\ B,\ C \in M_2(R)$에 대하여, $(AB)C = A(BC)$

(8) 임의의 $A,\ B,\ C \in M_2(R)$에 대하여

$$(A + B)C = AC + AC,\ A(B + C) = AB + AC$$

(9) 모든 $A \in M_2(R)$에 대하여 $AE = EA = A$를 만족하는 $E \in M_2(R)$가 존재한다.

일반적으로 $M_n(R)$인 n차 행렬환도 위와 같이 정의할 수 있다.

연습문제 2.1 Exercises

1. 세 행렬 A, B, C가 다음으로 주어질 때, $AB = AC$이지만 $B \neq C$임을 확인하시오.

(1) $A = \begin{bmatrix} 2 & 4 \\ 1 & 2 \end{bmatrix}$, $B = \begin{bmatrix} -2 & 1 \\ 0 & 4 \end{bmatrix}$, $C = \begin{bmatrix} 2 & 1 \\ -2 & 4 \end{bmatrix}$

(2) $A = \begin{bmatrix} -2 & 3 \\ 2 & -3 \end{bmatrix}$, $B = \begin{bmatrix} -1 & 3 \\ 2 & 0 \end{bmatrix}$, $C = \begin{bmatrix} -4 & -3 \\ 0 & -4 \end{bmatrix}$

2. 2차 정사각행렬 A, B에 대하여

$$A \neq O,\ B \neq O\text{일 때, } AB = O$$

가 성립하는 예를 두 가지 제시하시오.

3. 대각행렬이 가역행렬일 필요충분조건은 대각성분이 모두 0이 아니어야 함을 보이시오.

4. 다음 3차 정사각행렬

$$A = \begin{bmatrix} 2 & a & 2a+b \\ 3 & 5 & a+c \\ 0 & -2 & 7 \end{bmatrix}$$

이 대칭행렬이 될 수 있도록 a, b, c 값을 구하시오.

5. n차 정사각행렬 A, B에 대하여

$$\operatorname{tr}(AB) = \operatorname{tr}(BA)$$

가 성립함을 보이시오.

6. 대각합을 이용하여, $AB - BA = I_n$을 만족하는 n차 정사각행렬 A, B는 존재하지 않음을 보이시오.

7. 2차 정사각행렬

$$\begin{bmatrix} b-a & a+b \\ b+a & a-b \end{bmatrix}$$

가 직교행렬이 되기 위한 조건을 구하시오.

8. 정사각행렬 A가 $A^2 = A$를 만족할 때

$$(I-2A)^{-1} = I-2A$$

가 성립함을 보이시오.

9. 3차 정사각행렬 $A = \begin{bmatrix} 1 & 0 & 0 \\ 0 & -1 & 0 \\ 0 & 0 & 1 \end{bmatrix}$에 대하여, A의 거듭제곱 A^{19}을 구하시오.

2.2 기본행연산과 역행렬

1. 역행렬

여기서는 정사각행렬의 연산에서 실수에서의 역수와 같은 역할을 하는 행렬의 역, 즉 역행렬에 관하여 알아본다. 행렬의 역은 실수들의 역수(reciprocal)인 $a^{-1}=1/a$과 유사하다. 여기서 a^{-1}는 $ax=1$을 만족하는 유일한 수이다.

정의 1 역행렬

n차 정사각행렬 A에 대하여

$$AB=I_n=BA$$

를 만족하는 n차 정사각행렬 B가 존재하면 A를 **가역행렬** 또는 **정칙행렬**이라 한다. 이때 B를 A의 **역행렬**이라고 하고 A^{-1}로 표기한다. 즉

$$AA^{-1}=I_n=A^{-1}A$$

를 만족한다.

역행렬이 존재하지 않는 행렬을 **비가역행렬**(noninvertible matrix) 또는 **비정칙행렬**(irreguler matrix), 때로는 **특이행렬**(singular matrix)이라 한다.

역행렬의 정의(정의 1)로부터 B가 A의 역행렬이면 A는 B의 역행렬이 된다. 특히 정사각행렬만이 역행렬을 가질 수 있음에 유의한다.

예제 1

$A^2=A$를 만족하는 n차 정사각행렬 A가 단위행렬이 아니면 A는 비가역행렬이다.

증명 만일 n차 정사각행렬 A가

$$A^2=A,\ A\neq I_n$$

을 만족하는 가역행렬이라면, $A^{-1}A^2=A^{-1}A$이고 $A=I_n$이어야만 한다. 따라서 모순이다. 그러므로 A는 비가역행렬이다. ■

다음 정리는 가역행렬의 역행렬은 유일함을 보여준다. 이것은 선형연립방정식의 해의 유일성을 확립하는 데 중요한 역할을 한다.

정리 2 역행렬의 유일성

n차 정사각행렬 A가 가역이면, A의 역행렬은 유일하다.

증명 행렬 B와 C가 모두 행렬 A의 역행렬이라고 하면

$$AB = I_n = BA, \ AC = I_n = CA$$

이므로

$$B = BI_n = B(AC) = (BA)C = I_n C = C$$

즉 $B = C$가 된다. 따라서 A의 역행렬은 유일하다. ■

예제 2

A가 가역행렬이면, A^{-1}도 가역행렬이다. 이때

$$(A^{-1})^{-1} = A$$

가 성립한다.

증명 $A^{-1}A = AA^{-1} = I$이므로, A^{-1}의 역행렬은 A이다. A^{-1}의 역행렬은 유일하므로, $(A^{-1})^{-1} = A$가 성립한다. 또한 A^{-1}의 역행렬이 존재하므로, A^{-1}는 가역행렬이 된다. ■

참고

만일 a와 b가 실수라면 a와 b의 역수와의 곱은 a/b으로 나타내거나 ab^{-1} 또는 $b^{-1}a$로 표기한다. 그러나 행렬 A와 B의 역행렬 B^{-1}와의 곱은 A/B로 표기해서는 안 되고, 행렬 A의 역행렬을 나타내는 데는 오직 기호 A^{-1}만을 사용하여야만 함에 유의한다.

예 1

3차 정사각행렬 $A = \begin{bmatrix} 1 & 1 & 0 \\ 0 & 1 & 1 \\ 0 & 0 & 1 \end{bmatrix}$과 $B = \begin{bmatrix} 1 & -1 & 1 \\ 0 & 1 & -1 \\ 0 & 0 & 1 \end{bmatrix}$은 서로 역행렬이다. 왜냐하면

$$\begin{bmatrix} 1 & 1 & 0 \\ 0 & 1 & 1 \\ 0 & 0 & 1 \end{bmatrix} \begin{bmatrix} 1 & -1 & 1 \\ 0 & 1 & -1 \\ 0 & 0 & 1 \end{bmatrix} = \begin{bmatrix} 1 & 0 & 0 \\ 0 & 1 & 0 \\ 0 & 0 & 1 \end{bmatrix} = I_3$$

이고

$$\begin{bmatrix} 1 & -1 & 1 \\ 0 & 1 & -1 \\ 0 & 0 & 1 \end{bmatrix} \begin{bmatrix} 1 & 1 & 0 \\ 0 & 1 & 1 \\ 0 & 0 & 1 \end{bmatrix} = \begin{bmatrix} 1 & 0 & 0 \\ 0 & 1 & 0 \\ 0 & 0 & 1 \end{bmatrix} = I_3$$

이기 때문이다. ■

정리 3 2×2 행렬에 대한 역행렬의 존재성과 역행렬 구하기

2차 정사각행렬 $A = \begin{bmatrix} a & b \\ c & d \end{bmatrix}$에 대하여, $ad - bc \neq 0$이면 행렬 A는 가역이고

$$A^{-1} = \frac{1}{ad - bc} \begin{bmatrix} d & -b \\ -c & a \end{bmatrix}$$

로 주어진다. 그러나 $ad - bc = 0$이면 행렬 A는 비가역이다.

참고

정리 3에서 $ad - bc$를 2차 정사각행렬 A의 **행렬식**이라 하고

$$\det(A) = ad - bc$$

로 표기한다. 따라서 2차 정사각행렬 A가 가역일 필요충분조건은 $\det(A) \neq 0$이다. 제4장에서 행렬식에 관하여 자세하게 논의할 것이다.

예 2

2차 정사각행렬 $A = \begin{bmatrix} 1 & 1 \\ 1 & 1 \end{bmatrix}$와 $B = \begin{bmatrix} 1 & 2 \\ 3 & 4 \end{bmatrix}$의 역행렬을 구해보자. 먼저

$$\det(A) = 1(1) - 1(1) = 0$$

이므로, A의 역행렬은 존재하지 않는다. 그러나

$$\det(B) = 1(4) - 2(3) = -2$$

이므로, B는 가역행렬이고 B의 역행렬은

$$B^{-1} = \frac{1}{-2} \begin{bmatrix} 4 & -2 \\ -3 & 1 \end{bmatrix} = \begin{bmatrix} 4/(-2) & -2/(-2) \\ -3/(-2) & 1/(-2) \end{bmatrix} = \begin{bmatrix} -2 & 1 \\ 3/2 & -1/2 \end{bmatrix}$$

로 주어진다. ■

정리 4 행렬곱의 역행렬

n차 정사각행렬 A, B가 가역일 때, 두 행렬의 곱 AB도 가역행렬이고

$$(AB)^{-1} = B^{-1}A^{-1}$$

가 성립한다.

증명 $(AB)(B^{-1}A^{-1}) = (B^{-1}A^{-1})(AB) = I_n$이 성립함을 보이면 된다. 결합법칙으로부터

$$(AB)(B^{-1}A^{-1}) = A(BB^{-1})A^{-1} = AI_nA^{-1} = AA^{-1} = I_n$$

$$(B^{-1}A^{-1})(AB) = B^{-1}(A^{-1}A)B = B^{-1}I_nB = B^{-1}B = I_n$$

이므로, AB는 가역행렬이고 $B^{-1}A^{-1}$는 AB의 역행렬이다. 역행렬이 유일하므로 $(AB)^{-1} = B^{-1}A^{-1}$가 성립한다. ■

예 3

2차 정사각행렬 $A = \begin{bmatrix} 1 & 2 \\ 1 & 3 \end{bmatrix}$와 $B = \begin{bmatrix} 3 & 2 \\ 2 & 2 \end{bmatrix}$에 대하여

$$A^{-1} = \begin{bmatrix} 3 & -2 \\ -1 & 1 \end{bmatrix},\ B^{-1} = \begin{bmatrix} 1 & -1 \\ -1 & \frac{3}{2} \end{bmatrix},\ AB = \begin{bmatrix} 7 & 6 \\ 9 & 8 \end{bmatrix}$$

로부터

$$B^{-1}A^{-1} = \begin{bmatrix} 1 & -1 \\ -1 & \frac{3}{2} \end{bmatrix}\begin{bmatrix} 3 & -2 \\ -1 & 1 \end{bmatrix} = \begin{bmatrix} 4 & -3 \\ -\frac{9}{2} & \frac{7}{2} \end{bmatrix}$$

$$(AB)^{-1} = \begin{bmatrix} 4 & -3 \\ -\frac{9}{2} & \frac{7}{2} \end{bmatrix}$$

을 얻는다. 따라서 $(AB)^{-1} = B^{-1}A^{-1}$가 성립함을 알 수 있다. ■

정리 5 스칼라배의 역행렬

n차 정사각행렬 A가 가역이고 λ가 0이 아닌 스칼라일 때, λA는 가역행렬이고

$$(\lambda A)^{-1} = \frac{1}{\lambda}A^{-1}$$

가 성립한다.

증명 행렬대수의 기본성질에 의해

$$(\lambda A)\left(\frac{1}{\lambda}A^{-1}\right)=\left(\lambda\frac{1}{\lambda}\right)AA^{-1}=I_n$$

$$\left(\frac{1}{\lambda}A^{-1}\right)(\lambda A)=\left(\frac{1}{\lambda}\lambda\right)A^{-1}A=I_n$$

이므로

$$(\lambda A)\left(\frac{1}{\lambda}A^{-1}\right)=I_n=\left(\frac{1}{\lambda}A^{-1}\right)(\lambda A)$$

가 된다. 따라서 λA는 가역행렬이고

$$(\lambda A)^{-1}=\frac{1}{\lambda}A^{-1}$$

가 성립한다. ■

정리 6

n차 정사각행렬 A가 가역일 때, 다음이 성립한다.

(1) A^T도 가역행렬이고, $(A^T)^{-1}=(A^{-1})^T$

(2) A^n도 가역행렬이고, $(A^n)^{-1}=(A^{-1})^n$ (단, $n=0,\ 1,\ 2,\ \cdots$)

증명 여기서는 (1)만 증명하고, (2)는 독자에게 남긴다.

$$AA^{-1}=I_n=A^{-1}A$$

로부터

$$I_n={I_n}^T=(AA^{-1})^T=(A^{-1})^TA^T$$

$$I_n={I_n}^T=(A^{-1}A)^T=A^T(A^{-1})^T$$

이므로

$$(A^{-1})^TA^T=I_n=A^T(A^{-1})^T$$

를 얻는다. 따라서 A^T는 가역행렬이고, $(A^T)^{-1}=(A^{-1})^T$가 성립한다. ■

2. 기본행렬과 역행렬

(1) 기본행연산

앞에서 정사각행렬의 역행렬을 정의하였다. 이제 역행렬을 구하는 문제에 대해서 생각해 보자. 역행렬을 구하는 방법에는 여러 가지가 있다. 여기서는 기본행렬과 기본행연산을 이용하여 역행렬을 구하는 과정을 설명한다. 가역행렬 A는 단위행렬과 행동치이며 I로의 A의 행감소를 실행하는 과정에서 A^{-1}를 구할 수 있음을 보게 될 것이다.

정의 7 기본행연산

$m \times n$ 행렬 A에 관한 다음 세 가지 연산

(1) 행렬 A의 두 행 i행과 j행을 서로 교환한다($R_i \leftrightarrow R_j$).

(2) 행렬 A의 i행에 0이 아닌 수 k를 곱한다(kR_i).

(3) 행렬 A의 j행에 0이 아닌 수 k를 곱하여 i행에 더한다($kR_j + R_i$).

을 행렬 A의 **기본행연산**(elementary row operation)이라 한다.

괄호 안의 약자는 특정한 행감소를 기술하기 위해 종종 사용될 것이다. 행감소는 선형대수학의 가장 기본적인 계산과정이다.

정의 8 행감소와 행동치

기본행연산에 의하여 한 행렬을 다른 행렬로 바꾸는 과정을 **행감소**(row reduction)라 한다. 이때 행렬 B가 유한 번의 기본행연산에 의해 행렬 A로부터 얻을 수 있다면 A와 B를 **행동치**(row equivalence)라 한다.

예 4

다음 2차 정사각행렬 A, B, C, D, E는 모두 행동치이다.

$$A = \begin{bmatrix} 3 & -4 \\ 1 & 2 \end{bmatrix},\ B = \begin{bmatrix} 1 & 2 \\ 3 & -4 \end{bmatrix},\ C = \begin{bmatrix} 1 & 2 \\ 0 & -10 \end{bmatrix},$$

$$D = \begin{bmatrix} 1 & 2 \\ 0 & 1 \end{bmatrix},\ E = \begin{bmatrix} 1 & 0 \\ 0 & 1 \end{bmatrix}$$ ■

정의 9 행사다리꼴

$m \times n$ 행렬 A가 다음 세 조건

(1) 모든 성분이 0으로 이루어진 행은 0이 아닌 성분을 포함하는 행보다 아래에 위치한다.

(2) 0이 아닌 성분을 포함하는 행에서 처음 나타나는 0이 아닌 성분은 1이다. 이때 1을 각 행의 **선행성분**(leading entry) 또는 **선두의** 1 (leading 1)이라고 한다.

(3) 한 행의 각 선행성분은 열을 중심으로 그 위에 있는 행의 선행성분의 오른쪽에 위치한다.

을 만족할 때, **계단행렬**(row-echelon matrix) A를 **행사다리꼴**(row-echelon form) 또는 **가우스 행렬**이라고 한다.

예 5

다음 행렬 A, B, C는 각각 정의 8의 (1), (2), (3)을 만족하지 않으므로 행사다리꼴이 아니다.

$$A = \begin{bmatrix} 1 & 4 & -3 & -5 \\ 0 & 0 & 0 & 0 \\ 0 & 0 & 1 & 2 \end{bmatrix}, \quad B = \begin{bmatrix} 1 & 5 & 0 & 2 \\ 0 & 2 & 0 & -1 \\ 0 & 0 & 1 & 2 \end{bmatrix}, \quad C = \begin{bmatrix} 1 & 0 & 5 & 0 \\ 0 & 1 & 2 & 5 \\ 0 & 1 & 1 & 0 \\ 0 & 0 & 0 & 0 \end{bmatrix}$$ ■

예 6

다음 행렬 A, B, C, D는 모두 행사다리꼴이다.

$$A = \begin{bmatrix} 1 & 4 & -3 & -5 \\ 0 & 1 & 0 & 4 \\ 0 & 0 & 1 & 2 \end{bmatrix}, \quad B = \begin{bmatrix} 1 & 5 & 0 & 2 \\ 0 & 1 & 0 & -1 \\ 0 & 0 & 0 & 0 \end{bmatrix}, \quad C = \begin{bmatrix} 1 & 4 & 5 \\ 0 & 1 & 2 \\ 0 & 0 & 1 \end{bmatrix}, \quad D = \begin{bmatrix} 0 & 0 \\ 0 & 0 \\ 0 & 0 \end{bmatrix}$$

■

예제 3

기본행연산을 이용하여 다음 3×4 행렬

$$\begin{bmatrix} 2 & 8 & 4 & 2 \\ 2 & 5 & 1 & 5 \\ 4 & 10 & -1 & 1 \end{bmatrix}$$

을 행사다리꼴로 변형하시오.

풀이 1행에 $\frac{1}{2}$ 배한다.

$$\begin{bmatrix} 1 & 4 & 2 & 1 \\ 2 & 5 & 1 & 5 \\ 4 & 10 & -1 & 1 \end{bmatrix}$$

1행에 -2배하여 2행에 더하고, 1행에 -4배하여 3행에 더한다.

$$\begin{bmatrix} 1 & 4 & 2 & 1 \\ 0 & -3 & -3 & 3 \\ 0 & -6 & -9 & -3 \end{bmatrix}$$

2행에 $-\frac{1}{3}$ 배한다.

$$\begin{bmatrix} 1 & 4 & 2 & 1 \\ 0 & 1 & 1 & -1 \\ 0 & -6 & -9 & -3 \end{bmatrix}$$

2행에 6배하여 3행에 더한다.

$$\begin{bmatrix} 1 & 4 & 2 & 1 \\ 0 & 1 & 1 & -1 \\ 0 & 0 & -3 & -9 \end{bmatrix}$$

3행에 $-\frac{1}{3}$ 배한다.

$$\begin{bmatrix} 1 & 4 & 2 & 1 \\ 0 & 1 & 1 & -1 \\ 0 & 0 & 1 & 3 \end{bmatrix}$$

을 얻고, 이것이 행사다리꼴이다. ■

정의 10 기약행사다리꼴

행사다리꼴인 $m \times n$ 행렬 A가 다음의 부가적인 조건

(∗) 선행성분 1을 가진 열은 1을 제외한 다른 성분이 모두 0이다.

을 만족할 때, A를 **기약계단행렬**(reduced row-echelon matrix), **기약행사다리꼴**(reduced row-echelon form) 또는 **기약가우스 행렬**이라고 한다.

예 7

다음 행렬은 모두 기약행사다리꼴이다.

$$\begin{bmatrix} 1 & 0 & 0 \\ 0 & 1 & 0 \\ 0 & 0 & 1 \end{bmatrix}, \begin{bmatrix} 1 & 0 & 0 & 3 \\ 0 & 1 & 0 & 5 \\ 0 & 0 & 1 & 2 \end{bmatrix}, \begin{bmatrix} 1 & 2 & 0 & 0 \\ 0 & 0 & 1 & 0 \\ 0 & 0 & 0 & 0 \end{bmatrix}, \begin{bmatrix} 0 & 0 & 0 \\ 0 & 0 & 0 \\ 0 & 0 & 0 \end{bmatrix}$$ ■

예 8

다음 기약행사다리꼴

$$\begin{bmatrix} 1 & 0 \\ 0 & 1 \end{bmatrix}, \begin{bmatrix} 1 & 0 & 0 & \frac{7}{6} \\ 0 & 0 & 1 & -\frac{3}{2} \end{bmatrix}, \begin{bmatrix} 0 & 1 & 0 & 0 & 5 \\ 0 & 0 & 1 & 0 & 4 \\ 0 & 0 & 0 & 1 & 1 \end{bmatrix}$$

은 각각 행사다리꼴

$$\begin{bmatrix} 1 & 2 \\ 2 & 1 \end{bmatrix}, \begin{bmatrix} 0 & 0 & 2 & -3 \\ 3 & 0 & 1 & 2 \end{bmatrix}, \begin{bmatrix} 0 & 1 & 0 & 0 & 5 \\ 0 & 0 & 1 & 0 & 4 \\ 0 & 1 & 0 & -2 & 3 \end{bmatrix}$$

으로부터 유도된다. ■

참고

행사다리꼴

$$\begin{bmatrix} 1 & * & * & * \\ 0 & 1 & * & * \\ 0 & 0 & 1 & * \\ 0 & 0 & 0 & 1 \end{bmatrix}, \begin{bmatrix} 1 & * & * & * \\ 0 & 1 & * & * \\ 0 & 0 & 1 & * \\ 0 & 0 & 0 & 0 \end{bmatrix}, \begin{bmatrix} 1 & * & * & * \\ 0 & 1 & * & * \\ 0 & 0 & 0 & 0 \\ 0 & 0 & 0 & 0 \end{bmatrix}$$

에 대응하는 기약행사다리꼴은 각각

$$\begin{bmatrix} 1 & 0 & 0 & 0 \\ 0 & 1 & 0 & 0 \\ 0 & 0 & 1 & 0 \\ 0 & 0 & 0 & 1 \end{bmatrix}, \begin{bmatrix} 1 & 0 & 0 & 0 \\ 0 & 1 & 0 & 0 \\ 0 & 0 & 1 & 0 \\ 0 & 0 & 0 & 0 \end{bmatrix}, \begin{bmatrix} 1 & 0 & 0 & 0 \\ 0 & 1 & 0 & 0 \\ 0 & 0 & 0 & 0 \\ 0 & 0 & 0 & 0 \end{bmatrix}$$

으로 주어진다. 여기서 *는 임의의 수를 표시한다.

예제 4

기본행연산을 이용하여 다음 3×5 행렬

$$\begin{bmatrix} 0 & 0 & -2 & 0 & 7 \\ 2 & 4 & -10 & 6 & 12 \\ 2 & 4 & -5 & 6 & -5 \end{bmatrix}$$

를 기약행사다리꼴로 변형하시오.

풀이 1행과 2행을 교환한다.

$$\begin{bmatrix} 2 & 4 & -10 & 6 & 12 \\ 0 & 0 & -2 & 0 & 7 \\ 2 & 4 & -5 & 6 & -5 \end{bmatrix}$$

1행에 $\frac{1}{2}$배한다.

$$\begin{bmatrix} 1 & 2 & -5 & 3 & 6 \\ 0 & 0 & -2 & 0 & 7 \\ 2 & 4 & -5 & 6 & -5 \end{bmatrix}$$

1행에 -2배하여 3행에 더한다.

$$\begin{bmatrix} 1 & 2 & -5 & 3 & 6 \\ 0 & 0 & -2 & 0 & 7 \\ 2 & 4 & -5 & 6 & -5 \end{bmatrix}$$

2행에 $-\frac{1}{2}$배한다.

$$\begin{bmatrix} 1 & 2 & -5 & 3 & 6 \\ 0 & 0 & 1 & 0 & -\frac{7}{2} \\ 0 & 0 & 5 & 0 & -17 \end{bmatrix}$$

2행에 -5배하여 3행에 더한다.

$$\begin{bmatrix} 1 & 2 & -5 & 3 & 6 \\ 0 & 0 & 1 & 0 & -\frac{7}{2} \\ 0 & 0 & 0 & 0 & \frac{1}{2} \end{bmatrix}$$

3행에 2배한다.

$$\begin{bmatrix} 1 & 2 & -5 & 3 & 6 \\ 0 & 0 & 1 & 0 & -\frac{7}{2} \\ 0 & 0 & 0 & 0 & 1 \end{bmatrix}$$

3행에 $\frac{7}{2}$배하여 2행에 더한다.

$$\begin{bmatrix} 1 & 2 & -5 & 3 & 6 \\ 0 & 0 & 1 & 0 & 0 \\ 0 & 0 & 0 & 0 & 1 \end{bmatrix}$$

3행에 -6배하여 1행에 더한다.

$$\begin{bmatrix} 1 & 2 & -5 & 3 & 0 \\ 0 & 0 & 1 & 0 & 0 \\ 0 & 0 & 0 & 0 & 1 \end{bmatrix}$$

2행에 5배하여 1행에 더한다.

$$\begin{bmatrix} 1 & 2 & 0 & 3 & 0 \\ 0 & 0 & 1 & 0 & 0 \\ 0 & 0 & 0 & 0 & 1 \end{bmatrix}$$

을 얻고, 이것이 기약행사다리꼴이다. ■

(2) 기본행렬과 역행렬

정의 11 기본행렬

n차 단위행렬 I_n에 단 한 번의 기본행연산을 실행하여 얻어지는 행렬을 **기본행렬** (elementary matrix) 또는 **기본행행렬** (elementary row matrix)이라 한다.

예를 들면 3차 단위행렬 $I_3 = \begin{bmatrix} 1 & 0 & 0 \\ 0 & 1 & 0 \\ 0 & 0 & 1 \end{bmatrix}$에 대하여, 세 가지 기본행연산에 대응하는 기본행렬은 다음과 같다.

$\begin{bmatrix} 1 & 0 & 0 \\ 0 & 0 & 1 \\ 0 & 1 & 0 \end{bmatrix}$: 두 행을 교환한다 $(R_2 \leftrightarrow R_3)$.

$\begin{bmatrix} 1 & 0 & 0 \\ 0 & 3 & 0 \\ 0 & 0 & 1 \end{bmatrix}$: 한 행에 0 아닌 상수배를 한다 $(3R_2)$.

$\begin{bmatrix} 1 & 0 & 0 \\ 2 & 1 & 0 \\ 0 & 0 & 1 \end{bmatrix}$: 한 행에 0 아닌 상수배를 하여 다른 행에 더한다 $(2R_1 + R_2)$.

이때 3차 정사각행렬 $A = \begin{bmatrix} 1 & 2 & 3 \\ 1 & 1 & 1 \\ 0 & 1 & 3 \end{bmatrix}$에 대하여 다음을 얻는다.

$$\begin{bmatrix} 1 & 0 & 0 \\ 0 & 0 & 1 \\ 0 & 1 & 0 \end{bmatrix}\begin{bmatrix} 1 & 2 & 3 \\ 1 & 1 & 1 \\ 0 & 1 & 3 \end{bmatrix} = \begin{bmatrix} 1 & 2 & 3 \\ 0 & 1 & 3 \\ 1 & 1 & 1 \end{bmatrix}$$

$$\begin{bmatrix} 1 & 0 & 0 \\ 0 & 3 & 0 \\ 0 & 0 & 1 \end{bmatrix}\begin{bmatrix} 1 & 2 & 3 \\ 1 & 1 & 1 \\ 0 & 1 & 3 \end{bmatrix} = \begin{bmatrix} 1 & 2 & 3 \\ 3 & 3 & 3 \\ 0 & 1 & 3 \end{bmatrix}$$

$$\begin{bmatrix} 1 & 0 & 0 \\ 2 & 1 & 0 \\ 0 & 0 & 1 \end{bmatrix}\begin{bmatrix} 1 & 2 & 3 \\ 1 & 1 & 1 \\ 0 & 1 & 3 \end{bmatrix} = \begin{bmatrix} 1 & 2 & 3 \\ 3 & 5 & 7 \\ 0 & 1 & 3 \end{bmatrix}$$

예 9

3차 정사각행렬 $E = \begin{bmatrix} 1 & 0 & 0 \\ 0 & 1 & 0 \\ 0 & 0 & 5 \end{bmatrix}$, $A = \begin{bmatrix} a & b & c \\ d & e & f \\ g & h & i \end{bmatrix}$에 대하여, 행렬의 곱 EA는

$$EA = \begin{bmatrix} a & b & c \\ d & e & f \\ 5g & 5h & 5i \end{bmatrix}$$

이므로, 행렬 A의 3행에 5배한 결과로 바꾼 A에 대한 기본행연산에 의해 EA는 주어진다. ■

예제 5

3차 정사각행렬 $E_1 = \begin{bmatrix} 1 & 0 & 0 \\ 0 & 1 & 0 \\ -4 & 0 & 1 \end{bmatrix}$, $E_2 = \begin{bmatrix} 0 & 1 & 0 \\ 1 & 0 & 0 \\ 0 & 0 & 1 \end{bmatrix}$, $A = \begin{bmatrix} a & b & c \\ d & e & f \\ g & h & i \end{bmatrix}$에 대하여, 행렬의 곱 E_1A, E_2A는 A에 대한 기본행연산으로 얻어질 수 있다.

증명 우선 곱을 실행하면

$$E_1A = \begin{bmatrix} a & b & c \\ d & e & f \\ g-4a & h-4b & i-4c \end{bmatrix}, \quad E_2A = \begin{bmatrix} d & e & f \\ a & b & c \\ g & h & i \end{bmatrix}$$

가 된다. 이때 E_1A는 A의 1행에 -4배한 것을 3행에 더하여 얻고, 한편 A의 1행과 2행을 교환하여 E_2A를 얻는다. ■

예제 6

행렬 A의 행사다리꼴을 구하는 과정에서

$$E\begin{bmatrix} 2 & 4 & 2 \\ 1 & 5 & 2 \\ 4 & -1 & 9 \end{bmatrix} = \begin{bmatrix} 2 & 4 & 2 \\ 0 & 3 & 1 \\ 0 & 0 & 8 \end{bmatrix}$$

을 얻었다. 이때 기본행렬의 곱인 E를 구하시오.

풀이 세 기본행렬

$$E_1=\begin{bmatrix}1&0&0\\-\frac{1}{2}&1&0\\0&0&1\end{bmatrix},\ E_2=\begin{bmatrix}1&0&0\\0&1&0\\-2&0&1\end{bmatrix},\ E_3=\begin{bmatrix}1&0&0\\0&1&0\\0&3&1\end{bmatrix}$$

의 곱

$$E=E_3E_2E_1=\begin{bmatrix}1&0&0\\0&1&0\\0&3&1\end{bmatrix}\begin{bmatrix}1&0&0\\0&1&0\\-2&0&1\end{bmatrix}\begin{bmatrix}1&0&0\\-\frac{1}{2}&1&0\\0&0&1\end{bmatrix}$$

로 주어진다. ■

참고

(기본행렬의 성질)

단위행렬 I_m에서 어떤 행의 기본행연산에 의하여 얻어진 기본행렬을 E라 하고 A를 $m\times n$ 행렬이라 하면, EA는 A에 같은 기본행연산을 행하여 얻어진 $m\times n$ 행렬과 일치한다.

예 10

$A=\begin{bmatrix}1&0&2&3\\2&-1&3&6\\1&4&4&0\end{bmatrix}$에 대하여 I_3의 1행을 3배해서 3행에 더한 기본행렬 $E=\begin{bmatrix}1&0&0\\0&1&0\\3&0&1\end{bmatrix}$을 생각한다. 곱 EA는

$$EA=\begin{bmatrix}1&0&2&3\\2&-1&3&6\\4&4&10&9\end{bmatrix}$$

로 되는데, 이 행렬은 A의 1행을 3배해서 3행에 더한 것과 같다. ■

단위행렬 I에 기본행연산을 실시하여 기본행렬 E를 얻었듯이, 역으로 E를 I로 환원시키는 기본행연산은 존재한다.

정리 12

기본행렬 E는 가역이다. 이때 E의 역행렬 E^{-1}는 E를 다시 I로 바꾸는 것과 같은 형태의 기본행렬이다.

3차 정사각행렬 $E=\begin{bmatrix} 1 & 0 & 0 \\ 0 & 1 & 0 \\ -4 & 0 & 1 \end{bmatrix}$의 역행렬을 구해보자. E를 I로 변환하기 위해 1행에 4를 곱하여 3행에 더한다. 이때 이 일을 실행하는 기본행렬은

$$E^{-1}=\begin{bmatrix} 1 & 0 & 0 \\ 0 & 1 & 0 \\ 4 & 0 & 1 \end{bmatrix}$$

로 주어진다.

예 11

세 기본행렬

$$E_1=\begin{bmatrix} 1 & 0 & 0 \\ 0 & 1 & 0 \\ 0 & -c & 1 \end{bmatrix},\ E_2=\begin{bmatrix} 1 & 0 & 0 \\ 0 & 1 & 0 \\ -b & 0 & 1 \end{bmatrix},\ E_3=\begin{bmatrix} 1 & 0 & 0 \\ -a & 1 & 0 \\ 0 & 0 & 1 \end{bmatrix}$$

의 곱

$$E_1E_2E_3=\begin{bmatrix} 1 & 0 & 0 \\ 0 & 1 & 0 \\ 0 & -c & 1 \end{bmatrix}\begin{bmatrix} 1 & 0 & 0 \\ 0 & 1 & 0 \\ -b & 0 & 1 \end{bmatrix}\begin{bmatrix} 1 & 0 & 0 \\ -a & 1 & 0 \\ 0 & 0 & 1 \end{bmatrix}$$

에 대한 역행렬을 구해보자. 이때 행렬 $E_1E_2E_3$의 역행렬은 $E_3^{-1}E_2^{-1}E_1^{-1}$이므로

$$E_1^{-1}=\begin{bmatrix} 1 & 0 & 0 \\ 0 & 1 & 0 \\ 0 & c & 1 \end{bmatrix},\ E_2^{-1}=\begin{bmatrix} 1 & 0 & 0 \\ 0 & 1 & 0 \\ b & 0 & 1 \end{bmatrix},\ E_3^{-1}=\begin{bmatrix} 1 & 0 & 0 \\ a & 1 & 0 \\ 0 & 0 & 1 \end{bmatrix}$$

로부터, $E_1E_2E_3$의 역행렬

$$E_3^{-1}E_2^{-1}E_1^{-1}=\begin{bmatrix} 1 & 0 & 0 \\ a & 1 & 0 \\ 0 & 0 & 1 \end{bmatrix}\begin{bmatrix} 1 & 0 & 0 \\ 0 & 1 & 0 \\ b & 0 & 1 \end{bmatrix}\begin{bmatrix} 1 & 0 & 0 \\ 0 & 1 & 0 \\ 0 & c & 1 \end{bmatrix}$$

을 얻는다. ■

이제 기본행연산을 이용하여 역행렬을 구하는 방법을 알아보자. 기본행연산을 이용하여 역행렬의 존재성을 확인하거나 역행렬을 구하는 방법은 단순한 계산을 반복하는 것이다.

정리 13

n차 정사각행렬 A가 가역일 필요충분조건은 A가 I_n과 행동치인 것이다. 이 경우, A에서 I_n으로 유도되는 일련의 기본행연산은 I_n을 A^{-1}로 변환시킨다.

증명 n차 정사각행렬 A가 가역이라 가정하자. 그러면 각 $\mathbf{b}$에 대하여 행렬방정식 $A\mathbf{x} = \mathbf{b}$는 해를 가지므로, A는 모든 행에서 선행원소를 갖는다. 그런데 A가 정사각행렬이므로 n개의 선행원소가 대각선 위에 있어야 한다. 이것은 A의 감소된 행사다리꼴은 I_n임을 뜻한다. 즉 A가 I_n과 행동치이다.

이제 역으로 A가 I_n과 행동치라고 가정하자. 그러면 유한 번의 기본행연산을 사용하여 행렬 A를 단위행렬로 만들 수 있으므로, 유한 번의 기본행연산에 대응하는 기본행렬들을 순서대로 곱한 것을 $E_p \cdots E_2 E_1$이라 하면

$$E_p \cdots E_2 E_1 A = I_n$$

을 만족하는 유한 개의 기본행렬 $E_1, E_2, \cdots, E_p$가 존재한다. 그런데 기본행렬의 곱 $E_p \cdots E_2 E_1$은 가역행렬이므로

$$(E_p \cdots E_2 E_1)^{-1}(E_p \cdots E_2 E_1)A = (E_p \cdots E_2 E_1)^{-1} I_n A = (E_p \cdots E_2 E_1)^{-1}$$

를 유도한다. 따라서 A는 가역행렬의 역이므로 가역행렬이다. 또한

$$A^{-1} = \left[(E_p \cdots E_2 E_1)^{-1}\right]^{-1} = E_p \cdots E_2 E_1$$

이 된다. 그러므로

$$A^{-1} = E_p \cdots E_2 E_1 I_n$$

이다. 따라서 A^{-1}은 I_n에 $E_1, E_2, \cdots, E_p$를 연달아 적용하여 얻어진 결과이다. ■

가역인 n차 정사각행렬 A를 단위행렬 I_n으로 만드는 과정을 I_n에 적용시키면 A^{-1}를 얻는다. 이것을 간단히

$$[A : I_n] \rightarrow [I_n : A^{-1}]$$

로 나타낸다.

참고

n차 정사각행렬 A를 단위행렬 I_n으로 바꾸고 단위행렬 I_n을 A^{-1}로 변환하는 기본행연산이 존재하지 않으면, A는 비가역행렬이다.

n차 정사각행렬 A의 역행렬을 구하기 위해서는 먼저 A를 기본행연산에 의하여 I_n으로 변형하고, 그것과 같은 조작을 같은 순서로 I_n에 행하면 자동적으로 A^{-1}가 구해진다. 즉 A

와 단위행렬 I_n으로 $n \times 2n$ 행렬, 즉 첨가행렬 $[A : I_n]$을 구성하여 $[I_n : A^{-1}]$가 될 때까지 기본행연산을 실시함으로써 A의 역행렬을 얻을 수 있다. 이를 요약하면 다음과 같다.

1단계 : 주어진 행렬 A에 단위행렬 I_n을 첨가하여 $n \times 2n$ 행렬, 즉 첨가행렬 $[A : I_n]$을 만든다.

2단계 : 첨가행렬 $[A : I_n]$의 기약행사다리꼴 $[C : D]$를 구한다.

3단계 : $C = I_n$이면 $D = A^{-1}$이다. 그러나 $C \neq I_n$이면 A는 비가역행렬이다. 따라서 A^{-1}는 존재하지 않는다.

참고

n차 정사각행렬 A가 하삼각행렬일 때, 다음이 성립한다.

(1) A가 가역행렬이면 A^{-1}도 하삼각행렬이다.

(2) 모든 i에 대하여 $a_{ii} = 1$이면, A^{-1}의 대각성분들은 모두 1이 된다.

예제 7

4차 정사각행렬 $A = \begin{bmatrix} 1 & 0 & 0 & 0 \\ 1 & 2 & 0 & 0 \\ 0 & 2 & 4 & 0 \\ 1 & 2 & 4 & 8 \end{bmatrix}$의 역행렬이 존재하는지를 확인하고, 존재하면 A의 역행렬 A^{-1}를 구하시오.

풀이 첨가행렬 $[A : I_4] = \left[\begin{array}{cccc:cccc} 1 & 0 & 0 & 0 & 1 & 0 & 0 & 0 \\ 1 & 2 & 0 & 0 & 0 & 1 & 0 & 0 \\ 0 & 2 & 4 & 0 & 0 & 0 & 1 & 0 \\ 1 & 2 & 4 & 8 & 0 & 0 & 0 & 1 \end{array}\right]$에 대하여, 기본행연산을 실행한다.

1행에 -1배하여 2행과 4행에 각각 더한다.

$$\left[\begin{array}{cccc:cccc} 1 & 0 & 0 & 0 & 1 & 0 & 0 & 0 \\ 0 & 2 & 0 & 0 & -1 & 1 & 0 & 0 \\ 0 & 2 & 4 & 0 & 0 & 0 & 1 & 0 \\ 0 & 2 & 4 & 8 & -1 & 0 & 0 & 1 \end{array}\right]$$

2행에 -1배하여 3행에 더한다.

$$\left[\begin{array}{cccc:cccc} 1 & 0 & 0 & 0 & 1 & 0 & 0 & 0 \\ 0 & 2 & 0 & 0 & -1 & 1 & 0 & 0 \\ 0 & 0 & 4 & 0 & 1 & -1 & 1 & 0 \\ 0 & 0 & 4 & 8 & 0 & -1 & 0 & 1 \end{array}\right]$$

3행에 -1배하여 4행에 더한다.

$$\left[\begin{array}{cccc:cccc} 1 & 0 & 0 & 0 & 1 & 0 & 0 & 0 \\ 0 & 2 & 0 & 0 & -1 & 1 & 0 & 0 \\ 0 & 0 & 4 & 0 & 1 & -1 & 1 & 0 \\ 0 & 0 & 0 & 8 & -1 & 0 & -1 & 1 \end{array}\right]$$

2행에 $\frac{1}{2}$배, 3행에 $\frac{1}{4}$배, 4행에 $\frac{1}{8}$배한다.

$$\left[\begin{array}{cccc:cccc} 1 & 0 & 0 & 0 & 1 & 0 & 0 & 0 \\ 0 & 1 & 0 & 0 & -\frac{1}{2} & \frac{1}{2} & 0 & 0 \\ 0 & 0 & 1 & 0 & \frac{1}{4} & -\frac{1}{4} & \frac{1}{4} & 0 \\ 0 & 0 & 0 & 1 & -\frac{1}{8} & 0 & -\frac{1}{8} & \frac{1}{8} \end{array}\right] = [I_4 : A^{-1}]$$

이다. 따라서 역행렬 A^{-1}는

$$A^{-1} = \begin{bmatrix} 1 & 0 & 0 & 0 \\ -\frac{1}{2} & \frac{1}{2} & 0 & 0 \\ \frac{1}{4} & -\frac{1}{4} & \frac{1}{4} & 0 \\ -\frac{1}{8} & 0 & -\frac{1}{8} & \frac{1}{8} \end{bmatrix} = \frac{1}{8}\begin{bmatrix} 8 & 0 & 0 & 0 \\ -4 & 4 & 0 & 0 \\ 2 & -2 & 2 & 0 \\ -1 & 0 & -1 & 1 \end{bmatrix}$$

로 주어진다. ■

예제 8

다음 3차 정사각행렬 A의 역행렬이 존재하는지를 확인하고, A의 역행렬이 존재하면 A의 역행렬 A^{-1}를 구하시오.

$$A = \begin{bmatrix} 1 & 6 & 4 \\ 2 & 4 & -1 \\ -1 & 2 & 5 \end{bmatrix}$$

풀이 첨가행렬 $[A : I_3] = \left[\begin{array}{ccc:ccc} 1 & 6 & 4 & 1 & 0 & 0 \\ 2 & 4 & -1 & 0 & 1 & 0 \\ -1 & 2 & 5 & 0 & 0 & 1 \end{array}\right]$에 대하여, 기본행연산을 실시한다.

1행에 -2배하여 2행에 더하고, 1행에 1배하여 3행에 더한다.

$$\left[\begin{array}{ccc:ccc} 1 & 6 & 4 & 1 & 0 & 0 \\ 0 & -8 & 9 & -2 & 1 & 0 \\ 0 & 8 & 9 & 1 & 0 & 1 \end{array}\right]$$

2행에 1배하여 3행에 더한다.

$$\left[\begin{array}{ccc:ccc} 1 & 6 & 4 & 1 & 0 & 0 \\ 0 & -8 & -9 & -2 & 1 & 0 \\ 0 & 0 & 0 & -1 & 1 & 1 \end{array}\right] = [C : D]$$

이다. 그런데 $C \neq I_3$이므로 A의 역행렬은 존재하지 않는다. ■

다음 두 정리는 주어진 정사각행렬의 가역 여부를 판정하는 방법을 제시한다.

정리 14

n차 정사각행렬 A에 대하여, 다음은 서로 동치이다.

(1) 행렬 A는 가역이다.

(2) 동차선형연립방정식 $A\mathbf{x} = 0$는 자명한 해 $\mathbf{x} = 0$만을 갖는다.

증명 먼저 (1)이 성립한다고 가정하자. 이때 행렬 A가 가역이므로, $\mathbf{x}_0$가 $A\mathbf{x} = 0$의 해라면

$$\mathbf{x}_0 = I_n \mathbf{x}_0 = (A^{-1}A)\mathbf{x}_0 = A^{-1}(A\mathbf{x}_0) = A^{-1}0 = 0$$

이 성립한다. 따라서 $A\mathbf{x} = 0$은 자명한 해만을 갖는다.

이제 (2)가 성립한다고 가정하자. 그러면 $A\mathbf{x} = 0$은 선형연립방정식

$$\begin{aligned} a_{11}x_1 + a_{12}x_2 + \cdots + a_{1n}x_n &= 0 \\ a_{21}x_1 + a_{22}x_2 + \cdots + a_{2n}x_n &= 0 \\ &\vdots \\ a_{n1}x_1 + a_{n2}x_2 + \cdots + a_{nn}x_n &= 0 \end{aligned}$$

으로 표현된다. 이때 $A\mathbf{x} = 0$이 자명한 해만을 가짐으로 행감소법으로 풀면 연립방정식

$$\begin{matrix} x_1 & & & = 0 \\ & x_2 & & = 0 \\ & & \ddots & \\ & & x_n & = 0 \end{matrix} \qquad (*)$$

을 얻는다. 따라서 (*)에 대한 첨가행렬

$$\left[\begin{array}{cccc:c} a_{11} & a_{12} & \cdots & a_{1n} & 0 \\ a_{21} & a_{22} & \cdots & a_{2n} & 0 \\ \vdots & \vdots & \vdots & \vdots & \vdots \\ a_{n1} & a_{n2} & \cdots & a_{nn} & 0 \end{array}\right]$$

은 기본행연산에 의하여 첨가행렬

$$\left[\begin{array}{ccccc:c} 1 & 0 & 0 & \cdots & 0 & 0 \\ 0 & 1 & 0 & \cdots & 0 & 0 \\ 0 & 0 & 1 & \cdots & 0 & 0 \\ \vdots & \vdots & \vdots & \vdots & \vdots & \vdots \\ 0 & 0 & 0 & \cdots & 1 & 0 \end{array}\right]$$

으로 변형될 수 있다. 이것은 첨가행렬 $[A : I]$는 기약행사다리꼴 $[I : D]$로 변형될 수 있음을 뜻한다. 이때 $D = A^{-1}$이므로, A는 가역행렬이다. ■

정리 15

A가 n차 정사각행렬이면, 모든 $n \times 1$ 행렬 $\mathbf{b}$에 대하여 선형연립방정식

$$A\mathbf{x} = \mathbf{b}$$

가 유일한 해를 가질 필요충분조건은 A가 가역행렬인 것이다.

증명 A가 가역행렬이면 $A^{-1}\mathbf{b}$는 $A\mathbf{x} = \mathbf{b}$의 유일한 해가 된다. 역으로 $A\mathbf{x} = \mathbf{b}$가 유일한 해 $\mathbf{x}_0$를 갖는다고 가정하자. 여기서 A가 비가역행렬이라면 $A\mathbf{x} = \mathbf{0}$은 자명하지 않는 해 $\mathbf{z}$를 갖는다. 이때 $\mathbf{y} = \mathbf{x}_0 + \mathbf{z}$라 두면 $\mathbf{y} \neq \mathbf{x}_0$이고

$$A\mathbf{y} = A(\mathbf{x}_0 + \mathbf{z}) = A\mathbf{x}_0 + A\mathbf{z} = \mathbf{b} + \mathbf{0} = \mathbf{b}$$

를 얻는다. 따라서 $\mathbf{y}$도 $A\mathbf{x} = \mathbf{b}$의 해가 된다. 이것은 모순이므로 A는 가역행렬이어야 한다. ■

참고

n차 정사각행렬 A에 대하여, 다음은 서로 동치이다.

(1) A가 I_n과 행동치이다.

(2) 행렬 A는 기본행렬들의 곱으로 표현된다.

(3) A는 가역행렬이다.

(4) 동차선형연립방정식 $A\mathbf{x} = \mathbf{0}$은 자명한 해 $\mathbf{x} = \mathbf{0}$만을 갖는다.

(5) 선형연립방정식 $A\mathbf{x} = \mathbf{b}$는 유일한 해를 갖는다.

전치행렬의 행은 처음 행렬의 열이다. 따라서 전치행렬에서의 행에 대한 연산은 처음 행렬에서의 열에 대한 연산이다. 그러므로 전치행렬에 대한 기본행연산은 처음 행렬에서의 **기본 열연산**(elementary column operation)으로 정의된다.

연습문제 2.2 Exercises

1. 행렬식을 사용하여, 다음 행렬의 가역 여부를 판정하시오.

(1) $A=\begin{bmatrix} 3 & -9 \\ 2 & 6 \end{bmatrix}$ (2) $B=\begin{bmatrix} 6 & -9 \\ -4 & 6 \end{bmatrix}$ (3) $C=\begin{bmatrix} 4 & -9 \\ 0 & 5 \end{bmatrix}$

2. 2차 가역행렬 A에 대하여 $7A$의 역행렬이 $\begin{bmatrix} -1 & 2 \\ 4 & -7 \end{bmatrix}$로 주어질 때, 행렬 A를 구하시오.

3. 기본행연산을 이용하여 다음 3×6 행렬

$$\begin{bmatrix} 0 & 0 & -2 & 0 & 7 & 12 \\ 2 & 4 & -10 & 6 & 12 & 28 \\ 2 & 4 & -5 & 6 & -5 & -1 \end{bmatrix}$$

을 행사다리꼴로 변형하시오.

4. 기본행연산을 이용하여, 다음 3×6 행렬

$$\begin{bmatrix} 1 & 1 & 0 & 0 & 0 \\ 3 & 3 & 1 & 0 & -1 \\ -2 & -2 & 1 & 1 & 0 \end{bmatrix}$$

을 기약행사다리꼴로 변형하시오.

5. 다음 3차 정사각행렬

$$A=\begin{bmatrix} \frac{2}{3} & -\frac{2}{3} & \frac{1}{3} \\ \frac{2}{3} & \frac{1}{3} & -\frac{2}{3} \\ \frac{1}{3} & \frac{2}{3} & \frac{2}{3} \end{bmatrix}$$

가 직교행렬임을 보이고, A의 역행렬 A^{-1}를 구하시오.

6. 기본행연산을 이용하여, 다음 3차 정사각행렬 A의 역행렬 A^{-1}를 구하시오.

$$A = \begin{bmatrix} 1 & 2 & 3 \\ 2 & 5 & 3 \\ 1 & 0 & 8 \end{bmatrix}$$

7. 3차 가역행렬 A에 대하여 $A^{-1} = \begin{bmatrix} 1 & 1 & 0 \\ 0 & 1 & 1 \\ 0 & 1 & 2 \end{bmatrix}$일 때, $(3A)^{-1}$를 구하시오.

8. A가 하삼각행렬일 때, 다음이 성립함을 보이시오.

(1) A가 가역행렬이면 A^{-1}도 하삼각행렬이다.

(2) A가 가역행렬이고 모든 i에 대하여 $a_{ii} = 1$이면, A^{-1}의 대각성분들은 모두 1이 된다.

9. 2차 정사각행렬 $A = \begin{bmatrix} 1 & 3 \\ 2 & 4 \end{bmatrix}$에 대하여, A의 역행렬 A^{-1}를 구하고, A^{-1}를 기본행렬의 곱으로 표현하시오.

제3장

선형연립방정식

각종 분야에서 발생하는 많은 문제들은 선형연립방정식으로 표현되므로 연립방정식의 해를 구하는 것은 매우 중요하다. 이때 행렬이론을 이용하면 연립방정식의 해를 훨씬 더 간단히 구할 수 있다.

3.1 선형연립방정식

1. 선형연립방정식

선형연립방정식의 연구와 해법은 선형대수학에서 매우 중요한 분야이다. 선형대수에서 연립방정식의 해는 역행렬을 이용하거나, 첨가행렬을 이용한 가우스 소거법(가우스-조르당 소거법) 또는 행렬식을 이용한 방법으로 구한다.

정의 1 선형방정식

미지수 $x_1, x_2, \cdots, x_n$에 관한 **선형방정식**(linear equation)은

$$a_1 x_1 + a_2 x_2 + \cdots + a_n x_n = b$$

형태로 주어진다. 여기서 b와 계수 $a_1, a_2, \cdots, a_n$은 실수이다. 특히 상수항이 0인 선형방정식 $a_1 x_1 + a_2 x_2 + \cdots + a_n x_n = 0$을 **동차**(homogeneous)라 한다.

예 1

모두는 0이 아닌 스칼라 a_1, a_2, a_3에 대하여, R^2에서의 직선의 방정식 $a_1 x + a_2 y = b$와 R^3에서 평면의 방정식 $a_1 x + a_2 y + a_3 z = b$는 선형방정식의 대표적인 예이다. ■

선형방정식의 미지수 $x_1, x_2, \cdots, x_n$에 어떤 수 $s_1, s_2, \cdots, s_n$을 각각 대입하였을 때 방정식을 만족하면, $s_1, s_2, \cdots, s_n$을 주어진 선형방정식의 **해**(solution)라 하고, 모든 해들의 집합을 **해집합**(solution set)이라 한다. 선형방정식을 푼다는 것은 주어진 선형방정식의 해집합을 구하는 것을 의미한다.

예 2

선형방정식 $2x+3y=4$에 대하여, $x=t$로 두면 $y=-\frac{2}{3}t+\frac{4}{3}$이므로 해집합은

$$\left\{\left(t,\ -\frac{2}{3}t+\frac{4}{3}\right) \mid t \in R\right\}$$

로 주어진다. ■

참고

방정식이라는 용어는 중국의 수학고전인 '**구장산술**'에서 유래하였다.

정의 2 선형연립방정식

n개의 미지수 $x_1,\ x_2,\ \cdots,\ x_n$에 관한 m개의 선형방정식의 모임

$$\begin{cases} a_{11}x_1 + a_{12}x_2 + \cdots + a_{1n}x_n = b_1 \\ a_{21}x_1 + a_{22}x_2 + \cdots + a_{2n}x_n = b_2 \\ \qquad\qquad \vdots \\ a_{m1}x_1 + a_{m2}x_2 + \cdots + a_{mn}x_n = b_m \end{cases}$$

을 $m \times n$ 선형연립방정식, 간단히 **선형연립방정식**(system of linear equations) 또는 **선형방정식시스템**이라고 한다. 여기서 a_{ij}와 b_i들은 상수이다.

특히 선형연립방정식의 각각의 방정식이 동차, 즉 $b_1=b_2=\cdots=b_m=0$인 경우

$$\begin{cases} a_{11}x_1 + a_{12}x_2 + \cdots + a_{1n}x_n = 0 \\ a_{21}x_1 + a_{22}x_2 + \cdots + a_{2n}x_n = 0 \\ \qquad\qquad \vdots \\ a_{m1}x_1 + a_{m2}x_2 + \cdots + a_{mn}x_n = 0 \end{cases}$$

을 **동차선형연립방정식**(homogeneous system of linear equations) 또는 **제차선형연립방정식**이라 한다.

2. 선형연립방정식의 해법

선형연립방정식의 미지수 $x_1,\ x_2,\ \cdots,\ x_n$에 어떤 수 $s_1,\ s_2,\ \cdots,\ s_n$을 각각 대입하였을 때 각 방정식이 모두 성립하면 $s_1,\ s_2,\ \cdots,\ s_n$을 이 선형연립방정식의 해라고 한다. 선형연립방

정식의 해는 존재하지 않거나, 유일하게 존재하거나 또는 무수히 많이 존재한다.

일반적으로 선형연립방정식이 최소한 하나의 해를 가질 때 **해가 있다**(consistent)고 하고, 반면에 해가 존재하지 않을 경우 **해가 없다**(inconsistent)고 한다. 한편 선형연립방정식의 해 전체의 집합을 주어진 선형연립방정식의 **해집합**이라 한다.

2개의 선형연립방정식이 동일한 해집합을 가질 때, 주어진 두 선형연립방정식은 **동치**라고 한다.

예 3

언제나 동차선형연립방정식의 해가 되는 $x_1 = 0,\ x_2 = 0,\ \cdots,\ x_n = 0$을 **자명한 해** 또는 **자명해**(trivial solution)라 하고, 자명해가 아닌 해를 **비자명해**(non - trivial solution)라 한다. 일반적으로 동차선형연립방정식의 해의 형태는 자명한 해를 갖는 경우와, 무수히 많은 해를 갖는 두 가지 경우뿐이다. ■

예제 1

다음 연립방정식이 해를 갖기 위한 h와 k의 값을 구하시오.

$$\begin{cases} 2x_1 - x_2 = h \\ -6x_1 + 3x_2 = k \end{cases}$$

풀이 둘째 방정식을 첫 방정식의 3배와 더하여 바꾸면 연립방정식은

$$\begin{cases} 2x_1 - x_2 = h \\ \qquad 0 = k + 3h \end{cases}$$

로 주어진다. 이때 $k+3h$가 0이 아니면 연립방정식의 해는 없다. 따라서 $k+3h=0$을 만족하는 모든 h와 k에 대하여 해를 갖는다. ■

주어진 선형연립방정식에 대하여 가장 기초적인 문제는

(1) 해가 존재하는가 하는 문제

(2) 해가 존재하면 몇 개의 해가 존재하는가 하는 문제

(3) 직접 해를 구하는 문제

이다.

(1) 미지수가 두 개인 경우

미지수가 2개인 두 선형연립방정식의 해를 구하는 것은 두 직선의 교점을 구하는 것과 같으므로

$$\begin{cases} a_1 x + b_1 y = c_1 \\ a_2 x + b_2 y = c_2 \end{cases}$$

는 다음 세 가지 중 하나를 만족해야 한다.

(1) 두 직선이 평행하다면 해가 없다.

(2) 두 직선이 교차한다면 유일한 해를 갖는다.

(3) 두 직선이 같다면 무한히 많은 해가 존재한다.

2개의 미지수를 갖는 m (단, $m > 2$)개의 선형연립방정식에 대하여도 같은 세 가지의 가능성이 존재한다.

(2) 미지수가 세 개인 경우

미지수가 3개인 세 선형연립방정식의 해를 구하는 것은 세 평면의 공유점을 구하는 것과 같으므로, 다음 세 가지 중 하나를 만족한다.

(1) 교점이 없다. 즉 셋째 평면이 처음 두 평면의 교선과 평행하다.

(2) 세 평면이 유일한 점에서 만난다(셋째 평면이 처음 두 평면의 교선과 교차한다).

(3) 무수히 많은 해가 있다. 즉 세 평면은 적어도 한 직선을 공유한다.

이러한 관찰을 통해 미지수가 3개인 m개 방정식을 푸는 문제를 기하적으로 해석할 수 있다. 각 경우에 우리는 m개 평면이 갖는 공유점을 찾는다.

예 4

$m = 2$이면 두 평면은 평행하거나 교차한다. 그러므로 그들은 해가 없거나 무수히 많다. 미지수의 개수보다 방정식의 개수가 적을 때 유일한 해가 아님에 유의한다. $m > 3$일 때에도 동일하게 세 가지 경우가 발생하는데 대부분 해가 없는 경우이다. ■

(3) 미지수가 n개인 경우

미지수가 n개인 m개의 선형연립방정식의 해를 구할 때는 항상 세 가지 가능성이 있었음에 유의한다. 즉 해가 없음(이 경우 선형연립방정식은 근을 갖지 않는다고 말한다), 유일한

해 또는 무수히 많은 해가 존재하는 경우이다. 일반적으로 미지수의 수보다 방정식의 수가 더 많으면 해가 존재하지 않을 가능성이 더 많다. 그러나 해가 존재할 경우는 선행변수를 제외한 나머지 자유변수에 임의의 실수를 부여하는 방법으로 해를 구한다.

정의 3 선행변수와 자유변수

n개의 미지수에 관한 m개의 선형방정식의 모임인 선형연립방정식에서, 각 선형방정식에 처음으로 나타나는 미지수를 **선행변수**(leading variable) 또는 **기본변수**라 하고, 남는 나머지 미지수를 **자유변수**(free variable)라 한다. 특히 자유변수의 수를 **자유도**(degree of freedom)라 한다.

선형연립방정식

$$\begin{cases} x_1 \qquad - 2x_3 = 9 \\ \qquad x_2 + \ x_3 = 3 \end{cases}$$

에서 x_1, x_2는 선행변수이고, x_3는 자유변수이다. 이때 자유변수 x_3에 대하여 $x_3 = t$ (단, t는 임의의 실수)라 놓으면 주어진 연립방정식의 해는

$$x_1 = 9 + 2t,\ x_2 = 3 - t \ \ (\text{단, } t\text{는 임의의 실수})$$

로 주어진다.

예제 2

선형연립방정식

$$\begin{cases} x_1 - 2x_2 + x_3 + 3x_4 - \ x_5 = 0 \\ \qquad\qquad\quad x_3 - 5x_4 + 2x_5 = 1 \\ \qquad\qquad\qquad\qquad x_4 + \ x_5 = 2 \end{cases}$$

의 해를 구하시오.

풀이 각 선형방정식을 선행변수 x_1, x_3, x_4 부분만 남기고

$$\begin{cases} x_1 + x_3 + 3x_4 = \quad 2x_2 + \ x_5 \\ \qquad\ \ x_3 - 5x_4 = 1 \quad - 2x_5 \\ \qquad\qquad\quad x_4 = 2 \quad - \ x_5 \end{cases}$$

로 변형한다. 이때 2개의 미지수(자유변수) x_2, x_5에 대하여

$$x_2 = t,\ x_5 = s \ \ (\text{단, } s,\ t\text{는 임의의 실수})$$

라 놓고 풀면, 주어진 선형연립방정식의 해는

$$x_1 = -17 + 2t + 11s,\ x_2 = t,\ x_3 = 11 - 7s,\ x_4 = 2 - s,\ x_5 = s$$

로 주어진다. 여기서 s, t는 임의의 실수이다. ■

선형연립방정식의 해법인 소거법에서 변수를 반복해서 사용하지 않고, 변수의 위치를 고정하여 계수만으로 소거법을 시행하여도 해를 구할 수 있다. 이러한 방법을 가우스 소거법 또는 가우스-조르당 소거법(3.2절 참조)이라고 한다.

특히 이 책에서는 선형연립방정식의 유일한 해의 존재 여부와 해법에 관심을 갖는다.

참고

n개의 미지수 $x_1, x_2, \cdots, x_n$을 갖고, m개의 선형방정식으로 이루어진 선형연립방정식

$$\begin{cases} a_{11}x_1 + a_{12}x_2 + \cdots + a_{1n}x_n = b_1 \\ a_{21}x_1 + a_{22}x_2 + \cdots + a_{2n}x_n = b_2 \\ \qquad\qquad \vdots \\ a_{m1}x_1 + a_{m2}x_2 + \cdots + a_{mn}x_n = b_m \end{cases}$$

의 **계수행렬**(coefficient matrix)은

$$A = \begin{bmatrix} a_{11} & a_{12} & \cdots & a_{1n} \\ a_{21} & a_{22} & \cdots & a_{2n} \\ \vdots & \vdots & \vdots & \vdots \\ a_{m1} & a_{m2} & \cdots & a_{mn} \end{bmatrix}$$

이고, **첨가행렬**(augmented matrix)은

$$[A : B] = \begin{bmatrix} a_{11} & a_{12} & \cdots & a_{1n} & : & b_1 \\ a_{21} & a_{22} & \cdots & a_{2n} & : & b_2 \\ \vdots & \vdots & \vdots & \vdots & : & \vdots \\ a_{m1} & a_{m2} & \cdots & a_{mn} & : & b_m \end{bmatrix}$$

으로 표기한다. 첨가행렬을 **붙임행렬** 또는 **확대행렬**이라고도 한다.

예 5

선형연립방정식

$$\begin{cases} x + y + z = 0 \\ 2x + y - 2z = 4 \\ x - 3y = 0 \end{cases}$$

의 첨가행렬은

$$\begin{bmatrix} 1 & 1 & 1 & : & 0 \\ 2 & 1 & -2 & : & 4 \\ 1 & -3 & 0 & : & 0 \end{bmatrix}$$

이다. 한편 미지수 x_1, x_2, x_3에 대하여, 첨가행렬

$$\begin{bmatrix} 1 & 1 & 1 & : & 0 \\ 1 & 1 & 0 & : & 3 \\ 0 & 1 & 1 & : & 1 \end{bmatrix}$$

은 선형연립방정식

$$\begin{cases} x_1 + x_2 + x_3 = 0 \\ x_1 + x_2 = 3 \\ x_2 + x_3 = 1 \end{cases}$$

을 나타낸다. ■

예제 3

다음 선형연립방정식

$$\begin{cases} x + y + 2z = 9 \\ 2x + 4y - 3z = 1 \\ 3x + 6y - 5z = 0 \end{cases}$$

을 행렬방정식 $A\mathbf{x} = \mathbf{b}$로 나타내고, 선형연립방정식의 첨가행렬을 구하시오.

풀이

$$A = \begin{bmatrix} 1 & 1 & 2 \\ 2 & 4 & -3 \\ 3 & 6 & -5 \end{bmatrix}, \ \mathbf{x} = \begin{bmatrix} x \\ y \\ z \end{bmatrix}, \ \mathbf{b} = \begin{bmatrix} 9 \\ 1 \\ 0 \end{bmatrix}$$

이라 할 때, $A\mathbf{x} = \mathbf{b}$이다. 이때 첨가행렬은

$$\begin{bmatrix} 1 & 1 & 2 & : & 9 \\ 2 & 4 & -3 & : & 1 \\ 3 & 6 & -5 & : & 0 \end{bmatrix}$$

으로 주어진다. ■

연습문제 3.1

Exercises

1. 미지수를 x_1, x_2, x_3라 할 때, 첨가행렬 $\begin{bmatrix} 1 & -2 & 2 & : & -2 \\ 0 & 1 & -1 & : & 3 \\ 0 & 0 & 1 & : & 2 \end{bmatrix}$가 나타내는 선형연립방정식을 구하시오.

2. 미지수를 x_1, x_2, x_3라 할 때, 다음 첨가행렬이 나타내는 선형연립방정식의 해를 기본 행연산을 이용하여 구하시오.

(1) $\begin{bmatrix} 1 & 4 & 2 & : & 1 \\ 2 & 5 & 1 & : & 5 \\ 4 & 10 & -1 & : & 1 \end{bmatrix}$ (2) $\begin{bmatrix} 1 & 1 & 1 & : & 0 \\ 2 & 1 & -2 & : & 4 \\ 1 & -3 & 0 & : & 0 \end{bmatrix}$ (3) $\begin{bmatrix} 1 & 2 & 3 & : & 5 \\ 2 & 5 & 3 & : & 3 \\ 1 & 0 & 8 & : & 17 \end{bmatrix}$

3. 다음 동차연립방정식의 해집합의 자유변수의 개수를 구하시오.

$$\begin{cases} x_1 + 2x_2 + x_3 + 3x_4 + 2x_5 = 0 \\ 2x_1 + 5x_2 + 2x_3 + x_4 - 2x_5 = 0 \\ x_1 + 3x_2 + x_3 - 2x_4 + x_5 = 0 \\ x_5 = 0 \end{cases}$$

4. 다음 첨가행렬이 나타내는 선형연립방정식의 해의 개수를 구하시오.

(1) $\begin{bmatrix} 1 & 1 & 1 & 1 & : & 1 \\ 0 & 1 & 1 & 1 & : & 2 \\ 0 & 0 & 1 & 1 & : & 3 \end{bmatrix}$ (2) $\begin{bmatrix} 1 & -1 & -1 & : & 2 \\ 0 & 1 & 1 & : & 1 \\ 0 & 0 & 1 & : & 4 \end{bmatrix}$

5. 첨가행렬의 기본행연산을 이용하여, 세 직선

$$x_1 - 4x_2 = 1,\ 2x_1 - x_2 = -3,\ -x_1 - 3x_2 = 4$$

는 한 점에서 교차함을 보이시오.

6. 첨가행렬이

$$\begin{bmatrix} a & 0 & b & : & 2 \\ a & a & 4 & : & 4 \\ 0 & a & 2 & : & b \end{bmatrix}$$

로 주어진 선형연립방정식의 해가 다음 조건에 맞도록 a, b 값을 구하시오.

(1) 오직 한 쌍의 해가 존재한다.

(2) 자유변수를 1개 갖는 무수히 많은 해가 존재한다.

(3) 해가 존재하지 않는다.

3.2 가우스 소거법과 가우스 - 조르당 소거법

선형연립방정식의 해를 구할 때. 기본적인 생각은 주어진 연립방정식을 변환하여 해집합이 변하지 않으면서 해를 구하기 쉬운 새로운 연립방정식을 찾아가는 것이다. 즉 선형연립방정식의 해를 구하는 최선의 방법은 풀기 쉬운 동치인 연립방정식으로 바꾸는 것이다. 이 절에서는 선형연립방정식을 풀 때 사용했던 소거법을 체계화하여 첨가행렬로부터 일반적인 선형연립방정식의 해를 구하는 방법을 설명한다.

해를 구하기 위한 기초적인 문제는

(1) 해를 구하기 쉬운 방법을 찾는 문제

(2) 풀기 쉬운 동치인 선형연립방정식으로 변형하는 문제

이다.

1. 해를 구하기 쉬운 경우

대각행렬이나 위삼각행렬인 경우에 풀이 과정은 $ax = b$ 형태의 방정식을 푸는 것과 같다.

(1) 계수행렬이 대각행렬일 때

예 1

선형방정식이 4개이고 미지수가 4개인 선형연립방정식의 경우에 첨가행렬이

$$\begin{bmatrix} a_{11} & 0 & 0 & 0 & : & b_1 \\ 0 & a_{22} & 0 & 0 & : & b_2 \\ 0 & 0 & a_{33} & 0 & : & b_3 \\ 0 & 0 & 0 & a_{44} & : & b_4 \end{bmatrix}$$

로 주어지면, 대응하는 연립방정식은 4개의 방정식

$$a_{ii}x_i = b_i \text{ (단, } i = 1,\ 2,\ 3,\ 4 \text{)}$$

가 되므로, 쉽게 해를 구할 수 있다. 이 경우에 방정식들은 **서로 연관이 없다** (uncoupled)라고 한다. ■

(2) 계수행렬이 상삼각행렬일 때

연립방정식의 계수행렬이 상삼각행렬이면 해를 구하기 쉽다.

참고

선형방정식이 4개이고 미지수가 4개인 선형연립방정식의 경우에 첨가행렬이

$$\begin{bmatrix} a_{11} & a_{12} & a_{13} & a_{14} & : & b_1 \\ 0 & a_{22} & a_{23} & a_{24} & : & b_2 \\ 0 & 0 & a_{33} & a_{34} & : & b_3 \\ 0 & 0 & 0 & a_{44} & : & b_4 \end{bmatrix}$$

로 주어지면, 역대입법에 의하여 연립방정식의 해를 구한다.

예 2

선형연립방정식

$$\begin{cases} x + 2y + 3z = 5 \\ \quad\quad y - 2z = 6 \\ \quad\quad\quad\; 2z = 4 \end{cases}$$

에 대하여, 첨가행렬이

$$\begin{bmatrix} 1 & 2 & 3 & : & 5 \\ 0 & 1 & -2 & : & 6 \\ 0 & 0 & 2 & : & 4 \end{bmatrix}$$

로 주어진다. 이때 마지막 방정식을 z에 대하여 풀면 $z=2$이다. 그 다음 이 z값을 둘째 방정식에 대입하면 $y=10$이다. 마지막으로 우리가 이미 구한 y와 z의 값을 첫째 방정식에 대입하면 $x=-21$이 된다. 이러한 기법을 **역대입법**(back substitution)이라 한다. ■

2. 가우스 소거법과 가우스-조르당 소거법

참고

가우스(Gauss)가 소행성의 궤도를 계산하기 위해 도입한 가우스 소거법은 큰 반향을 일으켰고, 이 해법의 중요성을 인식한 조르당(Jordan)이 1888년 출간한 자신의 저서에 가우스 소거법 과정을 자세하게 설명하고 사용함으로써 그 후 널리 알려지게 되었다. 그러나 가우스 소거법의 최초 형태는 중국에서 쓰인 '구장산술'에서 발견된다.

선형연립방정식의 해를 구할 때 우리가 사용했던 소거법은 두 방정식의 교환, 한 방정식의 스칼라배, 방정식에서 변수의 소거과정을 거쳐 같은 해집합을 갖는 풀기 쉬운 동치인 선형연립방정식으로 변형하여 해를 구하는 것이었다. 즉 주어진 선형연립방정식에 다음과 같은 연산

(1) 두 방정식을 서로 교환한다.
(2) 한 방정식에 0 아닌 수를 곱한다.
(3) 한 방정식에 0 아닌 수를 곱하여 다른 방정식에 더한다.

을 수행하여 해를 구하는 방법으로, 이 세 가지 연산은 주어진 선형연립방정식의 해집합을 변화하지 않는 연산들이다. 이 연산을 첨가행렬에서는 다음 연산, 즉 첨가행렬의 기본행연산

(1) 두 행을 서로 교환한다.
(2) 한 행에 0 아닌 수를 곱한다.
(3) 한 행에 0 아닌 수를 곱하여 다른 행에 더한다.

으로 대응된다.

다음 예들은 위 세 가지 연산을 이용한 선형연립방정식의 소거법을 행렬이 어떻게 대신할 수 있는가, 즉 선형연립방정식의 해는 첨가행렬의 기본행연산만으로 구할 수 있음을 보여준다.

예 3

다음 선형연립방정식

$$\begin{cases} 4y - 3z = 1 \\ x + y + 2z = 9 \\ -3x + 6y - 6z = 0 \\ 3x - 2y + 3z = 1 \end{cases}$$

의 해를 구해보자. 먼저 연립방정식에서의 연산과 행렬에서의 연산을 비교하기 위하여 주어진 연립방정식과 이에 대응하는 첨가행렬

$$\begin{cases} 4y - 3z = 1 \\ x + y + 2z = 9 \\ -3x + 6y - 6z = 0 \\ 3x - 2y + 3z = 1 \end{cases} \qquad \left[\begin{array}{ccc:c} 0 & 4 & -3 & 1 \\ 1 & 1 & 2 & 9 \\ -3 & 6 & -6 & 0 \\ 3 & -2 & 3 & 1 \end{array}\right]$$

에 대한 두 연산을 동시에 생각하여 해를 구한다.

첫째 식과 둘째 식을 서로 교환한다 $(R_1 \leftrightarrow R_2)$.

$$\begin{cases} x+\ \ y+2z=9 \\ \quad 4y-3z=1 \\ -3x+6y-6z=0 \\ 3x-2y+3z=1 \end{cases} \qquad \left[\begin{array}{rrr:r} 1 & 1 & 2 & 9 \\ 0 & 4 & -3 & 1 \\ -3 & 6 & -6 & 0 \\ 3 & -2 & 3 & 1 \end{array}\right]$$

첫째 식에 3배하여 셋째 식에 더하고 $(3R_1+R_3)$, 첫째 식에 -3배하여 넷째 식에 더한다 $(-3R_1+R_4)$.

$$\begin{cases} x+\ \ y+2z=9 \\ \quad 4y-3z=1 \\ \quad 9y \quad\ \ =27 \\ \ -5y-3z=-26 \end{cases} \qquad \left[\begin{array}{rrr:r} 1 & 1 & 2 & 9 \\ 0 & 4 & -3 & 1 \\ 0 & 9 & 0 & 27 \\ 0 & -5 & -3 & -26 \end{array}\right]$$

둘째 식과 셋째 식을 서로 교환한다 $(R_2 \leftrightarrow R_3)$.

$$\begin{cases} x+\ \ y+2z=9 \\ \quad 9y \quad\ \ =27 \\ \quad 4y-3z=1 \\ \ -5y-3z=-26 \end{cases} \qquad \left[\begin{array}{rrr:r} 1 & 1 & 2 & 9 \\ 0 & 9 & 0 & 27 \\ 0 & 4 & -3 & 1 \\ 0 & -5 & -3 & -26 \end{array}\right]$$

둘째 식에 $\frac{1}{9}$배한다 $\left(\frac{1}{9}R_2\right)$.

$$\begin{cases} x+\ \ y+2z=9 \\ \quad\ \ y \quad\ \ =3 \\ \quad 4y-3z=1 \\ \ -5y-3z=-26 \end{cases} \qquad \left[\begin{array}{rrr:r} 1 & 1 & 2 & 9 \\ 0 & 1 & 0 & 3 \\ 0 & 4 & -3 & 1 \\ 0 & -5 & -3 & -26 \end{array}\right]$$

둘째 식에 -4배하여 셋째 식에 더하고 $(-4R_2+R_3)$, 둘째 식에 5배하여 넷째 식에 더한다 $(5R_2+R_4)$.

$$\begin{cases} x+y+2z=9 \\ \quad y \quad\ \ =3 \\ \quad\ \ -3z=-11 \\ \quad\ \ -3z=-11 \end{cases} \qquad \left[\begin{array}{rrr:r} 1 & 1 & 2 & 9 \\ 0 & 1 & 0 & 3 \\ 0 & 0 & -3 & -11 \\ 0 & 0 & -3 & -11 \end{array}\right]$$

셋째 식에 -1배하여 넷째 식에 더한다 $(-R_3+R_4)$.

$$\begin{cases} x+y+2z=9 \\ \quad y \quad\ \ =3 \\ \quad\ \ -3z=-11 \\ \qquad\ \ 0=0 \end{cases} \qquad \left[\begin{array}{rrr:r} 1 & 1 & 2 & 9 \\ 0 & 1 & 0 & 3 \\ 0 & 0 & -3 & -11 \\ 0 & 0 & 0 & 0 \end{array}\right]$$

셋째 식에 $-\frac{1}{3}$배한다 $\left(-\frac{1}{3}R_3\right)$.

$$\begin{cases} x+y+2z=9 \\ \quad y \quad\ \ =3 \\ \qquad\ \ z=\dfrac{11}{3} \\ \qquad\ \ 0=0 \end{cases} \qquad \left[\begin{array}{rrr:r} 1 & 1 & 2 & 9 \\ 0 & 1 & 0 & 3 \\ 0 & 0 & 1 & \dfrac{11}{3} \\ 0 & 0 & 0 & 0 \end{array}\right]$$

마지막 행사다리꼴

$$\begin{bmatrix} 1 & 1 & 2 & : & 9 \\ 0 & 1 & 0 & : & 3 \\ 0 & 0 & 1 & : & \frac{11}{3} \\ 0 & 0 & 0 & : & 0 \end{bmatrix}$$

을 얻기 위하여 행한 일련의 작업을 모두 합하여 **가우스 소거법**이라 한다.

이제 선행성분 1을 가진 열은 1을 제외한 다른 성분이 모두 0이 되도록 만들자.

셋째 식에 -2배하여 첫째 식에 더하고 $(-2R_3 + R_1)$, 새로 생긴 연립방정식의 둘째 식에 -1배하여 첫째 식에 더한다 $(-R_2 + R_1)$.

$$\begin{cases} x \qquad\qquad = -\frac{4}{3} \\ \quad y \qquad\; = 3 \\ \qquad\; z = \frac{11}{3} \\ 0 \qquad\qquad = 0 \end{cases} \qquad \begin{bmatrix} 1 & 0 & 0 & : & -\frac{4}{3} \\ 0 & 1 & 0 & : & 3 \\ 0 & 0 & 1 & : & \frac{11}{3} \\ 0 & 0 & 0 & : & 0 \end{bmatrix}$$

이 된다. 따라서 구하는 해는 $x = -\frac{4}{3}$, $y = 3$, $z = \frac{11}{3}$이다. 이때 마지막 행렬은 첨가행렬의 기약행사다리꼴이고, 첨가행렬로부터 기약행사다리꼴

$$\begin{bmatrix} 1 & 0 & 0 & : & -\frac{4}{3} \\ 0 & 1 & 0 & : & 3 \\ 0 & 0 & 1 & : & \frac{11}{3} \\ 0 & 0 & 0 & : & 0 \end{bmatrix}$$

을 얻기 위하여 수행한 일련의 작업을 모두 합하여 **가우스 - 조르당 소거법**이라 한다. ■

예 4

다음 선형연립방정식

$$\begin{cases} x + y + z = 0 \\ 2x + y - 2z = 4 \\ x - 3y \qquad = 0 \end{cases}$$

의 해를 구해보자. 아래의 왼쪽은 선형연립방정식을 푸는 과정이고, 오른쪽은 이에 대응하는 연립방정식의 첨가행렬

$$\begin{bmatrix} 1 & 1 & 1 & : & 0 \\ 2 & 1 & -2 & : & 4 \\ 1 & -3 & 0 & : & 0 \end{bmatrix}$$

의 변화를 나타낸 것이다.

첫째 식에 -2배하여 둘째 식에 더한다 $(-2R_1+R_2)$.

$$\begin{cases} x+y+z=0 \\ -y-4z=4 \\ x-3y=0 \end{cases} \qquad \begin{bmatrix} 1 & 1 & 1 & : & 0 \\ 0 & -1 & -4 & : & 4 \\ 1 & -3 & 0 & : & 0 \end{bmatrix}$$

첫째 식에 -1배하여 셋째 식에 더한다 $(-R_1+R_3)$.

$$\begin{cases} x+y+z=0 \\ -y-4z=4 \\ -4y-z=0 \end{cases} \qquad \begin{bmatrix} 1 & 1 & 1 & : & 0 \\ 0 & -1 & -4 & : & 4 \\ 0 & -4 & -1 & : & 0 \end{bmatrix}$$

둘째 식에 -1배한다 $(-R_2)$.

$$\begin{cases} x+y+z=0 \\ y+4z=4 \\ -4y-z=0 \end{cases} \qquad \begin{bmatrix} 1 & 1 & 1 & : & 0 \\ 0 & 1 & 4 & : & -4 \\ 0 & -4 & -1 & : & 0 \end{bmatrix}$$

둘째 식에 4배하여 셋째 식에 더한다 $(4R_2+R_3)$.

$$\begin{cases} x+y+z=0 \\ y+4z=-4 \\ 15z=-16 \end{cases} \qquad \begin{bmatrix} 1 & 1 & 1 & : & 0 \\ 0 & 1 & 4 & : & -4 \\ 0 & 0 & 15 & : & -16 \end{bmatrix}$$

셋째 식의 양변을 $\frac{1}{15}$배한다$\left(\frac{1}{15}R_3\right)$.

$$\begin{cases} x+y+z=0 \\ y+4z=-4 \\ z=-\dfrac{16}{15} \end{cases} \qquad \begin{bmatrix} 1 & 1 & 1 & : & 0 \\ 0 & 1 & 4 & : & -4 \\ 0 & 0 & 1 & : & -\dfrac{16}{15} \end{bmatrix}$$

셋째 식에 -4배하여 둘째 식에 더하고 $(-4R_3+R_2)$, 그 다음 셋째 식에 -1배하여 첫째 식에 더한다 $(-R_3+R_1)$.

$$\begin{cases} x+y=\dfrac{16}{15} \\ y=\dfrac{4}{15} \\ z=-\dfrac{16}{15} \end{cases} \qquad \begin{bmatrix} 1 & 1 & 0 & : & \dfrac{16}{15} \\ 0 & 1 & 0 & : & \dfrac{4}{15} \\ 0 & 0 & 1 & : & -\dfrac{16}{15} \end{bmatrix}$$

둘째 식에 -1배하여 첫째 식에 더한 결과를 첫째 식과 바꾼다 $(-R_2+R_1 \leftrightarrow R_1)$.

$$\begin{cases} x = \dfrac{12}{15} \\ y = \dfrac{4}{15} \\ z = -\dfrac{16}{15} \end{cases} \qquad \begin{bmatrix} 1 & 0 & 0 & : & \dfrac{12}{15} \\ 0 & 1 & 0 & : & \dfrac{4}{15} \\ 0 & 0 & 1 & : & -\dfrac{16}{15} \end{bmatrix}$$

따라서 구하는 방정식의 해는

$$x = \frac{12}{15},\ y = \frac{4}{15},\ z = -\frac{16}{15}$$

이다. ■

정의 1 **가우스 소거법과 가우스 - 조르당 소거법**

기본행연산을 이용하여 첨가행렬이 처음 상삼각행렬 (행사다리꼴)이 되었을 때 감소를 멈춘다면 이러한 해를 구하는 방법을 **가우스 소거법** (Gauss elimination)이라 한다. 특히 행감소가 가능한 한 첨가행렬이 대각행렬 (기약행사다리꼴)이 되도록 실행되었다면 이러한 해를 구하는 방법을 **가우스 - 조르당 소거법** (Gauss - Jordan elimination) 이라 한다.

참고

연산의 수를 주의 깊게 관찰하면 가우스 소거법과 역대입법이 가우스 - 조르당 소거법보다 조금 더 효율적임을 알 수 있을 것이다. 그러나 작은 규모의 문제를 수작업할 때 가우스 - 조르당 소거법을 선호한다.

주어진 연립방정식의 해는 계수와 상수항으로 된 첨가행렬에 기본행연산을 시행하여 구할 수 있음을 보았다. 그런데 첨가행렬에 기본행연산을 시행하여 좀 더 간단한 형태의 행렬로 바꾸어 가는 과정은 행렬이 행사다리꼴 또는 기약행사다리꼴의 특수한 모양이 될 때 멈추면 된다. 이제 연립방정식의 해를 구하는 방법을 좀 더 구체적으로 서술한다.

참고

연립방정식의 해를 구하기 위한 가우스 소거법 과정은 첨가행렬을 행사다리꼴로 축약시키는 것과 같다. 반면 가우스 - 조르당 소거법 과정은 첨가행렬을 기약행사다리꼴로 축약시키는 것과 같다.

정리 2

모든 행렬은 유일한 기약행사다리꼴과 행동치이다.

참고

우리가 축약을 하기 위하여 다른 일련의 기본행연산을 할지라도 항상 같은 기약행사다리꼴에 도달할 것이다. 따라서 원래의 연립방정식의 해는 사용한 기본행연산에 의해 바뀌지 않는다.

예 5

가우스 소거법을 이용하여, 다음 연립방정식

$$\begin{cases} x+y+2z=2 \\ x+y-3z=2 \\ 2x+y+5z=5 \end{cases}$$

의 해를 구해보자. 첨가행렬

$$\begin{bmatrix} 1 & 1 & 2 & : & 2 \\ 1 & 1 & -3 & : & 2 \\ 2 & 1 & 5 & : & 5 \end{bmatrix}$$

를 행사다리꼴로 변형하여 해를 구한다.

1행에 -1배하여 2행에 더하고, 다시 1행에 -2배하여 3행에 더한다.

$$\begin{bmatrix} 1 & 1 & 2 & : & 2 \\ 0 & 0 & -5 & : & 0 \\ 0 & -1 & 1 & : & 1 \end{bmatrix}$$

3행에 -1배하고, 다음에 2행과 3행을 교환한다.

$$\begin{bmatrix} 1 & 1 & 2 & : & 2 \\ 0 & 1 & -1 & : & -1 \\ 0 & 0 & -5 & : & 0 \end{bmatrix}$$

3행에 $-\dfrac{1}{5}$배한다.

$$\begin{bmatrix} 1 & 1 & 2 & : & 2 \\ 0 & 1 & -1 & : & -1 \\ 0 & 0 & 1 & : & 0 \end{bmatrix}$$

이것이 행사다리꼴이다. 따라서 대응하는 연립방정식은 역대입법으로 해를 구할 수 있다. 셋째 방정식으로부터 $z=0$을 얻고, 이를 대입하면 $y=-1$이고 $x=3$이다. 따라서 구하는 해는

$$x = 3,\ y = -1,\ z = 0$$

으로 주어진다. ■

예제 1

가우스 소거법을 이용하여, 다음 선형연립방정식

$$\begin{cases} x + \ \ y + 2z = 9 \\ 2x + 4y - 3z = 1 \\ 3x + 6y - 5z = 0 \end{cases}$$

의 해를 구하시오.

풀이 첨가행렬

$$\begin{bmatrix} 1 & 1 & 2 & : & 9 \\ 2 & 4 & -3 & : & 1 \\ 3 & 6 & -5 & : & 0 \end{bmatrix}$$

을 행사다리꼴로 변형하여 해를 구한다.

1행에 -2배하여 2행에 더하고, 다시 1행에 -3배하여 3행에 더한다.

$$\begin{bmatrix} 1 & 1 & 2 & : & 9 \\ 0 & 2 & -7 & : & -17 \\ 0 & 3 & -11 & : & -27 \end{bmatrix}$$

2행에 $\frac{1}{2}$배한다.

$$\begin{bmatrix} 1 & 1 & 2 & : & 9 \\ 0 & 1 & -\frac{7}{2} & : & -\frac{17}{2} \\ 0 & 3 & -11 & : & -27 \end{bmatrix}$$

2행에 -3배하여 3행에 더한다.

$$\begin{bmatrix} 1 & 1 & 2 & : & 9 \\ 0 & 1 & -\frac{7}{2} & : & -\frac{17}{2} \\ 0 & 0 & -\frac{1}{2} & : & -\frac{3}{2} \end{bmatrix}$$

3행에 -2배한다.

$$\begin{bmatrix} 1 & 1 & 2 & : & 9 \\ 0 & 1 & -\frac{7}{2} & : & -\frac{17}{2} \\ 0 & 0 & 1 & : & 3 \end{bmatrix} \qquad (*)$$

이것이 행사다리꼴이다. 이 행렬을 방정식의 형태로 변형하면

$$\begin{cases} x+y+2z = 9 \\ y-\dfrac{7}{2}z = -\dfrac{17}{2} \\ z = 3 \end{cases}$$

이 된다. 따라서 역대입법을 이용하여 풀면, 구하는 해는

$$x=1,\ y=2,\ z=3$$

으로 주어진다. ■

참고

(*)에서 3행에 $-\dfrac{11}{2}$배하여 1행에 더하고, 3행에 $\dfrac{7}{2}$배하여 2행에 더하면, 기약행사다리꼴

$$\left[\begin{array}{ccc:c} 1 & 0 & 0 & 1 \\ 0 & 1 & 0 & 2 \\ 0 & 0 & 1 & 3 \end{array}\right]$$

을 얻는다. 이 행렬을 방정식의 형태로 변형하면

$$\begin{cases} x = 1 \\ y = 2 \\ z = 3 \end{cases}$$

이 된다. 이러한 과정을 **가우스-조르당 소거**라 한다.

예제 2

가우스-조르당 소거법을 이용하여, 다음 선형연립방정식의 해를 구하시오.

$$\begin{cases} x_1 + 2x_2 - x_3 = 4 \\ 2x_1 + 4x_2 + 3x_3 = 5 \\ -x_1 - 2x_2 + 6x_3 = -7 \end{cases}$$

풀이 첨가행렬

$$\left[\begin{array}{ccc:c} 1 & 2 & -1 & 4 \\ 2 & 4 & 3 & 5 \\ -1 & -2 & 6 & -7 \end{array}\right]$$

을 기약행사다리꼴로 변형하여 해를 구한다.

1행에 -2배하여 2행에 더하고, 다시 1행에 1배하여 3행에 더한다.

$$\begin{bmatrix} 1 & 2 & -1 & : & 4 \\ 0 & 0 & 5 & : & -3 \\ 0 & 0 & 5 & : & -3 \end{bmatrix}$$

2행에 -1배하여 3행에 더하고, 다시 2행에 $-\dfrac{1}{5}$배하여 1행에 더한다.

$$\begin{bmatrix} 1 & 2 & 0 & : & \dfrac{17}{5} \\ 0 & 0 & 5 & : & -3 \\ 0 & 0 & 0 & : & 0 \end{bmatrix}$$

2행에 $\dfrac{1}{5}$배한다.

$$\begin{bmatrix} 1 & 2 & 0 & : & \dfrac{17}{5} \\ 0 & 0 & 1 & : & -\dfrac{3}{5} \\ 0 & 0 & 0 & : & 0 \end{bmatrix}$$

이것이 기약행사다리꼴이다. 따라서 이 첨가행렬에 대응하는 연립방정식은

$$\begin{cases} x_1 + 2x_2 \quad = \dfrac{17}{5} \\ \qquad\qquad x_3 = -\dfrac{3}{5} \end{cases}$$

이다. 이때 임의로 $x_2 = c$로 놓으면 연립방정식의 일반해는

$$x_1 = \frac{17}{5} - 2c, \;\; x_2 = c, \;\; x_3 = -\frac{3}{5}$$

이 된다. 여기서 주어진 선형연립방정식은 기하학적으로 공통직선을 가지고 있는 세 평면의 예이다. 이때 교선은 평면 $x_3 = -\dfrac{3}{5}$에 놓여 있다. ■

마지막 행렬의 마지막 행이 모두 0이므로 방정식의 수가 적다. 따라서 유일한 해를 얻지 못했다.

정리 3

미지수가 n개이며 방정식이 m개인 해를 갖는 연립방정식을 생각하자. 그리고 0이 아닌 행이 r개인 기약행사다리꼴로 첨가행렬이 축약되었다 하자. 이때 $r = n$이면 연립방정식의 해는 유일하고, $r < n$이라면 해는 유일하지 않다.

예제 3

x_1, x_2, x_3, x_4, x_5, x_6를 미지수로 갖는 연립방정식의 첨가행렬이 다음과 같이 축약되었을 때, 연립방정식의 해를 구하시오.

$$\begin{bmatrix} 1 & 1 & 0 & 2 & 0 & 0 & : & 5 \\ 0 & 0 & 1 & 2 & 0 & 0 & : & -1 \\ 0 & 0 & 0 & 0 & 1 & 0 & : & 1 \\ 0 & 0 & 0 & 0 & 0 & 1 & : & 3 \\ 0 & 0 & 0 & 0 & 0 & 0 & : & k \end{bmatrix}$$

풀이 $k \neq 0$이면 해가 존재하지 않는다. $k = 0$이라면 연립방정식은

$$\begin{cases} x_1 + x_2 \quad + 2x_4 \qquad\qquad = 5 \\ \qquad\quad x_3 + 2x_4 \qquad\qquad = -1 \\ \qquad\qquad\qquad\quad x_5 \qquad = 1 \\ \qquad\qquad\qquad\qquad x_6 = 3 \end{cases}$$

으로 주어진다. 6개의 미지수를 갖고 있는 이 4개의 방정식은 2개의 자유변수 x_2, x_4와 4개의 선행변수 x_1, x_3, x_5, x_6를 갖는다. 이때 자유변수를 $x_2 = c_1$과 $x_4 = c_2$라 놓으면 연립방정식의 일반해는

$$x_1 = 5 - c_1 - 2c_2, \quad x_2 = c_1, \quad x_3 = -1 - 2c_1, \quad x_4 = c_2, \quad x_5 = 1, \quad x_6 = 3$$

으로 주어진다. 이 연립방정식의 일반해는 2개의 임의상수를 가지고 있다. ■

참고

선형연립방정식의 해가 존재할 때, 자유변수의 개수를 통해 해가 얼마나 많이 존재하는지 알 수 있다. 자유변수가 하나도 없는 경우는 유일한 해를 가지고, 자유변수가 1개 있는 경우는 해집합이 직선이 되며, 자유변수가 2개인 경우는 해집합이 평면이 된다. 일반적으로 미지수의 수가 n이고, 자유변수의 수가 m인 선형연립방정식이 해를 가지면, 그 해집합은 n차원 공간의 m차원 부분공간이 된다. 이런 이유로 자유변수의 수를 해집합 또는 해공간의 차원이라고도 한다(5.1절 참조).

다음 예제는 컴퓨터 그래픽 문제에서 나타나는 곡선 맞추기(curve-fitting) 문제이다.

예제 4

두 점 $(1, 3)$, $(3, -7)$을 지나는 삼차함수 $y = ax^3 + bx^2 + cx + d$에 대하여, $(1, 3)$, $(3, -7)$에서의 접선의 기울기가 각각 -5와 -1로 주어질 때, a, b, c, d를 구하시오.

풀이 두 점 (1, 3)과 (3, −7)이 곡선 위에 있으므로

$$a+b+c+d=3\text{이고 } 27a+9b+3c+d=-7$$

을 만족한다. 한편 $y'=3ax^2+2bx+c$로부터 점 (1, 3)에서 기울기가 −5이므로 $3a+2b+c=-5$가 성립한다. 또한 점 (3, −7)에서 기울기가 −1이므로

$$27a+6b+c=-1$$

이 된다. 따라서 a, b, c, d는 다음 연립방정식을 만족해야 한다.

$$\begin{cases} a+b+c+d=3 \\ 27a+9b+3c+d=-7 \\ 3a+2b+c=-5 \\ 27a+6b+c=-1 \end{cases}$$

이때 첨가행렬에 대하여 행감소를 실행하면 다음과 같다.

$$\begin{bmatrix} 1 & 1 & 1 & 1 & : & 3 \\ 27 & 9 & 3 & 1 & : & -7 \\ 3 & 2 & 1 & 0 & : & -5 \\ 27 & 6 & 1 & 0 & : & -1 \end{bmatrix} \xrightarrow[\substack{-27R_1+R_2 \\ -3R_1+R_3 \\ -27R_1+R_4}]{} \begin{bmatrix} 1 & 1 & 1 & 1 & : & 3 \\ 0 & -18 & -24 & -26 & : & -88 \\ 0 & -1 & -2 & -3 & : & -14 \\ 0 & -21 & -26 & -27 & : & -82 \end{bmatrix}$$

$$\xrightarrow[\substack{R_2\leftrightarrow R_3 \\ -18R_2+R_3 \\ -21R_2+R_4}]{} \begin{bmatrix} 1 & 1 & 1 & 1 & : & 1 \\ 0 & -1 & -2 & -3 & : & -14 \\ 0 & 0 & 12 & 28 & : & 164 \\ 0 & 0 & 16 & 36 & : & 212 \end{bmatrix}$$

$$\xrightarrow[\substack{-R_2 \\ -4/3R_3+R_4}]{} \begin{bmatrix} 1 & 1 & 1 & 1 & : & 3 \\ 0 & 1 & 2 & 3 & : & 14 \\ 0 & 0 & 12 & 28 & : & 164 \\ 0 & 0 & 0 & -4/3 & : & -20/3 \end{bmatrix}$$

$$\xrightarrow[\substack{1/12R_3 \\ -3/4R_4}]{} \begin{bmatrix} 1 & 1 & 1 & 1 & : & 3 \\ 0 & 1 & 2 & 3 & : & 14 \\ 0 & 0 & 1 & 7/3 & : & 41/3 \\ 0 & 0 & 0 & 1 & : & 5 \end{bmatrix}$$

이제 역대입법을 사용하면 $d=5$, $c=2$, $b=-5$이고 $a=1$이다. 따라서

$$a=1,\ b=-5,\ c=2,\ d=5$$

로 주어진다. ■

일단 기본적인 기법에 익숙하기만 하면 기본 알고리즘을 수정할 수 있다. 특히 문제가 오직 정수들만을 포함하고 있고 수작업하고 있다면 소수를 가지고 작업하는 것을 최소로 하는 것이 바람직하다. 다음 예제는 원래의 행렬에 소수가 없다면 소수를 갖고 하는 연산을 완전히 피할 수 있음을 보여준다.

예제 5

x_1, x_2, x_3를 미지수로 갖는 연립방정식의 첨가행렬이 다음과 같이 축약되었을 때, 연립방정식의 해를 구하시오.

$$\begin{bmatrix} 3 & -1 & 2 & : & 1 \\ 2 & 1 & 1 & : & 1 \\ 1 & -3 & 0 & : & 2 \end{bmatrix}$$

풀이 먼저 1행과 3행을 교환한다. 그리고 1행에 -2배하여 2행에 더하고, 다시 1행에 -3배하여 3행에 더한다.

$$\begin{bmatrix} 1 & -3 & 0 & : & 2 \\ 0 & 7 & 1 & : & -3 \\ 0 & 8 & 2 & : & -5 \end{bmatrix}$$

2행에서 선행원소를 1로 하기 위해 7로 나눌 수 있지만 소수를 만드는 것을 피하기 위해 3행에 -1배하여 2행에 더한 후, 2행에 -1배한다.

$$\begin{bmatrix} 1 & -3 & 0 & : & 2 \\ 0 & 1 & 1 & : & -2 \\ 0 & 8 & 2 & : & -5 \end{bmatrix}$$

2행에 3배하여 1행에 더하고, 다시 2행에 -8배하여 3행에 더한다.

$$\begin{bmatrix} 1 & 0 & 3 & : & -4 \\ 0 & 1 & 1 & : & -2 \\ 0 & 0 & -6 & : & 11 \end{bmatrix}$$

3열을 축약하기 위해 1행과 2행에 각각 6배하고, 또한 3행에 -1배한다.

$$\begin{bmatrix} 6 & 0 & 18 & : & -24 \\ 0 & 6 & 6 & : & -12 \\ 0 & 0 & 6 & : & -11 \end{bmatrix}$$

3행에 -3배하여 1행에 더하고, 3행에 -1배하여 2행에 더한다.

$$\begin{bmatrix} 6 & 0 & 0 & : & 9 \\ 0 & 6 & 0 & : & -1 \\ 0 & 0 & 6 & : & -11 \end{bmatrix}$$

마지막으로 각 행에 $\dfrac{1}{6}$배한다.

$$\begin{bmatrix} 1 & 0 & 0 & : & 9/6 \\ 0 & 1 & 0 & : & -1/6 \\ 0 & 0 & 1 & : & -11/6 \end{bmatrix}$$

이 된다. 이 마지막 행렬은 기약사다리꼴이며, 소수를 가지고 연산을 하지 않고

$x_1 = \frac{9}{6},\ x_2 = -\frac{1}{6},\ x_3 = -\frac{11}{6}$을 얻었다. ■

이제 계수행렬이 같지만 오른쪽의 값들이 다른 몇 개의 연립방정식이 있는 경우에 해를 구해보자. 각각 같은 계수행렬 A를 갖지만 오른쪽이 B, C와 D인 3개의 연립방정식의 경우를 고려하자. 이때

$$B = \begin{bmatrix} b_1 \\ b_2 \\ \vdots \\ b_m \end{bmatrix},\ C = \begin{bmatrix} c_1 \\ c_2 \\ \vdots \\ c_m \end{bmatrix} \text{와 } D = \begin{bmatrix} d_1 \\ d_2 \\ \vdots \\ d_m \end{bmatrix}$$

이다. 이 경우 각 연립방정식을 제각각 풀 수 있다. 그러나 각 경우에 같은 연산이 사용되므로 같은 일을 세 번하는 것은 비효율적이다. 이런 문제에 대한 접근법을 다음 예에서 제시한다.

예 6

단 한 번의 행 축약으로 다음 3개의 연립방정식의 해를 구해보자.

$$\begin{cases} x + 2y = 4 \\ 2x + 3y = 7 \\ x + 4y = 6 \end{cases} \quad \begin{cases} x + 2y = 1 \\ 2x + 3y = 1 \\ x + 4y = 3 \end{cases} \quad \begin{cases} x + 2y = 2 \\ 2x + 3y = 9 \\ x + 4y = 5 \end{cases}$$

첨가행렬 $\begin{bmatrix} 1 & 2 & : & 4 & 1 & 2 \\ 2 & 3 & : & 7 & 1 & 9 \\ 1 & 4 & : & 6 & 3 & 5 \end{bmatrix}$에 대하여 행감소를 실행한다.

1행에 -2배하여 2행에 더하고, 1행에 -1배하여 3행에 더한다.

$$\begin{bmatrix} 1 & 2 & : & 4 & 1 & 2 \\ 0 & -1 & : & -1 & -1 & 5 \\ 0 & 2 & : & 2 & 2 & 3 \end{bmatrix}$$

2행에 2배하여 1행과 3행에 각각 더한 다음에 2행에 -1배한다.

$$\begin{bmatrix} 1 & 0 & : & 2 & -1 & 12 \\ 0 & 1 & : & 1 & 1 & -5 \\ 0 & 0 & : & 0 & 0 & 13 \end{bmatrix}$$

이때 3열을 사용하여 첫 연립방정식은 유일한 해로 $x = 2$와 $y = 1$를 갖는다. 또한 4열로부터 둘째 연립방정식의 유일한 해는 $x = -1$이고 $y = 1$임을 안다. 5열에서 $13 \neq 0$이므로 셋째 연립방정식은 해가 없음을 안다. ■

3. 동차선형연립방정식

일반적인 동차선형연립방정식은

$$\begin{cases} a_{11}x_1 + a_{12}x_2 + \cdots + a_{1n}x_n = 0 \\ a_{21}x_1 + a_{22}x_2 + \cdots + a_{2n}x_n = 0 \\ \qquad\qquad \vdots \\ a_{m1}x_1 + a_{m2}x_2 + \cdots + a_{mn}x_n = 0 \end{cases} \qquad (*)$$

으로 표현된다. 동차선형연립방정식에서 해가 유일하다면 자명한 해가 되어야 하고, 자명한 해를 갖지 않을 오직 한 경우는 무수히 많은 해를 가질 때이다. 많은 중요한 응용에서 이러한 상황이 발생한다.

해를 구하는 방법은 일반적인 선형연립방정식의 해를 구하는 방법과 다르지 않으나, 가우스 소거법을 적용할 때 첨가행렬의 마지막 열은 축약과정을 통해서 0으로 남아 있다.

정리 4

방정식 수 m이 미지수의 수 n보다 더 적을 때, 즉 $m < n$인 동차선형연립방정식 (*)는 무한히 많은 0이 아닌 해를 갖는다.

예 7

2×3 행렬 $\begin{bmatrix} 2 & 3 & 1 \\ 0 & 1 & 1 \end{bmatrix}$을 계수행렬로 갖는 동차선형연립방정식은 무수히 많은 해를 갖는다. 왜냐하면 미지수의 수보다 방정식 수가 더 적기 때문이다. ■

따름정리

동차연립방정식 (*)는 그의 첨가행렬에 대한 행사다리꼴에서 0이 아닌 행의 수가 미지수의 수보다 적기만 하면 무한히 많은 0이 아닌 해를 갖는다.

예제 6

다음 동차연립방정식의 해를 구하시오.

$$\begin{cases} x + 2y + 3z = 0 \\ 4x + 5y + 6z = 0 \\ 7x + 8y \qquad = 0 \end{cases}$$

풀이 동차연립방정식의 첨가행렬은

$$\begin{bmatrix} 1 & 2 & 3 & : & 0 \\ 4 & 5 & 6 & : & 0 \\ 7 & 8 & 0 & : & 0 \end{bmatrix}$$

이므로, 가우스 소거법을 사용하여 행사다리꼴로 변형하면

$$\begin{bmatrix} 1 & 2 & 3 & : & 0 \\ 4 & 5 & 6 & : & 0 \\ 7 & 8 & 0 & : & 0 \end{bmatrix} \xrightarrow[-7R_1+R_3]{-4R_1+R_2} \begin{bmatrix} 1 & 2 & 3 & : & 0 \\ 0 & -3 & -6 & : & 0 \\ 0 & -6 & -21 & : & 0 \end{bmatrix}$$

$$\xrightarrow[-1/9R_3]{} \begin{bmatrix} 1 & 2 & 3 & : & 0 \\ 0 & 1 & 2 & : & 0 \\ 0 & 0 & -9 & : & 0 \end{bmatrix} \xrightarrow[6R_2+R_3]{-1/3R_2} \begin{bmatrix} 1 & 2 & 3 & : & 0 \\ 0 & 1 & 2 & : & 0 \\ 0 & 0 & 1 & : & 0 \end{bmatrix}$$

이 된다. 축약된 행렬에서 0이 아닌 행의 수와 미지수의 수가 각각 3개로 같으므로 유일한 해를 갖는다. 이때 이 연립방정식의 해는 $x=y=z=0$으로 주어진다. 이 경우에 세 평면들은 오직 원점만을 공유한다. ■

예제 7

다음 동차연립방정식의 해를 구하시오.

$$\begin{cases} x_1 + x_2 + x_3 - 3x_4 = 0 \\ 3x_1 - 2x_2 - 17x_3 + 16x_4 = 0 \\ 3x_1 + 2x_2 - x_3 - 4x_4 = 0 \end{cases}$$

풀이 이 동차연립방정식은 미지수의 개수보다 방정식의 개수가 더 적으므로 무한히 많은 해를 가지고 있다. 이제 가우스-조르당 소거법을 사용하여 해를 구해보자.

$$\begin{bmatrix} 1 & 1 & 1 & -3 & : & 0 \\ 3 & -2 & -17 & 16 & : & 0 \\ 3 & 2 & -1 & -4 & : & 0 \end{bmatrix} \xrightarrow[-3R_1+R_3]{3R_1+R_2} \begin{bmatrix} 1 & 1 & 1 & -3 & : & 0 \\ 0 & -5 & -20 & 25 & : & 0 \\ 0 & -1 & -4 & 5 & : & 0 \end{bmatrix}$$

$$\xrightarrow[-1/5R_2]{} \begin{bmatrix} 1 & 1 & 1 & -3 & : & 0 \\ 0 & 1 & 4 & -5 & : & 0 \\ 0 & -1 & -4 & 5 & : & 0 \end{bmatrix} \xrightarrow[R_2+R_3]{} \begin{bmatrix} 1 & 1 & 1 & -3 & : & 0 \\ 0 & 1 & 4 & -5 & : & 0 \\ 0 & 0 & 0 & 0 & : & 0 \end{bmatrix}$$

$$\xrightarrow[-R_2+R_1]{} \begin{bmatrix} 1 & 0 & -3 & 2 & : & 0 \\ 0 & 1 & 4 & -5 & : & 0 \\ 0 & 0 & 0 & 0 & : & 0 \end{bmatrix}$$

이 된다. 이제 연립방정식은

$$\begin{cases} x_1 - 3x_3 + 2x_4 = 0 \\ x_2 + 4x_3 - 5x_4 = 0 \end{cases} \quad \text{또는} \quad \begin{cases} x_1 = 3x_3 - 2x_4 \\ x_2 = -4x_3 + 5x_4 \end{cases}$$

이므로, 해는 자유변수 x_3와 x_4에 임의의 값을 할당하여 얻을 수 있다. $x_3 = c_1$과 $x_4 = c_2$로 놓으면 해는

$$x_1 = 3c_1 - 2c_2, \quad x_2 = -4c_1 + 5c_2, \quad x_3 = c_1, \quad x_4 = c_2$$

로 주어진다. ■

참고

(동차선형연립방정식의 자유변수)

n개의 미지수를 갖는 동차선형연립방정식에 대하여, 첨가행렬의 기약행사다리꼴이 r개의 선행변수를 갖는다면 이 연립방정식의 해집합은 $n-r$개의 자유변수를 갖는다.

다음 예제는 선형대수학에서 가장 중요한 고윳값을 구하는 문제이다. 제6장에서 자세하게 논의할 것이다.

예제 8

다음 연립방정식이 0이 아닌 해를 갖게 하는 λ 값을 구하시오.

$$\begin{cases} 2x + y = \lambda x \\ 4x - y = \lambda y \end{cases}$$

풀이 이 식은 동차연립방정식

$$\begin{cases} (2-\lambda)x + \quad\quad\quad y = 0 \\ \quad\quad 4x - (1+\lambda)y = 0 \end{cases}$$

으로 변형된다. 기본행연산 $-1/4R_2$, $R_1 \leftrightarrow R_2$와 $-(2-\lambda)R_1 + R_2$를 실행하면 첨가행렬은 다음과 같이 축약된다.

$$\begin{bmatrix} 2-\lambda & 1 & : & 0 \\ 4 & -(1+\lambda) & : & 0 \end{bmatrix} \to \begin{bmatrix} 1 & \dfrac{-(1+\lambda)}{4} & : & 0 \\ 0 & 1+\dfrac{(2-\lambda)(1+\lambda)}{4} & : & 0 \end{bmatrix}$$

$$\to \begin{bmatrix} 1 & -\dfrac{(1+\lambda)}{4} & : & 0 \\ 0 & -\dfrac{(\lambda^2-\lambda-6)}{4} & : & 0 \end{bmatrix}$$

이 연립방정식은 마지막 행의 둘째 열의 원소가 0일 때 0이 아닌 해를 갖는다. 이것은 $\lambda^2 - \lambda - 6 = 0$일 때 발생한다. 이 이차방정식의 해는 $\lambda = 3$이고 $\lambda = -2$이다.

■

4. 행계급과 선형연립방정식

n개의 미지수를 갖고, m개의 선형방정식으로 이루어진 선형연립방정식

$$\begin{cases} a_{11}x_1 + a_{12}x_2 + \cdots + a_{1n}x_n = b_1 \\ a_{21}x_1 + a_{22}x_2 + \cdots + a_{2n}x_n = b_2 \\ \qquad\qquad \vdots \\ a_{m1}x_1 + a_{m2}x_2 + \cdots + a_{mn}x_n = b_m \end{cases}$$

에서 세 행렬

$$A = \begin{bmatrix} a_{11} & a_{12} & \cdots & a_{1n} \\ a_{21} & a_{22} & \cdots & a_{2n} \\ \vdots & \vdots & \vdots & \vdots \\ a_{m1} & a_{m2} & \cdots & a_{mn} \end{bmatrix}, \ \boldsymbol{X} = \begin{bmatrix} x_1 \\ x_2 \\ \vdots \\ x_n \end{bmatrix}, \ \boldsymbol{B} = \begin{bmatrix} a_{11} & a_{12} & \cdots & a_{1n} & : & b_1 \\ a_{21} & a_{22} & \cdots & a_{2n} & : & b_2 \\ \vdots & \vdots & \vdots & \vdots & \vdots & \vdots \\ a_{m1} & a_{m2} & \cdots & a_{mn} & : & b_m \end{bmatrix}$$

을 생각하자.

정의 5 행계급

행렬 A의 행사다리꼴의 0이 아닌 수를 포함하는 행의 개수를 행렬의 **행계급**(row rank) 또는 행계수, 간단히 **계급** 또는 **계수**라 하고, $\text{rank}(A)$로 표시한다.

A가 $m \times n$ 행렬일 때, $\text{rank}(A) \le m$, $\text{rank}(A) \le n$을 만족한다.

예 8

3×4 행렬 $A = \begin{bmatrix} 1 & 1 & 2 & 9 \\ 0 & 2 & -7 & -17 \\ 3 & 6 & -5 & 0 \end{bmatrix}$의 기약행사다리꼴이 $\begin{bmatrix} 1 & 0 & 0 & 12 \\ 0 & 1 & 0 & 5 \\ 0 & 0 & 1 & -1 \end{bmatrix}$이고, 0이 아닌 행의 개수가 3이므로 $\text{rank}(A) = 3$이다. ■

참고

행렬 A와 A의 전치행렬 A^T에 대하여, $\text{rank}(A)$와 $\text{rank}(A^T)$는 같다.

예제 9

두 행렬

$$A = \begin{bmatrix} 1 & -2 & 1 & 1 & 2 \\ -1 & 3 & 0 & 2 & -2 \\ 0 & 1 & 1 & 3 & 4 \\ 1 & 2 & 5 & 13 & 5 \end{bmatrix}, \quad A^T = \begin{bmatrix} 1 & -1 & 0 & 1 \\ -2 & 3 & 1 & 2 \\ 1 & 0 & 1 & 5 \\ 1 & 2 & 3 & 13 \\ 2 & -2 & 4 & 5 \end{bmatrix}$$

에 대하여, $\mathrm{rank}(A) = \mathrm{rank}(A^T)$가 성립한다.

증명 행렬 A와 B의 행사다리꼴이 각각

$$\begin{bmatrix} 1 & 0 & 3 & 7 & 0 \\ 0 & 1 & 1 & 3 & 0 \\ 0 & 0 & 0 & 0 & 1 \\ 0 & 0 & 0 & 0 & 0 \end{bmatrix}, \quad \begin{bmatrix} 1 & 0 & 0 & \frac{17}{4} \\ 0 & 1 & 0 & \frac{13}{4} \\ 0 & 0 & 1 & \frac{3}{4} \\ 0 & 0 & 0 & 0 \\ 0 & 0 & 0 & 0 \end{bmatrix}$$

이므로, $\mathrm{rank}(A) = \mathrm{rank}(A^T) = 3$으로 주어진다. ■

주어진 선형연립방정식의 계수행렬과 첨가행렬의 행사다리꼴을 구하면 해의 존재성 여부를 판단할 수 있다. 또한 해가 존재할 경우에 오직 1개의 해만 존재하는지, 무수히 많은 해가 존재하는지 알 수 있다.

정리 6

n개의 미지수를 갖고, m개의 선형방정식으로 이루어진 선형연립방정식

$$\begin{cases} a_{11}x_1 + a_{12}x_2 + \cdots + a_{1n}x_n = b_1 \\ a_{21}x_1 + a_{22}x_2 + \cdots + a_{2n}x_n = b_2 \\ \qquad \vdots \\ a_{m1}x_1 + a_{m2}x_2 + \cdots + a_{mn}x_n = b_n \end{cases}$$

의 계수행렬을 A라 하고, 선형연립방정식의 첨가행렬을 B라 할 때 선형연립방정식이 해를 가질 필요충분조건은

$$\mathrm{rank}(A) = \mathrm{rank}(B)$$

이다. 이때

(1) $\mathrm{rank}(A) = \mathrm{rank}(B) = n$이면, 해는 유일하게 존재한다.

(2) $\mathrm{rank}(A) = \mathrm{rank}(B) < n$이면, 무수히 많은 해가 존재한다.

정리 6으로부터 선형연립방정식의 계수행렬 A의 계급 $\mathrm{rank}(A)$와 첨가행렬 B의 계급

rank(B)가 같지 않을 때, 즉 rank$(A) <$ rank(B)이면 해는 존재하지 않음을 알 수 있다.

참고

동차선형연립방정식은 자명해를 가진다. 특히 방정식의 수가 미지수의 수보다 적은 동차선형연립방정식은 무수히 많은 해를 가진다.

예 9

선형연립방정식

$$\begin{cases} x + \ \ y + 2z = 9 \\ 2x + 4y - 3z = 1 \\ 3x + 6y - 5z = 0 \end{cases}$$

은 유일한 해를 갖는다. 왜냐하면 계수행렬 $A = \begin{bmatrix} 1 & 1 & 2 \\ 2 & 4 & -3 \\ 3 & 6 & -5 \end{bmatrix}$와 첨가행렬 $B = \begin{bmatrix} 1 & 1 & 2 & : & 9 \\ 2 & 4 & -3 & : & 1 \\ 3 & 6 & -5 & : & 0 \end{bmatrix}$의 행사다리꼴로부터

$$\text{rank}(A) = \text{rank}(B) = 3$$

이기 때문이다. ■

예 10

다음 선형연립방정식

$$\begin{cases} x_1 + 2x_2 - 2x_3 + 3x_4 - \ 4x_5 = -3 \\ 2x_1 + 4x_2 - 5x_3 + 6x_4 - \ 5x_5 = -1 \\ -x_1 - 2x_2 \qquad\quad - 3x_4 + 11x_5 = \ 15 \end{cases}$$

의 계수행렬 A와 첨가행렬의 B의 행사다리꼴이 각각

$$A = \begin{bmatrix} 1 & 2 & -2 & 3 & -4 \\ 0 & 0 & 1 & 0 & -3 \\ 0 & 0 & 0 & 0 & 1 \end{bmatrix}, \ B = \begin{bmatrix} 1 & 2 & -2 & 3 & -4 & : & -3 \\ 0 & 0 & 1 & 0 & -3 & : & -5 \\ 0 & 0 & 0 & 0 & 1 & : & 2 \end{bmatrix}$$

로 주어진다. 이때

$$\text{rank}(A) = \text{rank}(B) = 3 < 5$$

이므로, 주어진 선형연립방정식은 무수히 많은 해를 갖는다. ■

예 11

미지수가 3개인 선형연립방정식

$$\begin{cases} x + \ \ 4y + 2z = 1 \\ 2x + \ \ 5y + \ \ z = 5 \\ 4x + 10y - \ \ z = 1 \end{cases}$$

은 유일한 해를 갖는다. 왜냐하면 계수행렬

$$A = \begin{bmatrix} 1 & 4 & 2 \\ 2 & 5 & 1 \\ 4 & 10 & -1 \end{bmatrix}$$

과 첨가행렬

$$B = \begin{bmatrix} 1 & 4 & 2 & : & 1 \\ 2 & 5 & 1 & : & 5 \\ 4 & 10 & -1 & : & 1 \end{bmatrix}$$

의 행사다리꼴로부터

$$\text{rank}(A) - \text{rank}(B) = 3$$

이기 때문에 유일한 해를 갖는다. 이제 가우스 소거법을 이용하여 해를 구해보자.

1행에 -2배하여 2행에 더하고, 1행에 -4배하여 3행에 더한다.

$$\begin{bmatrix} 1 & 4 & 2 & : & 1 \\ 0 & -3 & -3 & : & 3 \\ 0 & -6 & -9 & : & -3 \end{bmatrix}$$

2행에 $-\dfrac{1}{3}$배한다.

$$\begin{bmatrix} 1 & 4 & 2 & : & 1 \\ 0 & 1 & 1 & : & -1 \\ 0 & -6 & -9 & : & -3 \end{bmatrix}$$

2행에 6배하여 3행에 더한다.

$$\begin{bmatrix} 1 & 4 & 2 & : & 1 \\ 0 & 1 & 1 & : & -1 \\ 0 & 0 & -3 & : & -9 \end{bmatrix}$$

3행에 $-\dfrac{1}{3}$배한다.

$$\begin{bmatrix} 1 & 4 & 2 & : & 1 \\ 0 & 1 & 1 & : & -1 \\ 0 & 0 & 1 & : & 3 \end{bmatrix}$$

을 얻고, 이것이 행사다리꼴이다. 이 행렬을 방정식의 형태로 고치면

$$\begin{cases} x & = 11 \\ \quad y & = -4 \\ \qquad z & = 3 \end{cases}$$

이 된다. 따라서 구하는 해는 $x=11,\ y=-4,\ z=3$이다. ■

5. 행렬인수분해

행렬 A의 인수분해는 A를 2개 이상의 행렬의 곱으로 표현하는 것을 말한다. 여기서는 주어진 행렬의 행사다리꼴을 구하는 과정에서 시작하여 행렬을 하삼각행렬과 상삼각행렬의 곱으로 나타내는 방법을 이해하고, 이 방법을 연립방방정식의 해를 구하는데 이용한다.

(1) LU-인수분해

n차 정사각행렬 A의 행사다리꼴은 상삼각행렬이다. 이때 A의 행사다리꼴(상삼각행렬) U는 A에 n차의 기본행렬(치환행렬, 대각행렬, 하삼각행렬)들을 곱하여 얻어진다. 즉

$$E_k E_{k-1} \cdots E_1 A = U \text{이면, } A = (E_k E_{k-1} \cdots E_1)^{-1} U$$

이다. 이때 일반성을 잃지 않고, A는 n차 하삼각행렬 L과 n차 상삼각행렬 U의 곱 $A=LU$로 쓸 수 있다. 즉 A가 행사다리꼴로 행감소될 수 있는 n차 정사각행렬이라 하면, A는 $A=LU$ 형태로 변형할 수 있다.

예 12

4차 정사각행렬 $A=\begin{bmatrix} 3 & -7 & -2 & 2 \\ -3 & 5 & 1 & 0 \\ 6 & -4 & 0 & -5 \\ -9 & 5 & -5 & 12 \end{bmatrix}$에 대하여, $A=LU$를 만족하는 하삼각행렬 L과 상삼각행렬 U는 각각

$$L=\begin{bmatrix} 1 & 0 & 0 & 0 \\ -1 & 1 & 0 & 0 \\ 2 & -5 & 1 & 0 \\ -3 & 8 & 3 & 1 \end{bmatrix},\quad U=\begin{bmatrix} 3 & -7 & -2 & 2 \\ 0 & -2 & -1 & 2 \\ 0 & 0 & -1 & 1 \\ 0 & 0 & 0 & -1 \end{bmatrix}$$

로 주어진다. ■

정의 7 LU-**인수분해**

주어진 n차 정사각행렬 A를 하삼각행렬 L과 상삼각행렬 U의 곱

$$A = LU$$

로 표현하는 것을 LU-**인수분해**라고 한다.

예 13

3차 정사각행렬 $A = \begin{bmatrix} 2 & 1 & 1 \\ 4 & 1 & 0 \\ -2 & 2 & 1 \end{bmatrix}$은

$$A = \begin{bmatrix} 2 & 1 & 1 \\ 4 & 1 & 0 \\ -2 & 2 & 1 \end{bmatrix} = \begin{bmatrix} 1 & 0 & 0 \\ 2 & 1 & 0 \\ -1 & -3 & 1 \end{bmatrix} \begin{bmatrix} 2 & 1 & 1 \\ 0 & -1 & -2 \\ 0 & 0 & -4 \end{bmatrix} = LU$$

로 LU-인수분해한다. ■

예제 10

다음 3차 정사각행렬

$$A = \begin{bmatrix} 1 & -1 & 0 \\ -1 & 2 & -1 \\ 0 & -1 & 2 \end{bmatrix}$$

의 LU-인수분해를 구하시오.

풀이 행렬 A의 가우스 소거법에 대응하는 기본행렬은

$$E_1 = \begin{bmatrix} 1 & 0 & 0 \\ 1 & 1 & 0 \\ 0 & 0 & 1 \end{bmatrix},\ E_2 = \begin{bmatrix} 1 & 0 & 0 \\ 1 & 1 & 0 \\ 0 & 1 & 1 \end{bmatrix}$$

이므로

$$E_2 E_1 A = \begin{bmatrix} 1 & 0 & 0 \\ 1 & 1 & 0 \\ 0 & 1 & 1 \end{bmatrix} \begin{bmatrix} 1 & 0 & 0 \\ 1 & 1 & 0 \\ 0 & 0 & 1 \end{bmatrix} \begin{bmatrix} 1 & -1 & 0 \\ -1 & 2 & -1 \\ 0 & -1 & 2 \end{bmatrix}$$

$$= \begin{bmatrix} 1 & 0 & 0 \\ 1 & 1 & 0 \\ 0 & 1 & 1 \end{bmatrix} \begin{bmatrix} 1 & -1 & 0 \\ 0 & 1 & -1 \\ 0 & -1 & 2 \end{bmatrix} = \begin{bmatrix} 1 & -1 & 0 \\ 0 & 1 & -1 \\ 0 & 0 & 1 \end{bmatrix} = U$$

를 얻는다. 이때

$$E_1^{-1} = \begin{bmatrix} 1 & 0 & 0 \\ -1 & 1 & 0 \\ 0 & 0 & 1 \end{bmatrix}, \ E_2^{-1} = \begin{bmatrix} 1 & 0 & 0 \\ 1 & 1 & 0 \\ 0 & -1 & 1 \end{bmatrix}$$

이므로

$$L = E_1^{-1} E_2^{-1} = \begin{bmatrix} 1 & 0 & 0 \\ -1 & 1 & 0 \\ 0 & 0 & 1 \end{bmatrix} \begin{bmatrix} 1 & 0 & 0 \\ 1 & 1 & 0 \\ 0 & -1 & 1 \end{bmatrix} = \begin{bmatrix} 1 & 0 & 0 \\ -1 & 1 & 0 \\ 0 & -1 & 1 \end{bmatrix}$$

이다. 따라서 행렬 A의 LU-인수분해는

$$A = \begin{bmatrix} 1 & -1 & 0 \\ -1 & 2 & -1 \\ 0 & -1 & 2 \end{bmatrix} = \begin{bmatrix} 1 & 0 & 0 \\ -1 & 1 & 0 \\ 0 & -1 & 1 \end{bmatrix} \begin{bmatrix} 1 & -1 & 0 \\ 0 & 1 & -1 \\ 0 & 0 & 1 \end{bmatrix}$$

로 주어진다. ■

참고

LU-인수분해는 모두 같은 계수행렬을 갖는 연립방정식

$$A\mathbf{x} = \mathbf{b}_1, \ A\mathbf{x} = \mathbf{b}_2, \ \cdots, \ A\mathbf{x} = \mathbf{b}_p$$

의 해를 구하는 문제에 의해 동기가 주어졌다. A가 가역이면, A^{-1}를 구할 수 있으므로

$$A\mathbf{x} = \mathbf{b}_1, \ A\mathbf{x} = \mathbf{b}_2, \ \cdots, \ A\mathbf{x} = \mathbf{b}_p$$

도 계산할 수 있다. 그러나 $A\mathbf{x} = \mathbf{b}_1$의 해는 행감소로 구할 수 있고, A의 LU-인수분해도 동시에 얻어진다. 이때

$$A\mathbf{x} = \mathbf{b}_2, \ \cdots, \ A\mathbf{x} = \mathbf{b}_p$$

의 해는 LU-인수분해로부터 구할 수 있다.

$A = LU$ 일 때 $A\mathbf{x} = \mathbf{b}$는 $L(U\mathbf{x}) = \mathbf{b}$로 쓸 수 있다. $U\mathbf{x}$ 대신에 $\mathbf{y}$를 사용하면 두 방정식

$$L\mathbf{y} = \mathbf{b}, \quad U\mathbf{x} = \mathbf{y}$$

를 풀어 $\mathbf{x}$를 구할 수 있다. 이때 먼저 $L\mathbf{y} = \mathbf{b}$를 풀어 $\mathbf{y}$를 구하고(**전진대입법**; forward substitution), 다음에 $U\mathbf{x} = \mathbf{y}$를 풀어 $\mathbf{x}$를 구한다(**후진대입법**; backward substitution).

예 14

$$A\mathbf{x} = \begin{bmatrix} 2 & 1 & 1 \\ 4 & 1 & 0 \\ -2 & 2 & 1 \end{bmatrix}\begin{bmatrix} x_1 \\ x_2 \\ x_3 \end{bmatrix} = \begin{bmatrix} 1 \\ -2 \\ 7 \end{bmatrix} = \mathbf{b}$$ 의 해 $\mathbf{x}$를 LU-인수분해

$$A = LU = \begin{bmatrix} 1 & 0 & 0 \\ 2 & 1 & 0 \\ -1 & -3 & 1 \end{bmatrix}\begin{bmatrix} 2 & 1 & 1 \\ 0 & -1 & -2 \\ 0 & 0 & -4 \end{bmatrix}$$

를 이용하여 구해보자. 먼저 $L\mathbf{y} = \mathbf{b}$, 즉

$$\begin{cases} y_1 \qquad\qquad\quad = \ \ 1 \\ 2y_1 + y_2 \qquad = -2 \\ -y_1 - 3y_2 + y_3 = \ \ 7 \end{cases}$$

로부터 $\mathbf{y} = \begin{bmatrix} y_1 \\ y_2 \\ y_3 \end{bmatrix} = \begin{bmatrix} 1 \\ -4 \\ -4 \end{bmatrix}$가 된다. 이것을 이용하여 $U\mathbf{x} = \mathbf{y}$, 즉

$$\begin{cases} 2x_1 + x_2 + x_3 = \ \ 1 \\ \quad\ \ -x_2 - 2x_3 = -4 \\ \qquad\qquad -4x_3 = -4 \end{cases}$$

를 풀면, $A\mathbf{x} = \mathbf{b}$의 해는 $\mathbf{x} = \begin{bmatrix} x_1 \\ x_2 \\ x_3 \end{bmatrix} = \begin{bmatrix} -1 \\ 2 \\ 1 \end{bmatrix}$로 주어진다. ■

예제 11

$A = \begin{bmatrix} 1 & -1 & 0 \\ -1 & 2 & -1 \\ 0 & -1 & 2 \end{bmatrix}$와 $\mathbf{b} = \begin{bmatrix} 1 \\ 1 \\ 1 \end{bmatrix}$에 대하여, $A\mathbf{x} = \mathbf{b}$의 해 $\mathbf{x} = \begin{bmatrix} x_1 \\ x_2 \\ x_3 \end{bmatrix}$를 LU-인수분해를 이용하여 구하시오.

풀이 3차 정사각행렬 A의 LU-인수분해는

$$A = \begin{bmatrix} 1 & -1 & 0 \\ -1 & 2 & -1 \\ 0 & -1 & 2 \end{bmatrix} = \begin{bmatrix} 1 & 0 & 0 \\ -1 & 1 & 0 \\ 0 & -1 & 1 \end{bmatrix}\begin{bmatrix} 1 & -1 & 0 \\ 0 & 1 & -1 \\ 0 & 0 & 1 \end{bmatrix}$$

로 주어진다. 먼저 $L\mathbf{y} = \mathbf{b}$, 즉

$$\begin{cases} y_1 \qquad\quad\ = 1 \\ -y_1 + y_2 \quad = 1 \\ \quad\ -y_2 + y_3 = 1 \end{cases}$$

을 전진대입법으로 구하면 $\mathbf{y} = \begin{bmatrix} y_1 \\ y_2 \\ y_3 \end{bmatrix} = \begin{bmatrix} 1 \\ 2 \\ 3 \end{bmatrix}$ 이 된다. 이것을 이용하여 $U\mathbf{x} = \mathbf{y}$, 즉

$$\begin{cases} x_1 - x_2 \qquad = 1 \\ \qquad x_2 - x_3 = 2 \\ \qquad\qquad x_3 = 3 \end{cases}$$

을 후진대입법으로 풀면, $A\mathbf{x} = \mathbf{b}$의 해는 $\mathbf{x} = \begin{bmatrix} x_1 \\ x_2 \\ x_3 \end{bmatrix} = \begin{bmatrix} 6 \\ 5 \\ 3 \end{bmatrix}$ 으로 주어진다. ■

(2) LU - 인수분해 알고리즘

다음 알고리즘은 사다리꼴 U 로의 A의 행감소는 추가적인 작업 없이 L 을 만듦으로 LU - 인수분해와 같다는 것을 보여준다.

참고

(LU - 인수분해에 대한 알고리즘)

단계 1 : 가능하다면 일련의 행 교체로 A를 사다리꼴 U 로 감소시킨다.

단계 2 : 똑같은 일련의 행 교체로 L 을 I 로 감소시키는 원소를 L 에 놓는다.

단계 1이 항상 가능하지는 않지만 그것이 가능할 때 위의 논증은 LU - 인수분해가 존재함을 보여준다. 이제 다음 예제를 통하여 LU - 인수분해에 대한 알고리즘이 어떻게 실행되는지 살펴본다.

예제 12

3차 정사각행렬 $A = \begin{bmatrix} 2 & 1 & 1 \\ 4 & 5 & 2 \\ 2 & -2 & 2 \end{bmatrix}$ 에 대하여, A의 LU - 인수분해를 구하시오.

풀이 가우스 소거법을 적용하여

1행에 -2배하여 2행에 더하고, 1행에 -1배하여 3행에 더한다.

$$\begin{bmatrix} 2 & 1 & 1 \\ 0 & 3 & 0 \\ 0 & -3 & 1 \end{bmatrix}$$

2행에 1배하여 3행에 더하여 상삼각행렬 U 를 만든다.

$$U = \begin{bmatrix} 2 & 1 & 1 \\ 0 & 3 & 0 \\ 0 & 0 & 1 \end{bmatrix}$$

이때 대응하는 하삼각행렬은

$$L = \begin{bmatrix} 1 & 0 & 0 \\ 2 & 1 & 0 \\ 1 & -1 & 1 \end{bmatrix}$$

이다. 따라서 3차 정사각행렬 A의 LU-인수분해는

$$A = \begin{bmatrix} 2 & 1 & 1 \\ 4 & 5 & 2 \\ 2 & -2 & 2 \end{bmatrix} = \begin{bmatrix} 1 & 0 & 0 \\ 2 & 1 & 0 \\ 1 & -1 & 1 \end{bmatrix} \begin{bmatrix} 2 & 1 & 1 \\ 0 & 3 & 0 \\ 0 & 0 & 1 \end{bmatrix} = LU$$

로 주어진다. ■

연습문제 3.2 Exercises

1. 가우스 소거법을 이용하여, 다음 선형연립방정식

$$\begin{cases} 2x + 4y + 6z = 18 \\ 2x - y + z = 8 \\ 3x - z = 3 \end{cases}$$

의 해를 구하시오.

2. 가우스-조르당 소거법을 이용하여, 다음 동차선형연립방정식의 해를 구하시오.

(1) $\begin{cases} x_1 + 3x_2 - 2x_3 + 2x_5 = 0 \\ 2x_1 + 6x_2 - 5x_3 - 2x_4 + 4x_5 - 3x_6 = 0 \\ 5x_3 + 10x_4 + 15x_6 = 0 \\ 2x_1 + 6x_2 + 8x_4 + 4x_5 + 18x_6 = 0 \end{cases}$

(2) $\begin{cases} -2x_3 + 7x_5 = 12 \\ 2x_1 + 4x_2 - 10x_3 + 6x_4 + 12x_5 = 28 \\ 2x_1 + 4x_2 - 5x_3 + 6x_4 - 5x_5 = -1 \end{cases}$

3. n개의 미지수를 갖는 m개의 방정식으로 이루어진 동차선형연립방정식은 미지수의 개수가 방정식의 개수보다 많으면, 즉 $m < n$이면 자명하지 않은 해를 가짐을 보이시오.

4. 다음 연립방정식의 첨가행렬을 구하고, 행감소를 실행하여 해를 구하시오.

$$\begin{cases} x_1 - 2x_2 - x_3 + 3x_4 = 0 \\ -2x_1 + 4x_2 + 5x_3 - 5x_4 = 3 \\ 3x_1 - 6x_2 - 6x_3 + 8x_4 = 2 \end{cases}$$

5. x_1, x_2, x_3를 미지수로 갖는 연립방정식의 첨가행렬이 다음과 같이 축약되었을 때, 선형연립방정식의 해를 구하시오.

(1) $\begin{bmatrix} 1 & -3 & -5 & : & 0 \\ 0 & 1 & 1 & : & 3 \end{bmatrix}$ (2) $\begin{bmatrix} 2 & -1 & 3 & : & 0 \\ 0 & 0 & 2 & : & 4 \\ 0 & 5 & 1 & : & 17 \end{bmatrix}$

6. 다음 각 행렬의 rank를 구하시오.

(1) $\begin{bmatrix} 1 & 1 & 1 & -3 \\ 3 & -2 & -17 & 16 \\ 3 & 2 & -1 & -4 \end{bmatrix}$ (2) $\begin{bmatrix} 1 & 2 & -1 & -3 & 0 & 6 \\ 0 & 0 & 0 & 0 & 2 & 4 \\ 0 & 0 & 0 & 0 & 0 & 9 \end{bmatrix}$

(3) $\begin{bmatrix} 1 & -1 & 2 & -1 \\ -1 & 0 & -1 & 2 \\ 2 & -4 & 6 & 0 \\ 3 & 3 & 0 & -1 \\ 0 & -1 & 1 & 1 \end{bmatrix}$ (4) $\begin{bmatrix} 1 & -3 & 2 & 1 & 2 \\ 3 & -9 & 10 & 2 & 9 \\ 2 & -6 & 4 & 2 & 4 \\ 2 & -6 & 8 & 1 & 7 \end{bmatrix}$

7. 다음 선형연립방정식

$$\begin{cases} 2x + y + 7z = b_1 \\ 6x - 2y + 11z = b_2 \\ 2x - y + 3z = b_3 \end{cases}$$

가 해를 갖지 않을 b_i들의 조건을 구하시오.

8. 3차 정사각행렬 $A = \begin{bmatrix} 1 & 4 & 5 \\ 4 & 18 & 26 \\ 3 & 16 & 30 \end{bmatrix}$에 대하여, $A = LU$를 만족하는 하삼각행렬 L과 상삼각행렬 U를 구하시오.

9. 다음 3차 정사각행렬

$$A = \begin{bmatrix} 2 & 6 & 2 \\ -3 & -8 & 0 \\ 4 & 9 & 2 \end{bmatrix}$$

에 대하여, A의 LU-인수분해를 구하시오.

10. $A\mathbf{x} = \begin{bmatrix} 3 & -7 & -2 & 2 \\ -3 & 5 & 1 & 0 \\ 6 & -4 & 0 & -5 \\ -9 & 5 & -5 & 12 \end{bmatrix} \begin{bmatrix} x_1 \\ x_2 \\ x_3 \\ x_4 \end{bmatrix} = \begin{bmatrix} -9 \\ 5 \\ 7 \\ 11 \end{bmatrix} = \mathbf{b}$의 해를 LU - 인수분해

$$A = \begin{bmatrix} 3 & -7 & -2 & 2 \\ -3 & 5 & 1 & 0 \\ 6 & -4 & 0 & -5 \\ -9 & 5 & -5 & 12 \end{bmatrix} = \begin{bmatrix} 1 & 0 & 0 & 0 \\ -1 & 1 & 0 & 0 \\ 2 & -5 & 1 & 0 \\ -3 & 8 & 3 & 1 \end{bmatrix} \begin{bmatrix} 3 & -7 & -2 & 2 \\ 0 & -2 & -1 & 2 \\ 0 & 0 & -1 & 1 \\ 0 & 0 & 0 & -1 \end{bmatrix} = LU$$

를 이용하여 구하시오.

3.3 가역행렬과 선형연립방정식

n개의 미지수를 갖고, n개의 선형방정식으로 이루어진 선형연립방정식은 행렬방정식 $A\mathbf{x}=\mathbf{b}$ 형태로 표기된다. 이때 계수행렬 A가 가역이면, $A\mathbf{x}=\mathbf{b}$는 유일한 해

$$\mathbf{x}=A^{-1}\mathbf{b}$$

를 갖는다. 이것의 역 또한 사실이다.

이 절에서는 행렬의 가역성과 선형연립방정식의 해 사이의 관계를 알아본다.

n개의 미지수를 갖고, n개의 선형방정식으로 이루어진 선형연립방정식

$$\begin{cases} a_{11}x_1 + a_{12}x_2 + \cdots + a_{1n}x_n = b_1 \\ a_{21}x_1 + a_{22}x_2 + \cdots + a_{2n}x_n = b_2 \\ \qquad\vdots \\ a_{n1}x_1 + a_{n2}x_2 + \cdots + a_{nn}x_n = b_n \end{cases}$$

에서

$$A=\begin{bmatrix} a_{11} & a_{12} & \cdots & a_{1n} \\ a_{21} & a_{22} & \cdots & a_{2n} \\ \vdots & \vdots & \vdots & \vdots \\ a_{n1} & a_{n2} & \cdots & a_{nn} \end{bmatrix},\ \mathbf{x}=\begin{bmatrix} x_1 \\ x_2 \\ \vdots \\ x_n \end{bmatrix},\ \mathbf{b}=\begin{bmatrix} b_1 \\ b_2 \\ \vdots \\ b_n \end{bmatrix}$$

이라 하면, 위의 선형연립방정식은 행렬방정식 $A\mathbf{x}=\mathbf{b}$로 표시된다. 여기에서 계수행렬 A가 가역일 때 해가 어떻게 구해지는지 살펴본다.

정리 1 해의 유일성

선형연립방정식 $A\mathbf{x}=\mathbf{b}$에서 계수행렬 A가 가역이면 $A\mathbf{x}=\mathbf{b}$는 오직 하나의 해, 즉 $\mathbf{x}=A^{-1}\mathbf{b}$를 갖는다.

증명 A가 가역행렬이므로, A^{-1}가 존재한다. 선형연립방정식 $A\mathbf{x}=\mathbf{b}$의 양변에 A^{-1}를 곱하면

$$A^{-1}(A\mathbf{x})=A^{-1}\mathbf{b}$$

이므로

$$(A^{-1}A)\mathbf{x}=A^{-1}\mathbf{b},\ 즉\ \mathbf{x}=A^{-1}\mathbf{b}$$

를 얻는다. 따라서 $\mathbf{x}=A^{-1}\mathbf{b}$는 연립방정식 $A\mathbf{x}=\mathbf{b}$의 해이다. 해의 유일성을 증명

하기 위해서 $\mathbf{x}_0$를 $A\mathbf{x}=\mathbf{b}$의 또 다른 해라면 $A\mathbf{x}_0=\mathbf{b}$가 된다. A^{-1}를 $A\mathbf{x}_0=\mathbf{b}$의 양변에 왼쪽으로 곱하면

$$A^{-1}A\mathbf{x}_0=A^{-1}\mathbf{b}$$

이며, $\mathbf{x}_0=A^{-1}\mathbf{b}$가 된다. 즉 $\mathbf{x}_0$가 $A^{-1}\mathbf{b}$와 같아진다. 따라서 해 $\mathbf{x}=A^{-1}\mathbf{b}$는 유일하다. ■

예제 1

3차 정사각행렬 $\begin{bmatrix} 3 & 2 & -4 \\ -1 & 0 & 1 \\ 0 & -1 & 1 \end{bmatrix}$이 행렬 $\begin{bmatrix} 1 & 2 & 2 \\ 1 & 3 & 1 \\ 1 & 3 & 2 \end{bmatrix}$의 역행렬임을 이용하여 다음 연립방정식의 해를 구하시오.

$$\begin{aligned} x+2y+2z&=3 \\ x+3y+\ \ z&=1 \\ x+3y+2z&=2 \end{aligned}$$

풀이 주어진 연립방정식은 행렬방정식 $A\mathbf{x}=\mathbf{b}$와 동치이다. 여기서

$$A=\begin{bmatrix} 1 & 2 & 2 \\ 1 & 3 & 1 \\ 1 & 3 & 2 \end{bmatrix},\ \mathbf{x}=\begin{bmatrix} x \\ y \\ z \end{bmatrix},\ \mathbf{b}=\begin{bmatrix} 3 \\ 1 \\ 2 \end{bmatrix}$$

이다 이때 3차 정사각행렬 $\begin{bmatrix} 3 & 2 & -4 \\ -1 & 0 & 1 \\ 0 & -1 & 1 \end{bmatrix}$은 A의 역행렬이므로, 주어진 연립방정식의 유일한 해는

$$\begin{bmatrix} x \\ y \\ z \end{bmatrix}=\begin{bmatrix} 3 & 2 & -4 \\ -1 & 0 & 1 \\ 0 & -1 & 1 \end{bmatrix}\begin{bmatrix} 3 \\ 1 \\ 2 \end{bmatrix}=\begin{bmatrix} 3 \\ -1 \\ 1 \end{bmatrix}$$

로 주어진다. ■

선형연립방정식의 해를 구하기 위해서는 역행렬을 이용할 필요가 있다. 이때 기본적인 다음 세 가지 문제

- 주어진 정사각행렬의 역행렬 존재여부
- 역행렬이 존재할 때 역행렬 구하는 방법
- 역행렬을 이용한 선형연립방정식의 해 구하기

가 제기된다.

예제 2

다음 선형연립방정식

$$\begin{cases} x_1 & = 1 \\ x_1 + 2x_2 & = 2 \\ \quad 2x_2 + 4x_3 & = 1 \\ x_1 + 2x_2 + 4x_3 + 8x_4 & = 4 \end{cases}$$

의 해를 구하시오.

풀이 $A = \begin{bmatrix} 1 & 0 & 0 & 0 \\ 1 & 2 & 0 & 0 \\ 0 & 2 & 4 & 0 \\ 1 & 2 & 4 & 8 \end{bmatrix}$, $\mathbf{x} = \begin{bmatrix} x_1 \\ x_2 \\ x_3 \\ x_4 \end{bmatrix}$, $\mathbf{b} = \begin{bmatrix} 1 \\ 2 \\ 1 \\ 4 \end{bmatrix}$라 놓으면, $A\mathbf{x} = \mathbf{b}$ 형태로 표현된다.

먼저 계수행렬 A의 역행렬을 구한다. 첨가행렬

$$[A : I_4] = \begin{bmatrix} 1 & 0 & 0 & 0 & : & 1 & 0 & 0 & 0 \\ 1 & 2 & 0 & 0 & : & 0 & 1 & 0 & 0 \\ 0 & 2 & 4 & 0 & : & 0 & 0 & 1 & 0 \\ 1 & 2 & 4 & 8 & : & 0 & 0 & 0 & 1 \end{bmatrix}$$

에 대하여, 기본행연산을 실행하면

$$\begin{bmatrix} 1 & 0 & 0 & 0 & : & 1 & 0 & 0 & 0 \\ 0 & 1 & 0 & 0 & : & -\frac{1}{2} & \frac{1}{2} & 0 & 0 \\ 0 & 0 & 1 & 0 & : & \frac{1}{4} & -\frac{1}{4} & \frac{1}{4} & 0 \\ 0 & 0 & 0 & 1 & : & -\frac{1}{8} & 0 & -\frac{1}{8} & \frac{1}{8} \end{bmatrix}$$

이므로, 역행렬 A^{-1}는

$$A^{-1} = \begin{bmatrix} 1 & 0 & 0 & 0 \\ -\frac{1}{2} & \frac{1}{2} & 0 & 0 \\ \frac{1}{4} & -\frac{1}{4} & \frac{1}{4} & 0 \\ -\frac{1}{8} & 0 & -\frac{1}{8} & \frac{1}{8} \end{bmatrix} = \frac{1}{8}\begin{bmatrix} 8 & 0 & 0 & 0 \\ -4 & 4 & 0 & 0 \\ 2 & -2 & 2 & 0 \\ -1 & 0 & -1 & 1 \end{bmatrix}$$

로 주어진다. 따라서 선형연립방정식의 해는

$$\mathbf{x} = A^{-1}\mathbf{b} = \frac{1}{8}\begin{bmatrix} 8 & 0 & 0 & 0 \\ -4 & 4 & 0 & 0 \\ 2 & -2 & 2 & 0 \\ -1 & 0 & -1 & 1 \end{bmatrix}\begin{bmatrix} 1 \\ 2 \\ 1 \\ 4 \end{bmatrix} = \begin{bmatrix} 1 \\ 1/2 \\ 0 \\ 1/4 \end{bmatrix}$$

즉 $x_1 = 1,\ x_2 = \dfrac{1}{2},\ x_3 = 0,\ x_4 = \dfrac{1}{4}$이다. ■

선형연립방정식 $A\mathbf{x} = \mathbf{b}$와 $A\mathbf{x} = \mathbf{0}$의 해집합은 일정한 관계를 가지고 있다. 이때 $A\mathbf{x} = \mathbf{0}$을 $A\mathbf{x} = \mathbf{b}$의 **수반동차선형연립방정식**(associated homogeneous linear equation)이라고 한다. 이들의 기하학적 관계를 알아보자.

예를 들어 선형연립방정식

$$\begin{bmatrix} 0 & 0 & -2 & 0 & 7 \\ 2 & 4 & -10 & 6 & 12 \\ 2 & 4 & -5 & 6 & -5 \end{bmatrix}\begin{bmatrix} x_1 \\ x_2 \\ x_3 \\ x_4 \\ x_5 \end{bmatrix} = \begin{bmatrix} 12 \\ 28 \\ -1 \end{bmatrix} \tag{1}$$

을 생각해 보자. 이때 선형연립방정식의 수반동차선형연립방정식은

$$\begin{bmatrix} 0 & 0 & -2 & 0 & 7 \\ 2 & 4 & -10 & 6 & 12 \\ 2 & 4 & -5 & 6 & -5 \end{bmatrix}\begin{bmatrix} x_1 \\ x_2 \\ x_3 \\ x_4 \\ x_5 \end{bmatrix} = \begin{bmatrix} 0 \\ 0 \\ 0 \end{bmatrix}$$

이 된다. 여기서 $r,\ s$를 이용하여 선형연립방정식 (1)의 해집합을 구하면

$$\begin{bmatrix} x_1 \\ x_2 \\ x_3 \\ x_4 \\ x_5 \end{bmatrix} = \begin{bmatrix} 7 \\ 0 \\ 1 \\ 0 \\ 2 \end{bmatrix} + r\begin{bmatrix} -2 \\ 1 \\ 0 \\ 0 \\ 0 \end{bmatrix} + s\begin{bmatrix} -3 \\ 0 \\ 0 \\ 0 \\ 0 \end{bmatrix} \tag{2}$$

이고, 수반동차선형연립방정식의 해집합은

$$\begin{bmatrix} x_1 \\ x_2 \\ x_3 \\ x_4 \\ x_5 \end{bmatrix} = r\begin{bmatrix} -2 \\ 1 \\ 0 \\ 0 \\ 0 \end{bmatrix} + s\begin{bmatrix} -3 \\ 0 \\ 0 \\ 0 \\ 0 \end{bmatrix} \tag{3}$$

으로 주어진다. 위에서 구한 선형연립방정식의 해 (2)와 수반동차선형연립방정식의 해 (3)을 기하학적으로 비교해보면 선형연립방정식의 해집합은 단순히 수반동차선형연립방정식의 해공간을 벡터

$$\mathbf{x}_0 = \begin{bmatrix} 7 \\ 0 \\ 1 \\ 0 \\ 2 \end{bmatrix}$$

만큼 평행이동한 것임을 알 수 있다. 이때 $\mathbf{x}_0$를 $A\mathbf{x} = \mathbf{b}$의 **특수해**(particular solution)라 하며, 이것은 (2)에 $r = s = 0$을 대입하여 구한 것이다.

연습문제 3.3 Exercises

1. 역행렬을 이용하여, 행렬방정식 $A\mathbf{x} = \mathbf{b}$의 해를 구하시오.

$$A = \begin{bmatrix} 3 & 2 & 1 \\ 1 & 6 & 3 \\ 2 & -4 & 0 \end{bmatrix}, \quad \mathbf{x} = \begin{bmatrix} x_1 \\ x_2 \\ x_3 \end{bmatrix}, \quad \mathbf{b} = \begin{bmatrix} 1 \\ 0 \\ 2 \end{bmatrix}$$

2. 역행렬을 이용하여, 다음 선형연립방정식

$$\begin{cases} x_1 + 2x_2 + 3x_3 = 2 \\ 2x_1 + 5x_2 + 3x_3 = 3 \\ x_1 \qquad\quad + 8x_3 = 4 \end{cases}$$

의 해를 구하시오.

3. 첨가행렬의 기본행연산을 이용하여, 다음 선형연립방정식

$$\begin{cases} x + 2y + 3z = 5 \\ 2x + 5y + 3z = 3 \\ x \qquad\ + 8z = 17 \end{cases}$$

의 해를 구하시오.

4. $\mathbf{x}_b$가 행렬방정식 $A\mathbf{x} = \mathbf{b}$의 한 해이면, $A\mathbf{x} = \mathbf{b}$의 해들은 $\mathbf{x}_b + \mathbf{x}_0$ 형태로 표현됨을 보이시오. 여기서 $\mathbf{x}_0$는 $A\mathbf{x} = \mathbf{0}$의 해이다.

5. 다음 명제들의 참, 거짓을 판정하시오.

(1) 두 행렬 A, B가 행동치일 때, A가 역행렬을 가질 필요충분조건은 B가 역행렬을 갖는 것이다.

(2) $A^2 = I$이고 $B^2 = I$를 만족하는 두 행렬 A, B에 대하여, $(AB)^{-1} = BA$가 성립한다.

(3) 두 행렬 A, B가 역행렬을 가지면, $A + B$도 역행렬을 갖는다.

(4) 기본행렬 E_1, E_2에 대하여, $E_1 E_2 = E_2 E_1$이 성립한다.

(5) A, B와 AB가 모두 대칭행렬이면, $AB = BA$가 성립한다.

(6) 상삼각행렬의 역행렬은 상삼각행렬이다.

(7) 대칭행렬 A가 역행렬을 가지면, A의 역행렬 A^{-1}도 대칭행렬이다.

제4장

행렬식

4.1 행렬식

행렬식에 대한 이론의 근원은 선형연립방정식의 해법을 연구하는 데서 비롯된다. **행렬식**이라는 용어는 행렬이 정의되기 50여 년 전인 1801년 독일의 수학자 가우스에 의해 처음 소개되었다. 그 후 현대적 의미에서의 행렬식이라는 용어를 1812년 프랑스 수학자 코시 (Cauchy)가 사용하기 시작하였고, 1815년 그의 논문을 통해 최초로 행렬식에 대한 체계적이고 현대적인 사용 방법이 발표되었다.

1. 행렬식

A가 정사각행렬일 때 **행렬식 함수** (determinant function)를 det로 표시하고, $\det(A)$ 또는 $|A|$를 A의 **행렬식** (determinant)이라 한다.

2차 정사각행렬 $A = \begin{bmatrix} a & b \\ c & d \end{bmatrix}$의 행렬식은

$$\begin{vmatrix} a & b \\ c & d \end{vmatrix} = ad - bc$$

로 정의한다. 또한 3차 정사각행렬 $A = \begin{bmatrix} a_{11} & a_{12} & a_{13} \\ a_{21} & a_{22} & a_{23} \\ a_{31} & a_{32} & a_{33} \end{bmatrix}$의 행렬식은

$$\begin{aligned} \det(A) &= \begin{vmatrix} a_{11} & a_{12} & a_{13} \\ a_{21} & a_{22} & a_{23} \\ a_{31} & a_{32} & a_{33} \end{vmatrix} \\ &= a_{11}a_{22}a_{33} + a_{12}a_{23}a_{31} + a_{13}a_{21}a_{32} - a_{13}a_{22}a_{31} - a_{12}a_{21}a_{33} - a_{11}a_{23}a_{32} \end{aligned}$$

로 정의한다. 이 방법을 **사루스 방법** (Sarrus' method)이라 한다. 그러나 4차 이상의 행렬식의 계산에는 사루스 방법을 적용할 수 없다.

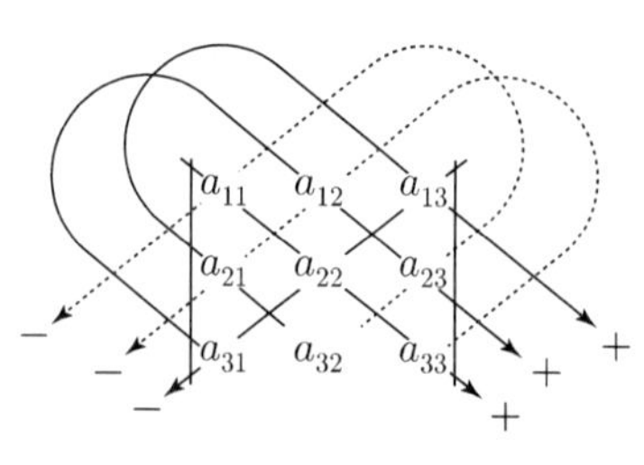

그림 4.1

예 1

3차 정사각행렬 $A=\begin{bmatrix} 1 & 2 & 3 \\ -4 & 5 & 6 \\ 7 & -8 & 9 \end{bmatrix}$에 대하여, 행렬식 $\det(A)$는

$$\begin{aligned}\det(A) &= \begin{vmatrix} 1 & 2 & 3 \\ -4 & 5 & 6 \\ 7 & -8 & 9 \end{vmatrix} \\ &= 1\cdot 5\cdot 9+2\cdot 6\cdot 7+3\cdot(-4)\cdot(-8) \\ &\quad -3\cdot 5\cdot 7-1\cdot 6\cdot(-8)-2\cdot(-4)\cdot 9=240\end{aligned}$$

으로 주어진다. ■

2. 행렬식의 정의

S가 n개의 자연수의 집합 $\{1, 2, \cdots, n\}$일 때, S에서 S로의 일대일 대응을 S의 **치환** (permutation)이라 하고, σ, γ, ρ, $\cdots$로 나타낸다. 일대일 대응

$$\sigma=\begin{pmatrix} 1 & 2 & \cdots & k & \cdots & n \\ i_1 & i_2 & \cdots & i_k & \cdots & i_n \end{pmatrix}$$

을 간단히 $(i_1, i_2, \cdots, i_n)$으로 표기한다. 이때

$$\sigma(1)=i_1, \cdots, \sigma(k)=i_k, \cdots, \sigma(n)=i_n$$

즉 '1은 i_1', $\cdots$, 'k는 i_k', $\cdots$, 'n은 i_n'으로 바꿔 놓은 것을 뜻한다. 그러므로 치환이란 1, 2, $\cdots$, n의 숫자를 순서를 고려하여 일렬로 배열하는 순열의 의미를 지닌다. 그래서 치환을 **순열**이라고 부르기도 한다. 특히 $E=(1, 2, \cdots, n)$을 **기본치환** (fundamental permutation), **항등치환** (identity permutation) 또는 **단위치환** (unit permutation)이라 한다.

n개의 자연수의 집합 $S=\{1, 2, \cdots, n\}$의 모든 치환의 집합을 S_n으로 나타낸다. 이때 S_n의 개수는 $n!$이다.

예 2

2개의 자연수의 집합 $\{1, 2\}$의 치환은 $(1, 2)$와 $(2, 1)$이므로

$$S_2=\{\sigma_1, \sigma_2\}=\{(1, 2), (2, 1)\}$$

이다. 한편 3개의 자연수의 집합 $\{1, 2, 3\}$의 치환은 $3!=6$개 있고, 열거하면

$$(1, 2, 3), (2, 3, 1), (3, 1, 2), (1, 3, 2), (2, 1, 3), (3, 2, 1)$$

이므로

$$S_3 = \{\sigma_1, \sigma_2, \sigma_3, \sigma_4, \sigma_5, \sigma_6\}$$
$$= \{(1, 2, 3), (2, 3, 1), (3, 1, 2), (1, 3, 2), (2, 1, 3), (3, 2, 1)\}$$

이다. ■

n개의 자연수의 집합 $S = \{1, 2, \cdots, n\}$의 임의의 치환 $(p_1, p_2, \cdots, p_n)$에서 임의의 두 숫자로 순서쌍 (p_i, p_j)를 만들 때, $p_i < p_j$(단, $i < j$)이면 p_i, p_j 사이에 **반전**(inversion, 전도)이 없다고 하고 $p_i > p_j$(단, $i < j$)이면 p_i, p_j 사이에 반전이 있다고 한다. 치환 $(p_1, p_2, \cdots, p_n)$에 나타난 반전의 개수를 **반전수**라 한다. 이때 치환의 모든 두 수에 대하여 반전수를 조사하여, 치환이 가진 반전의 총 개수가 짝수이면 **짝치환**(even permutation, 우치환), 홀수이면 **홀치환**(odd permutation, 기치환)이라고 한다.

n개의 자연수의 집합 $S = \{1, 2, \cdots, n\}$의 치환에서 짝치환과 우치환은 동수이고 $\frac{n!}{2}$개씩 있다.

예 3

S_3에서, $(1, 2, 3)$, $(2, 3, 1)$, $(3, 1, 2)$는 반전의 개수가 각각 0, 2, 2이므로 짝치환이고, $(3, 2, 1)$, $(2, 1, 3)$, $(1, 3, 2)$는 반전의 개수가 각각 3, 1, 1이므로 홀치환이다. ■

S_n의 각 치환에 대하여

$$\operatorname{sgn}(\sigma) = \begin{cases} 1, & \sigma \text{ 가 짝치환} \\ -1, & \sigma \text{ 가 홀치환} \end{cases}$$

로 정의된 $\operatorname{sgn} : S_n \to \{-1, 1\}$을 **부호화함수**(signature function), 간단히 **부호함수**라 한다. 이때 치환의 상 -1, 1을 치환의 **부호수**라 하고, $\operatorname{sgn}(\sigma)$를 σ의 **부호**(sign)라고 한다.

예 4

치환 σ 안의 임의의 두 수를 교환한 치환을 τ라 할 때

$$\operatorname{sgn}(\tau) = -\operatorname{sgn}(\sigma)$$

가 성립한다. ■

이제 순열의 부호수를 이용하여 2차와 3차 행렬식의 정의를 n차 행렬식으로 일반화한다.

정의 1 행렬식의 정의

행렬 $A=[a_{ij}]$가 n차 정사각행렬일 때, A의 행렬식

$$\det(A)=\begin{vmatrix} a_{11} & a_{12} & \cdots & a_{1n} \\ a_{21} & a_{22} & \cdots & a_{2n} \\ \vdots & \vdots & \vdots & \vdots \\ a_{n1} & a_{n2} & \cdots & a_{nn} \end{vmatrix}$$

을

$$\sum_{\sigma \in S_n} \operatorname{sgn}(\sigma) a_{1\sigma(1)} a_{2\sigma(2)} a_{3\sigma(3)} \cdots a_{n\sigma(n)}$$

으로 정의한다. 여기서 $\sum$는 $\{1, 2, \cdots, n\}$의 모든 치환을 대입하여 얻은 $n!$개의 합을 나타낸다. n차 정사각행렬에 대한 행렬식을 ***n*차 행렬식**이라 한다.

행렬식의 각 항

$$\operatorname{sgn}(\sigma) a_{1\sigma(1)} a_{2\sigma(2)} a_{3\sigma(3)} \cdots a_{n\sigma(n)}$$

은 행렬 A의 행과 열에서 중복됨 없이 하나씩 선택하여 곱한 후 대응되는 치환의 부호를 곱하여 얻는다.

예 5

2차 정사각행렬 $A=\begin{bmatrix} a_{11} & a_{12} \\ a_{21} & a_{22} \end{bmatrix}$의 행렬식 $\det(A)$를 구해보자.

$$S_2=\{\sigma_1, \sigma_2\}=\{(1, 2), (2, 1)\}$$

이고, $\operatorname{sgn}(\sigma_1)=1$, $\operatorname{sgn}(\sigma_2)=-1$이므로

$$\begin{aligned} \det(A) &= \sum_{\sigma \in S_2} \operatorname{sgn}(\sigma) a_{1\sigma(1)} a_{2\sigma(2)} \\ &= \operatorname{sgn}(\sigma_1) a_{1\sigma_1(1)} a_{2\sigma_1(2)} + \operatorname{sgn}(\sigma_2) a_{1\sigma_2(1)} a_{2\sigma_2(2)} \\ &= a_{11}a_{22} - a_{12}a_{21} \end{aligned}$$

으로 주어진다. ■

예 6

3차 정사각행렬 $A=\begin{bmatrix} a_{11} & a_{12} & a_{13} \\ a_{21} & a_{22} & a_{23} \\ a_{31} & a_{32} & a_{33} \end{bmatrix}$의 행렬식 $\det(A)$를 구해보자.

$$\begin{aligned} S_3 &= \{\sigma_1, \sigma_2, \sigma_3, \sigma_4, \sigma_5, \sigma_6\} \\ &= \{(1, 2, 3), (2, 3, 1), (3, 1, 2), (1, 3, 2), (2, 1, 3), (3, 2, 1)\} \end{aligned}$$

이고

$$\operatorname{sgn}(\sigma_1) = \operatorname{sgn}(\sigma_2) = \operatorname{sgn}(\sigma_3) = 1$$
$$\operatorname{sgn}(\sigma_4) = \operatorname{sgn}(\sigma_5) = \operatorname{sgn}(\sigma_6) = -1$$

이므로

$$\begin{aligned} \det(A) &= \sum_{\sigma \in S_3} \operatorname{sgn}(\sigma) a_{1\sigma(1)} a_{2\sigma(2)} a_{3\sigma(3)} \\ &= \operatorname{sgn}(\sigma_1) a_{1\sigma_1(1)} a_{2\sigma_1(2)} a_{3\sigma_1(3)} + \operatorname{sgn}(\sigma_2) a_{1\sigma_2(1)} a_{2\sigma_2(2)} a_{3\sigma_2(3)} \\ &\quad + \cdots + \operatorname{sgn}(\sigma_6) a_{1\sigma_6(1)} a_{2\sigma_6(2)} a_{3\sigma_6(3)} \\ &= a_{11}a_{22}a_{33} + a_{12}a_{23}a_{31} + a_{13}a_{21}a_{32} - a_{11}a_{23}a_{32} - a_{12}a_{21}a_{33} - a_{13}a_{22}a_{31} \end{aligned}$$

으로 주어진다. ■

정리 2

$A=[a_{ij}]$가 n차 삼각행렬일 때, A의 행렬식 $\det(A)$는 A의 주대각성분의 곱과 같다. 즉

$$\det(A) = a_{11} a_{22} \cdots a_{nn}$$

증명 0이 아닌 항은 오직 주대각선 성분을 곱한 항뿐이다. 또한 이때 대응되는 치환은 $\sigma=(1, 2, \cdots, n)$이므로, $\operatorname{sgn}(\sigma)=1$이다. 따라서 행렬식의 정의로부터

$$\det(A) = \operatorname{sgn}(\sigma) a_{11} \cdots a_{nn} = a_{11} a_{22} \cdots a_{nn}$$

을 얻는다. ■

예 7

$$\begin{vmatrix} a_{11} & 0 & 0 & 0 \\ a_{21} & a_{22} & 0 & 0 \\ a_{31} & a_{32} & a_{33} & 0 \\ a_{41} & a_{42} & a_{43} & a_{44} \end{vmatrix} = a_{11}a_{22}a_{33}a_{44}$$ ■

사루스 방법은 4차 이상의 행렬식에 대해서는 적용할 수 없다. 따라서 4차 이상의 행렬식은 정의에 의해 구할 수밖에 없다. 그런데 정의에 의하여 직접 행렬식을 구하는 것은 일반적으로 매우 번거로운 일이다. 그러므로 행렬식의 성질을 연구하고, 그 성질들을 이용하여 행렬식의 계산을 더욱 효율적으로 수행하는 방법이 필요하다.

3. 행렬식의 성질

다음에 열거하는 정리들은 행렬식을 계산하는데 매우 유용한 행렬식의 성질들이다.

정리 3

$A=[a_{ij}]$가 n차 정사각행렬일 때, A의 행렬식과 A의 전치행렬 A^T의 행렬식은 같다. 즉

$$\det(A)=\det(A^T)$$

가 성립한다.

증명 $A^T=[a_{ij}']=[a_{ji}]$라 하자. 그러면 행렬식의 정의에 의하여

$$\begin{aligned}\det(A^T) &= \sum_{\sigma \in S_n} \operatorname{sgn}(\sigma) a_{1\sigma(1)}' a_{2\sigma(2)}' \cdots a_{n\sigma(n)}' \\ &= \sum_{\sigma \in S_n} \operatorname{sgn}(\sigma) a_{\sigma(1)1} a_{\sigma(2)2} \cdots a_{\sigma(n)n}\end{aligned}$$

이고, $a_{\sigma(1)1}a_{\sigma(2)2}\cdots a_{\sigma(n)n}$을 재배열하여 $a_{1\tau(1)}a_{2\tau(2)}\cdots a_{n\tau(n)}$이 되었다고 하자. 이때 성분을 k번 바꾸었다고 하면 치환

$$\sigma=(\sigma(1),\ \cdots,\ \sigma(n))$$

은 두 수를 k번 바꾸어 치환 $\iota=(1,\ 2,\ \cdots,\ n)$이 되고, $\iota=(1,\ 2,\ \cdots,\ n)$은 두 수를 k번 바꾸어 치환 $\tau=(\tau(1),\ \tau(2),\ \cdots,\ \tau(n))$이 된다. 따라서

$$(-1)^k \operatorname{sgn}(\sigma) = \operatorname{sgn}(\iota) = 1$$

이고

$$\operatorname{sgn}(\tau) = (-1)^k = (-1)^k \cdot 1 = (-1)^k (-1)^k \operatorname{sgn}(\sigma) = \operatorname{sgn}(\sigma)$$

이다. 그러므로

$$\det(A^T) = \sum_{\tau \in S_n} \operatorname{sgn}(\tau) a_{1\tau(1)} a_{2\tau(2)} \cdots a_{n\tau(n)} = \det(A)$$

가 성립한다. ■

참고

정리 3은 행에 관한 행렬식의 성질이 열에 관해서도 모두 성립함을 의미한다. 즉 행렬식에서 '행'을 포함하는 행렬식에 관한 정리는 '행' 대신에 '열'로 대치되어도 성립한다.

정리 4

n차 정사각행렬 $A = [a_{ij}]$에 대하여, 행렬 B가 A의 두 행을 서로 교환하여 얻어진 행렬이면

$$\det(B) = -\det(A)$$

가 성립한다. 즉 두 행을 서로 교환하면 행렬식은 부호가 반대가 된다.

증명 $B = [b_{ij}]$가 $A = [a_{ij}]$의 r행과 s행을 바꾸어서 얻어진 행렬이라 하고 $r < s$라 하자. 그러면 $b_{rj} = a_{sj}$, $b_{sj} = a_{rj}$이고, $i \neq r$, $i \neq s$인 모든 ij 성분은 $b_{ij} = a_{ij}$이다. 따라서 행렬식의 정의에 의하여

$$\begin{aligned}
\det(B) &= \sum_{\sigma \in S_n} \operatorname{sgn}(\sigma) b_{1\sigma(1)} \cdots b_{r\sigma(r)} \cdots b_{s\sigma(s)} \cdots b_{n\sigma(n)} \\
&= \sum_{\sigma \in S_n} \operatorname{sgn}(\sigma) a_{1\sigma(1)} \cdots a_{s\sigma(r)} \cdots a_{r\sigma(s)} \cdots a_{n\sigma(n)} \\
&= \sum_{\sigma \in S_n} \operatorname{sgn}(\sigma) a_{1\sigma(1)} \cdots a_{r\sigma(s)} \cdots a_{s\sigma(r)} \cdots a_{n\sigma(n)}
\end{aligned}$$

이므로

$$\begin{aligned}
\det(B) &= -\sum_{\sigma \in S_n} \operatorname{sgn}(\sigma) a_{1\sigma(1)} \cdots a_{r\sigma(r)} \cdots a_{s\sigma(s)} \cdots a_{n\sigma(n)} \\
&= -\det(A)
\end{aligned}$$

가 성립한다. ■

예 8

2차 정사각행렬 $A = \begin{bmatrix} 4 & -3 \\ 3 & 1 \end{bmatrix}$, $B = \begin{bmatrix} 3 & 1 \\ 4 & -3 \end{bmatrix}$에 대하여

$$\begin{vmatrix} 4 & -3 \\ 3 & 1 \end{vmatrix} = 13, \quad \begin{vmatrix} 3 & 1 \\ 4 & -3 \end{vmatrix} = -13$$

이므로, $\det(B) = -\det(A)$가 된다. ■

정리 5

n차 정사각행렬 A의 두 행이 일치하면

$$\det(A) = 0$$

이 성립한다.

증명 A의 일치하는 두 행을 바꾸어서 얻은 행렬을 B라 하면 $A = B$이다. 그런데 정리 4에 의하여 $\det(B) = -\det(A)$이므로

$$\det(A) = \det(B) = -\det(A)$$

가 된다. 따라서 $\det(A) - 0$이 성립한다. ■

예 9

3차 정사각행렬 $A = \begin{bmatrix} 4 & 3 & 3 \\ -2 & 1 & 7 \\ 4 & 3 & 3 \end{bmatrix}$에 대하여, $\det(A) = 0$이 된다. ■

정리 6

$A = [a_{ij}]$가 n차 정사각행렬일 때, A의 한 행의 성분이 모두 0이면

$$\det(A) = 0$$

이 성립한다.

증명 A의 i행의 성분이 모두 0이라 하자. 행렬식의 정의에 의하여

$$\det(A)=\sum_{\sigma\in S_n}\operatorname{sgn}(\sigma)a_{1\sigma(1)}\cdots a_{i\sigma(i)}\cdots a_{n\sigma(n)}$$
$$=\sum_{\sigma\in S_n}\operatorname{sgn}(\sigma)a_{1\sigma(1)}\cdots 0\cdots a_{n\sigma(n)}=0$$

이 성립한다. ■

정리 7

$A=[a_{ij}]$가 n차 정사각행렬일 때, A의 한 행의 k배를 다른 행에 더하여 얻어진 행렬을 B라 하면

$$\det(B)=\det(A)$$

가 성립한다.

증명 $B=[b_{ij}]$가 $A=[a_{ij}]$의 r행을 k배하여 s행에 더한 행렬이라 하고 $r<s$라 하자. 그러면 $b_{sj}=a_{sj}+ka_{rj}$이고, $i\neq s$인 모든 ij 성분은 $b_{ij}=a_{ij}$이다. 행렬식의 정의에 의하여

$$\det(B)=\sum_{\sigma\in S_n}\operatorname{sgn}(\sigma)b_{1\sigma(1)}\cdots b_{r\sigma(r)}\cdots b_{s\sigma(s)}\cdots b_{n\sigma(n)}$$
$$=\sum_{\sigma\in S_n}\operatorname{sgn}(\sigma)a_{1\sigma(1)}\cdots a_{r\sigma(r)}\cdots(a_{s\sigma(s)}+ka_{r\sigma(s)})\cdots a_{n\sigma(n)}$$
$$=\sum_{\sigma\in S_n}\operatorname{sgn}(\sigma)a_{1\sigma(1)}\cdots a_{r\sigma(r)}\cdots a_{s\sigma(s)}\cdots a_{n\sigma(n)}$$
$$+k\sum_{\sigma\in S_n}\operatorname{sgn}(\sigma)a_{1\sigma(1)}\cdots a_{r\sigma(r)}\cdots a_{r\sigma(s)}\cdots a_{n\sigma(n)}$$

이다. 그런데

$$\sum_{\sigma\in S_n}\operatorname{sgn}(\sigma)a_{1\sigma(1)}\cdots a_{r\sigma(r)}\cdots a_{r\sigma(s)}\cdots a_{n\sigma(n)}$$

은 r행과 s행이 일치하는 행렬에 대한 행렬식이므로 0이 된다. 따라서

$$\det(B)=\sum_{\sigma\in S_n}\operatorname{sgn}(\sigma)a_{1\sigma(1)}\cdots a_{r\sigma(r)}\cdots a_{s\sigma(s)}\cdots a_{n\sigma(n)}$$
$$=\det(A)$$

가 성립한다. ■

행렬식은 모든 행에 대하여 선형성을 가진다.

정리 8

n차 정사각행렬 $A=[a_{ij}]$에 대하여, B가 A의 어떤 한 행을 k배하여 얻어진 행렬일 때 다음이 성립한다.

$$\det(B)=k\det(A)$$

증명 $B=[b_{ij}]$를 $A=[a_{ij}]$의 s행을 k배하여 얻어진 행렬이라 하자. 그러면 $b_{sj}=ka_{sj}$이고, $i\neq s$일 때는 $b_{ij}=a_{ij}$이다. 행렬식의 정의에 의하여

$$\begin{aligned}\det(B)&=\sum_{\sigma\in S_n}\operatorname{sgn}(\sigma)b_{1\sigma(1)}\cdots b_{s\sigma(s)}\cdots b_{n\sigma(n)}\\&=\sum_{\sigma\in S_n}\operatorname{sgn}(\sigma)a_{1\sigma(1)}\cdots(ka_{s\sigma(s)})\cdots a_{n\sigma(n)}\\&=k\sum_{\sigma\in S_n}\operatorname{sgn}(\sigma)a_{1\sigma(1)}\cdots a_{s\sigma(s)}\cdots a_{n\sigma(n)}\\&=k\det(A)\end{aligned}$$

가 성립한다. ■

n차 정사각행렬 A의 한 행이 다른 행의 상수배이면, $\det(A)=0$이다. 즉 정사각행렬에 있어서 2개의 행이 같거나 비례하면 그 행렬식은 0이 된다.

예 10

3차 정사각행렬 $A=\begin{bmatrix}3&1&0\\-2&-4&3\\5&4&-2\end{bmatrix}$에 대하여, $\det(A)=-1$이므로

$$\det(3A)=-27$$

로 주어진다. ■

정리 9

n차 정사각행렬 A, B, C가 어느 한 행, 즉 r행을 제외하고는 일치하고, A의 r행과 B의 r행과의 합이 C의 r행과 같다면

$$\det(C)=\det(A)+\det(B)$$

가 성립한다.

증명 $A=[a_{ij}]$, $B=[b_{ij}]$와 $C=[c_{ij}]$가 r행을 제외하고는 일치하고, A의 r행과 B의 r행과의 합이 C의 r행과 같다고 하자. 그러면 $c_{rj}=a_{rj}+b_{rj}$이고, $i \neq r$인 모든 ij 성분은 $c_{ij}=b_{ij}=a_{ij}$이다. 행렬식의 정의에 의하여

$$\begin{aligned}
\det(C) &= \sum_{\sigma \in S_n} \operatorname{sgn}(\sigma) c_{1\sigma(1)} \cdots c_{r\sigma(r)} \cdots c_{s\sigma(s)} \cdots c_{n\sigma(n)} \\
&= \sum_{\sigma \in S_n} \operatorname{sgn}(\sigma) c_{1\sigma(1)} \cdots (a_{r\sigma(r)} + b_{r\sigma(r)}) \cdots c_{s\sigma(s)} \cdots c_{n\sigma(n)} \\
&= \sum_{\sigma \in S_n} \operatorname{sgn}(\sigma) a_{1\sigma(1)} \cdots a_{r\sigma(r)} \cdots a_{s\sigma(s)} \cdots a_{n\sigma(n)} \\
&\quad + \sum_{\sigma \in S_n} \operatorname{sgn}(\sigma) b_{1\sigma(1)} \cdots b_{r\sigma(r)} \cdots b_{s\sigma(s)} \cdots b_{n\sigma(n)}
\end{aligned}$$

이다. 따라서

$$\det(C) = \det(A) + \det(B)$$

가 성립한다. ■

이제 행렬식의 성질들을 이용하여 행렬식을 쉽게 계산하는 방법을 생각한다. 기본적인 아이디어는 행렬식의 성질들을 이용하여 주어진 행렬식을 삼각행렬의 행렬식으로 변형시킨 후 대각선 성분을 곱하는 방법이다.

예 11

행렬식의 성질을 이용하여, $A=\begin{bmatrix} 0 & 1 & 5 \\ 1 & -2 & 3 \\ 2 & 6 & 1 \end{bmatrix}$일 때 $\det(A)$를 구해보자.

1행과 2행을 교환한다.

$$(-1)\begin{vmatrix} 1 & -2 & 3 \\ 0 & 1 & 5 \\ 2 & 6 & 1 \end{vmatrix}$$

1행에 -2배하여 3행에 더한다.

$$(-1)\begin{vmatrix} 1 & -2 & 3 \\ 0 & 1 & 5 \\ 0 & 10 & -5 \end{vmatrix}$$

2행에 -10배하여 3행에 더한다.

$$(-1)\begin{vmatrix} 1 & -2 & 3 \\ 0 & 1 & 5 \\ 0 & 0 & -55 \end{vmatrix}$$

3행의 공통인자 -55를 밖으로 끌어낸다.

$$(-1)(-55)\begin{vmatrix} 1 & -2 & 3 \\ 0 & 1 & 5 \\ 0 & 0 & 1 \end{vmatrix}$$

따라서 $\det(A) = (-1)\cdot(-55)\cdot 1 = 55$이다. ■

예제 1

행렬식의 성질을 이용하여, 3차 정사각행렬 $A = \begin{bmatrix} b+c & a & a \\ b & c+a & b \\ c & c & a+b \end{bmatrix}$에 대하여 $\det(A)$를 구하시오.

풀이 2행과 3행에 각각 1배하여 1행에 더한다.

$$\begin{bmatrix} 2(b+c) & 2(c+a) & 2(a+b) \\ b & c+a & b \\ c & c & a+b \end{bmatrix}$$

1행에서 공통인수 2를 밖으로 끌어낸다.

$$2\begin{bmatrix} b+c & c+a & a+b \\ b & c+a & b \\ c & c & a+b \end{bmatrix}$$

2행과 3행에 각각 -1배하여 1행에 더한다.

$$2\begin{bmatrix} 0 & -c & -b \\ b & c+a & b \\ c & c & a+b \end{bmatrix}$$

1행에 1배하여 2행과 3행에 각각 더한다.

$$2\begin{bmatrix} 0 & -c & -b \\ b & a & 0 \\ c & 0 & a \end{bmatrix}$$

따라서 $\det(A) = 2[-(-c)ba + (-b)(-ac)] = 4abc$가 된다. ■

4. 행렬식과 역행렬

정리 10

n차 정사각행렬 E가 기본행렬일 때, 임의의 n차 정사각행렬 A에 대하여 다음이 성립한다.

$$\det(EA) = \det(E)\det(A)$$

증명 세 가지 경우로 나누어 생각한다.

(1) E가 한 행에 상수배하여 다른 행에 더하여 얻어진 기본행렬인 경우

$$\det(EA) = \det(A)$$

이므로, $\det(EA) = \det(E)\det(A)$

(2) E가 한 행에 상수 k배하여 얻어진 기본행렬인 경우

$$\det(E) = k, \ \det(EA) = k\det(A)$$

이므로, $\det(EA) = \det(E)\det(A)$

(3) E가 두 행을 교환하여 얻어진 기본행렬인 경우

$$\det(E) = -1, \ \det(EA) = -\det(A)$$

이므로, $\det(EA) = \det(E)\det(A)$ ■

행렬의 행렬식으로부터 그 행렬의 가역 여부를 알 수 있다.

정리 11

n차 정사각행렬 A가 가역이기 위한 필요충분조건은

$$\det(A) \neq 0$$

이다.

증명 A가 가역행렬이고 $A = E_1 E_2 \cdots E_k$ (단, E_i는 기본행렬)라 하면

$$\det(A) = \det(E_1)\det(E_2)\cdots\det(E_k)$$

이므로, $\det(A) \neq 0$이 된다.

역으로 A가 비가역행렬이면, $\det(A) = 0$임을 보인다. A가 비가역행렬이면 A의 기약행사다리꼴 C는 단위행렬 I_n과 행동치가 아니므로, 성분이 모두 0인 행을 포함한다. 즉

$$\det(C) = 0, \ E_1 E_2 \cdots E_k A = C$$

이다. 따라서

$$\det(A) = [\det(E_1)\det(E_2)\cdots\det(E_k)]^{-1}\det(C) = 0$$

이 성립한다. ■

케일리는 1855년에 두 행렬의 곱을 정의하고, 두 행렬 A, B가 n차 정사각행렬일 때

$$\det(AB) = \det(A)\det(B)$$

가 성립한다는 사실을 증명하였다. 이후 선형대수학의 연구는 행렬 자체에 대한 연구, 선형변환으로서의 행렬연구, 행렬대수이론 등을 중심으로 재편되었다.

정리 12

임의의 n차 정사각행렬 A, B에 대하여

$$\det(AB) = \det(A)\det(B)$$

가 성립한다.

(증명) A의 기약행사다리꼴을 C라 하면, E_i가 기본행렬일 때

$$A = E_1 E_2 \cdots E_k C$$

로 쓸 수 있다.

만일 A가 기역행렬이면 $C = I_n$이므로, 정리 10에 의하여

$$\det(AB) = \det(E_1)\det(E_2)\cdots\det(E_k)\det(B) = \det(A)\det(B)$$

가 된다.

만일 A가 비가역행렬이면 $\det(A) = 0$이므로

$$\det(A)\det(B) = 0$$

이다. 이제 $\det(AB) = 0$임을 보이면 된다. A가 비가역행렬이므로 A의 기약행사다리꼴 C는 성분이 모두 0인 행을 갖고, CB 역시 성분이 모두 0인 행을 포함한다. 그러므로

$$\det(CB) = 0$$

이다. 그러나 $A = E_1 E_2 \cdots E_k C$이므로

$$AB = E_1 E_2 \cdots E_k CB$$

이다. 그러므로 정리 10에 의하여

$$\det(AB) = \det(E_1)\det(E_2)\cdots\det(E_k)\det(CB) = 0$$

이 된다. ■

예 12

n차 정사각행렬 A가 직교행렬이면

$$1 = \det I = \det(AA^T) = \det(A)\det(A^T) = (\det(A))^2$$

이므로, $\det(A) = 1$ 또는 $\det(A) = -1$이 된다. ■

참고

기본행연산을 이용하여, 상삼각행렬로 변형함으로써 다음을 얻는다.

$$\begin{vmatrix} 1 & * & \cdots & * \\ 0 & a_{22} & \cdots & a_{2n} \\ 0 & a_{32} & \cdots & a_{3n} \\ \vdots & \vdots & \vdots & \vdots \\ 0 & a_{n2} & \cdots & a_{nn} \end{vmatrix} = \begin{vmatrix} a_{22} & \cdots & a_{2n} \\ a_{32} & \cdots & a_{3n} \\ \vdots & \vdots & \vdots \\ a_{n2} & \cdots & a_{nn} \end{vmatrix}$$

따름정리

n차 정사각행렬 A가 가역이면, $\det(A) \neq 0$이고

$$\det(A^{-1}) = \frac{1}{\det(A)}$$

이 성립한다.

증명 A가 n차 가역행렬이면 A^{-1}가 존재하고

$$AA^{-1} = I_n = A^{-1}A$$

이므로, 정리 12에 의하여

$$\det(A)\det(A^{-1}) = \det(A^{-1})\det(A) = \det(I_n) = 1$$

이 된다. 따라서 $\det(A) \neq 0$이고

$$\det(A^{-1}) = \frac{1}{\det(A)}$$

이 성립한다. ■

예 13

2차 정사각행렬 $A = \begin{bmatrix} 6 & 4 \\ 3 & 1 \end{bmatrix}$에 대하여 $\det(A^{-1}) = \dfrac{1}{\det(A)}$이 성립함을 확인해 보자. 먼저 $\det(A) \neq 0$이므로 행렬 A는 가역이고, 이때 $\det(A) = -6$이다. 한편

$$A^{-1} = \begin{bmatrix} -\frac{1}{6} & \frac{2}{3} \\ \frac{1}{2} & -1 \end{bmatrix}$$

로부터 $\det(A^{-1}) = -\frac{1}{6}$을 얻는다. 따라서

$$\det(A^{-1}) = \frac{1}{\det(A)}$$

이 성립한다. ■

5. 여인자 전개

이제 행렬식을 직접 계산하는 새로운 편리한 방법을 알아본다. 일반적인 n차 행렬식은 여인자를 이용한 여인자 전개를 이용하여 구한다. 영국의 수학자 도지슨(Dodgson)에 의해 처음으로 소개된 여인자 전개는 단지 큰 크기의 행렬에 대한 행렬식을 작은 크기의 행렬의 행렬식들의 합으로 표현하는 방법이다.

정의 13 소행렬식과 여인자

n차 정사각행렬 $A = [a_{ij}]$에서 i행과 j열을 없앤 $(n-1)$차 행렬식을 성분 a_{ij}의 **소행렬식**(minor determinant)이라 하고 M_{ij}로 표시한다. 이때

$$C_{ij} = (-1)^{i+j} M_{ij}$$

를 a_{ij}의 **여인자**(cofactor) 또는 **여인수**라고 한다.

예 14

3차 정사각행렬 $A = \begin{bmatrix} 3 & 2 & -4 \\ 2 & 0 & 6 \\ 1 & 4 & 1 \end{bmatrix}$에서, a_{11}, a_{32}의 여인자 C_{11}, C_{32}를 구해보자. a_{11}과 a_{32}의 소행렬식이 각각

$$M_{11} = \begin{vmatrix} 0 & 6 \\ 4 & 1 \end{vmatrix} = -24,\ M_{32} = \begin{vmatrix} 3 & -4 \\ 2 & 6 \end{vmatrix} = 26$$

이므로, a_{11}과 a_{32}의 여인자는 각각

$$C_{11}=(-1)^{1+1}M_{11}=-24,\ C_{32}=(-1)^{3+2}M_{32}=-26$$

으로 주어진다. ■

예제 2

3차 정사각행렬 $A=\begin{bmatrix}3 & -2 & -4\\ 5 & 0 & 2\\ 1 & 0 & 1\end{bmatrix}$에 대하여, A의 각 성분의 여인자를 구하시오.

풀이 A의 각 성분의 여인자는

$$\begin{aligned}&C_{11}=0, && C_{12}=-3, && C_{13}=0,\\ &C_{21}=2, && C_{22}=7, && C_{23}=-2,\\ &C_{31}=-4, && C_{32}=-26, && C_{33}=10\end{aligned}$$

으로 주어진다. ■

3차 정사각행렬 $A=\begin{bmatrix}a_{11} & a_{12} & a_{13}\\ a_{21} & a_{22} & a_{23}\\ a_{31} & a_{32} & a_{33}\end{bmatrix}$의 행렬식 $\det(A)$는

$$\begin{aligned}\begin{vmatrix}a_{11} & a_{12} & a_{13}\\ a_{21} & a_{22} & a_{23}\\ a_{31} & a_{32} & a_{33}\end{vmatrix} &= \sum_{\sigma\in S_3}\operatorname{sgn}(\sigma)\,a_{1\sigma(1)}\,a_{2\sigma(2)}\,a_{3\sigma(3)}\\ &= a_{11}a_{22}a_{33}+a_{12}a_{23}a_{31}+a_{13}a_{21}a_{32}\\ &\quad -a_{13}a_{22}a_{31}-a_{12}a_{21}a_{33}-a_{11}a_{23}a_{32}\end{aligned}$$

임을 알았으나, 이것은 또한

$$\det(A)=a_{11}(a_{22}a_{33}-a_{23}a_{32})+a_{21}(a_{13}a_{32}-a_{12}a_{33})+a_{31}(a_{12}a_{23}-a_{13}a_{22})$$

로 나타낼 수 있다. 이 식의 우변의 괄호 속이 각각 여인수 C_{11}, C_{21}, C_{31}과 같으므로

$$\det(A)=a_{11}C_{11}+a_{21}C_{21}+a_{31}C_{31}$$

으로 쓸 수 있다. $\det(A)$를 계산한 이와 같은 방법을 A의 1열에 관한 **여인자 전개**(cofactor expansion) 또는 **라플라스 여인자 전개**, 간단히 **라플라스 전개**(Laplace expansion)라 한다.

예제 3

3차 정사각행렬 $A=\begin{bmatrix}3 & -2 & -4\\ 5 & 0 & 2\\ 1 & 0 & 1\end{bmatrix}$의 행렬식 $\det(A)$를 1열에 관한 여인자 전개를 이용하여 구하시오.

풀이 a_{11}, a_{21}, a_{31}의 여인자가 각각 $C_{11}=0$, $C_{21}=2$, $C_{31}=-4$이므로, 1열에 관한 여인자 전개는

$$\begin{aligned}\det(A) &= a_{11}C_{11}+a_{21}C_{21}+a_{31}C_{31}\\ &= 3(0)+5(2)+(1)(-4)\\ &= 6\end{aligned}$$

으로 주어진다. ■

여인자 전개는 임의의 열에 대하여도 성립하며, 임의의 행에 대하여도 유사한 전개식이 성립한다.

예 15

3차 정사각행렬 $A=\begin{bmatrix}3 & 2 & -1\\ 1 & 6 & 3\\ 2 & -4 & 0\end{bmatrix}$의 행렬식 $\det(A)$를 1행에 관한 여인자 전개를 이용하여 구하면

$$\det(A)=3\begin{vmatrix}6 & 3\\ -4 & 0\end{vmatrix}-2\begin{vmatrix}1 & 3\\ 2 & 0\end{vmatrix}+(-1)\begin{vmatrix}1 & 6\\ 2 & -4\end{vmatrix}=64$$

가 된다. ■

일반적으로 n차 정사각행렬 $A=[a_{ij}]$에 대하여, i행에 의한 여인자 전개에서

$$\sum_{k=1}^{n} a_{ik}C_{jk}=\begin{cases}\det(A), & i=j\\ 0, & i\neq j\end{cases}$$

이 성립한다.

정리 14 여인자 전개

n차 정사각행렬 $A=[a_{ij}]$에 대하여, 다음이 성립한다.

(1) $\det(A)=a_{i1}C_{i1}+a_{i2}C_{i2}+\cdots+a_{in}C_{in}$ (i행에 관한 여인자 전개)

(2) $\det(A) = a_{1j}C_{1j} + a_{2j}C_{2j} + \cdots + a_{nj}C_{nj}$ (j열에 관한 여인자 전개)

예제 4

3차 정사각행렬 $A = \begin{bmatrix} 3 & -2 & -4 \\ 5 & 0 & 2 \\ 1 & 0 & 1 \end{bmatrix}$의 행렬식 $\det(A)$를 3행에 관한 여인자 전개를 이용하여 구하시오.

풀이 a_{31}, a_{32}, a_{33}의 여인자가 각각 $C_{31} = -4$, $C_{32} = -26$과 $C_{33} = 10$이므로, 3행에 관한 여인자 전개는

$$\begin{aligned} \det(A) &= a_{31}C_{31} + a_{32}C_{32} + a_{33}C_{33} \\ &= 1(-4) + 0(-26) + (1)(10) = 6 \end{aligned}$$

으로 주어진다. ■

참고

가우스 소거법에서는 행연산만 이용하지만, 행렬식을 구할 때는 열연산을 이용해도 된다. 왜냐하면 주어진 행렬의 행렬식과 그 전치행렬의 행렬식이 같기 때문이다. 따라서 행렬식을 구할 때는 두 가지를 번갈아 사용하는 것도 필요하다.

전개할 행(또는 열)의 성분이 0이면 그 여인자는 계산할 필요가 없다. 따라서 행렬식 계산에서의 요령은, 될 수 있는 한 0이 많이 포함되어 있는 행 또는 열에 대하여 여인자 전개를 이용하는 것이다. 또한 여인자 전개만 이용하는 것보다 행렬식의 기본 성질을 함께 이용하면 행렬식을 쉽게 구할 수 있다.

예 16

4차 정사각행렬 $A = \begin{bmatrix} 3 & 1 & -2 & 0 \\ 1 & 2 & 0 & 1 \\ 3 & 4 & 1 & 5 \\ 3 & 2 & 5 & -3 \end{bmatrix}$에 대하여, $\det(A)$를 구해보자.

A의 2행에 -3배하여 1, 3, 4행에 각각 더한다.

$$\det(A) = \begin{vmatrix} 0 & -5 & -2 & -3 \\ 1 & 2 & 0 & 1 \\ 0 & -2 & 1 & 2 \\ 0 & -4 & 5 & -6 \end{vmatrix}$$

1열에 관하여 여인자 전개한다.

$$\det(A) = 0 + (1)(-1)^{2+1}\begin{vmatrix} -5 & -2 & -3 \\ -2 & 1 & 2 \\ -4 & 5 & -6 \end{vmatrix} + 0 + 0$$

$$= (-1)[30 + 30 + 16 - 12 + 50 + 24] = 138$$

따라서 $\det(A) = 138$이 된다. ■

예제 5

4차 정사각행렬 $A = \begin{bmatrix} 1 & 3 & 2 & -1 \\ 2 & 0 & 1 & -2 \\ -1 & 5 & 1 & 1 \\ 2 & 7 & -6 & 3 \end{bmatrix}$에 대하여, $\det(A)$를 구하시오.

풀이 (1) 2행에 관한 여인자 전개를 이용한다.

3열에 -2배하여 1열에 다하고, 3열에 2배하여 4열에 더한다.

$$\begin{bmatrix} -3 & 3 & 2 & 3 \\ 0 & 0 & 1 & 0 \\ -3 & 5 & 1 & 3 \\ 14 & 7 & -6 & -9 \end{bmatrix}$$

2행에 관한 여인자 전개한다.

$$(-1)\begin{bmatrix} -3 & 3 & 3 \\ -3 & 5 & 3 \\ 14 & 7 & -9 \end{bmatrix}$$

1열에 1배하여 2열과 3열에 각각 더한다.

$$(-1)\begin{bmatrix} -3 & 0 & 0 \\ -3 & 2 & 0 \\ 14 & 21 & 5 \end{bmatrix}$$

따라서 $\det(A) = -(-3) \times 2 \times 5 = 30$이다.

(2) 1열에 관한 여인자 전개를 이용한다.

1행에 -2, 1, -2배하여 각각 2, 3, 4행에 더한다.

$$\begin{bmatrix} 1 & 3 & 2 & -1 \\ 0 & -6 & -3 & 0 \\ 0 & 8 & 3 & 0 \\ 0 & 1 & -10 & 5 \end{bmatrix}$$

1열에 관한 여인자 전개한다.

$$1 \cdot \begin{bmatrix} -6 & -3 & 0 \\ 8 & 3 & 0 \\ 1 & -10 & 5 \end{bmatrix}$$

따라서 $\det(A) = 5\begin{bmatrix} -6 & -3 \\ 8 & 3 \end{bmatrix} = 5 \times (-18+24) = 30$이다. ■

참고

(행렬식의 응용)

(1) 행렬식을 이용하여, 서로 다른 두 점 (x_1, y_1), (x_2, y_2)을 지나는 직선의 방정식과 서로 다른 세 점 (x_1, y_1, z_1), (x_2, y_2, z_2), (x_3, y_3, z_3)를 지나는 평면의 방정식을 표현하면 각각

$$\begin{vmatrix} x & y & 1 \\ x_1 & y_1 & 1 \\ x_2 & y_2 & 1 \end{vmatrix} = 0, \quad \begin{vmatrix} x & y & z & 1 \\ x_1 & y_1 & z_1 & 1 \\ x_2 & y_2 & z_2 & 1 \\ x_3 & y_3 & z_3 & 1 \end{vmatrix} = 0$$

으로 주어진다.

(2) 행렬식을 이용하여, 서로 다른 세 점 (x_1, y_1), (x_2, y_2), (x_3, y_3)를 지나는 이차방정식 $ay + bx^2 + cx + d = 0$과 5개의 점 (x_i, y_i) (단, $i = 1, 2, \cdots, 5$)를 지나는 원뿔곡선 $Ax^2 + Bxy + Cy^2 + Dx + Ey + F = 0$을 표현하면 각각

$$\begin{vmatrix} y & x^2 & x & 1 \\ y_1 & x_1^2 & x_1 & 1 \\ y_2 & x_2^2 & x_2 & 1 \\ y_3 & x_3^2 & x_3 & 1 \end{vmatrix} = 0, \quad \begin{vmatrix} x^2 & xy & y^2 & x & y & 1 \\ x_1^2 & x_1y_1 & y_1^2 & x_1 & y_1 & 1 \\ x_2^2 & x_2y_2 & y_2^2 & x_2 & y_2 & 1 \\ x_3^2 & x_3y_3 & y_3^2 & x_3 & y_3 & 1 \\ x_4^2 & x_4y_4 & y_4^2 & x_4 & y_4 & 1 \\ x_5^2 & x_5y_5 & y_5^2 & x_5 & y_5 & 1 \end{vmatrix} = 0$$

으로 주어진다.

예제 6

R^2에서 원점과 서로 다른 두 점 (x_1, y_1), (x_2, y_2)로 만들어지는 삼각형의 넓이가

$$\frac{1}{2}\begin{vmatrix} x_1 & x_2 \\ y_1 & y_2 \end{vmatrix}$$

임을 이용하면, 서로 다른 세 점 (x_1, y_1), (x_2, y_2), (x_3, y_3)를 지나는 삼각형의 넓이는

$$\frac{1}{2}\begin{vmatrix} 1 & 1 & 1 \\ x_1 & x_2 & x_3 \\ y_1 & y_2 & y_3 \end{vmatrix}$$

로 주어진다.

증명 원점과 서로 다른 두 점 $(x_2-x_1,\ y_2-y_1)$, $(x_3-x_1,\ y_3-y_1)$을 지나는 삼각형의 넓이는 주어진 조건에 의해

$$\frac{1}{2}\begin{vmatrix} x_2-x_1 & x_3-x_1 \\ y_2-y_1 & y_3-y_1 \end{vmatrix}$$

이고, 이 넓이는 서로 다른 세 점 $(x_1,\ y_1)$, $(x_2,\ y_2)$, $(x_3,\ y_3)$를 지나는 삼삭형의 점 $(x_1,\ y_1)$, $(x_2,\ y_2)$를 $(x_1,\ y_1)$을 원점으로 평행이동한 삼각형의 넓이이다. 이때 삼각형의 넓이는

$$\frac{1}{2}\begin{vmatrix} 1 & 1 & 1 \\ x_1 & x_2 & x_3 \\ y_1 & y_2 & y_3 \end{vmatrix}$$

로 주이진다. ■

6. 여인자 행렬과 역행렬

(1) 여인자 행렬과 수반행렬

정의 15 여인자 행렬

n차 정사각행렬 $A=[a_{ij}]$의 성분 a_{ij}의 여인자를 C_{ij}라 할 때, n차 정사각행렬 $[C_{ij}]$, 즉

$$\begin{bmatrix} C_{11} & C_{12} & \cdots & C_{1n} \\ C_{21} & C_{22} & \cdots & C_{2n} \\ \vdots & \vdots & \vdots & \vdots \\ C_{n1} & C_{n2} & \cdots & C_{nn} \end{bmatrix}$$

을 A의 **여인자 행렬**(matrix of cofactor)이라고 한다.

예제 7

3차 정사각행렬 $A=\begin{bmatrix} 3 & 2 & 1 \\ 1 & 6 & 3 \\ 2 & -4 & 0 \end{bmatrix}$에 대하여, A의 여인자 행렬을 구하시오.

풀이 A의 각 성분의 여인자는

$$C_{11}=12, \quad C_{12}=6, \quad C_{13}=-16,$$
$$C_{21}=-4, \quad C_{22}=-2, \quad C_{23}=16,$$
$$C_{31}=0, \quad C_{32}=-8, \quad C_{33}=16$$

이다. 따라서 A의 여인자 행렬은

$$\begin{bmatrix} 12 & 6 & -16 \\ -4 & -2 & 16 \\ 0 & -8 & 16 \end{bmatrix}$$

으로 주어진다. ■

정의 16 수반행렬

n차 정사각행렬 $A=[a_{ij}]$의 여인자 행렬의 전치행렬 $[C_{ij}]^T$, 즉

$$\begin{bmatrix} C_{11} & C_{21} & \cdots & C_{n1} \\ C_{12} & C_{22} & \cdots & C_{n2} \\ \vdots & \vdots & \vdots & \vdots \\ C_{1n} & C_{2n} & \cdots & C_{nn} \end{bmatrix}$$

을 A의 **수반행렬**(adjoint matrix) 또는 **여행렬**(comatrix)이라 하고, $\mathrm{adj}(A)$로 표시한다.

예제 8

3차 정사각행렬 $A=\begin{bmatrix} 3 & 2 & 1 \\ 1 & 6 & 3 \\ 2 & -4 & 0 \end{bmatrix}$에 대하여, A의 수반행렬을 구하시오.

풀이 A의 여인자 행렬이

$$\begin{bmatrix} 12 & 6 & -16 \\ -4 & -2 & 16 \\ 0 & -8 & 16 \end{bmatrix}$$

이므로, 수반행렬은

$$\operatorname{adj}(A)=\begin{bmatrix}12 & -4 & 0\\ 6 & -2 & -8\\ -16 & 16 & 16\end{bmatrix}$$

으로 주어진다. ■

참고

3차 정사각행렬 $A=\begin{bmatrix}3 & -2 & -4\\ 5 & 0 & 2\\ 1 & 0 & 1\end{bmatrix}$에 대하여, $\det(A)=6$이고 A의 수반행렬은

$$\operatorname{adj}(A)=\begin{bmatrix}0 & 2 & -4\\ -3 & 7 & -26\\ 0 & -2 & 10\end{bmatrix}$$

이다. 이때

$$A\operatorname{adj}(A)=\begin{vmatrix}6 & 0 & 0\\ 0 & 6 & 0\\ 0 & 0 & 6\end{vmatrix}=(6)\begin{vmatrix}1 & 0 & 0\\ 0 & 1 & 0\\ 0 & 0 & 1\end{vmatrix}=6I_3=\det(A)I_3$$

가 성립함을 알 수 있다.

(2) 역행렬

여인자 전개의 응용으로, 역행렬을 구하는 공식을 소개한다. 행렬식의 계산 과정에서 정의된 수반행렬은 역행렬의 계산에 유용하게 사용된다. 특히 $\det(A)$가 행렬의 성분들의 공약수가 아닌 경우는 기본행연산에 의해 역행렬을 구하는 것보다 수반행렬을 이용하여 구하는 것이 훨씬 유용하다.

정리 17

n차 정사각행렬 A가 가역이면, A의 역행렬 A^{-1}는

$$A^{-1}=\frac{1}{\det(A)}\operatorname{adj}(A)$$

로 주어진다.

증명
$$A(\text{adj}(A))=\begin{bmatrix} a_{11} & a_{12} & \cdots & a_{1n} \\ a_{21} & a_{22} & \cdots & a_{2n} \\ \vdots & \vdots & \vdots & \vdots \\ a_{i1} & a_{i2} & \cdots & a_{in} \\ \vdots & \vdots & \vdots & \vdots \\ a_{n1} & a_{n2} & \cdots & a_{nn} \end{bmatrix} \begin{bmatrix} C_{11} & C_{21} & \cdots & C_{j1} & \cdots & C_{n1} \\ C_{12} & C_{22} & \cdots & C_{j2} & \cdots & C_{n2} \\ \vdots & \vdots & \vdots & \vdots & \vdots & \vdots \\ C_{1n} & C_{2n} & \cdots & C_{jn} & \cdots & C_{nn} \end{bmatrix}$$

$$=\begin{bmatrix} \det(A) & 0 & \cdots & 0 \\ 0 & \det(A) & \cdots & 0 \\ \vdots & \vdots & \vdots & \vdots \\ 0 & 0 & \cdots & \det(A) \end{bmatrix}$$

$$=\det(A)\begin{bmatrix} 1 & 0 & \cdots & 0 \\ 0 & 1 & \cdots & 0 \\ \vdots & \vdots & \vdots & \vdots \\ 0 & 0 & \cdots & 1 \end{bmatrix}=\det(A)I_n$$

이므로, $A(\text{adj}(A))=\det(A)I_n$이 성립한다. 그런데 n차 정사각행렬 A가 가역이므로, $\det(A)\neq 0$이 된다. 따라서 $\det(A)$로 나누면

$$A\left(\frac{1}{\det(A)}\text{adj}(A)\right)=I_n$$

이다. 따라서 이 식의 양변에 A^{-1}을 곱하여

$$A^{-1}=\frac{1}{\det(A)}\text{adj}(A)$$

를 얻는다. ■

예제 9

3차 정사각행렬 $A=\begin{bmatrix} 3 & -2 & -4 \\ 5 & 0 & 2 \\ 1 & 0 & 1 \end{bmatrix}$의 역행렬 A^{-1}를 구하시오.

풀이 $\det(A)=6$이고 A의 수반행렬이 $\text{adj}(A)=\begin{bmatrix} 0 & 2 & -4 \\ -3 & 7 & -26 \\ 0 & -2 & 10 \end{bmatrix}$이므로, 역행렬 A^{-1}는

$$A^{-1}=\frac{1}{\det(A)}\text{adj}(A)=\frac{1}{6}\begin{bmatrix} 0 & 2 & -4 \\ -3 & 7 & -26 \\ 0 & -2 & 10 \end{bmatrix}$$

$$=\begin{bmatrix} 0 & \frac{1}{3} & -\frac{2}{3} \\ -\frac{1}{2} & \frac{7}{6} & -\frac{13}{3} \\ 0 & -\frac{1}{3} & \frac{5}{3} \end{bmatrix}$$

로 주어진다. ■

따름정리

n차 정사각행렬 A가 가역이면, $\mathrm{adj}(A)$도 가역행렬이다.

증명 $\mathrm{adj}(A)=\det(A)A^{-1}$, $(\mathrm{adj}(A))^{-1}=(\det(A)A^{-1})^{-1}=\dfrac{1}{\det(A)}A$이므로

$$(\mathrm{adj}(A))(\mathrm{adj}(A))^{-1}=(\det(A)A^{-1})\left(A\frac{1}{\det(A)}\right)=I_n$$

이다. 따라서 $\mathrm{adj}(A)$는 가역행렬이다. ■

정리 18

n차 정사각행렬 A, B에 대하여, 다음이 성립한다.

(1) $\mathrm{adj}(AB)=\mathrm{adj}(A)\,\mathrm{adj}(B)$

(2) $\mathrm{adj}(\lambda A)=\lambda^{n-1}\mathrm{adj}(A)$ (단, $\lambda\in R$)

(3) $\mathrm{adj}(A^{-1})=(\mathrm{adj}\,A)^{-1}=|A|^{-1}A$

(4) $\mathrm{adj}(\mathrm{adj}(A))=|A|^{n-1}A$

(3) 역행렬을 이용한 선형연립방정식의 해

예제 10

역행렬을 이용하여, 다음 선형연립방정식

$$\begin{cases} x+2y+3z=5 \\ 2x+5y+3z=3 \\ x \qquad\;\; +8z=17 \end{cases}$$

의 해를 구하시오.

풀이 $A=\begin{bmatrix}1&2&3\\2&5&3\\1&0&8\end{bmatrix}$, $\mathbf{x}=\begin{bmatrix}x\\y\\z\end{bmatrix}$, $\mathbf{b}=\begin{bmatrix}5\\3\\17\end{bmatrix}$이라 놓으면, 행렬방정식 $A\mathbf{x}=\mathbf{b}$ 형태로 표현된다. 이때 계수행렬 A의 역행렬은

$$A^{-1}=\begin{bmatrix}-40&16&9\\13&-5&-3\\5&-2&-1\end{bmatrix}$$

로 주어진다. 따라서 선형연립방정식의 해는

$$\mathbf{x} = A^{-1}\mathbf{b} = \begin{bmatrix} -40 & 16 & 9 \\ 13 & -5 & -3 \\ 5 & -2 & -1 \end{bmatrix} \begin{bmatrix} 5 \\ 3 \\ 17 \end{bmatrix} = \begin{bmatrix} 1 \\ -1 \\ 2 \end{bmatrix}$$

즉 $x=1$, $y=-1$, $z=2$가 된다. ■

연습문제 4.1

Exercises

1. S_5에서, 치환 $(1,\ 3,\ 2,\ 5,\ 4)$의 반전수를 구하시오.

2. 행렬식의 성질을 이용하여, 다음 3차 정사각행렬 A, B의 행렬식을 구하시오.

(1) $A = \begin{bmatrix} 0 & 1 & 5 \\ 3 & -6 & 9 \\ 2 & 6 & 0 \end{bmatrix}$　　(2) $B = \begin{bmatrix} 1 & 1 & 5 \\ 3 & -6 & 9 \\ 2 & 6 & 2 \end{bmatrix}$

3. 다음 3차 행렬식을 구하시오.

(1) $\begin{vmatrix} 1 & 1 & 1 \\ \dfrac{1}{ab} & \dfrac{1}{bc} & \dfrac{1}{ca} \\ c & a & b \end{vmatrix}$　　(2) $\begin{vmatrix} a+1 & a+2 & a+3 \\ a+4 & a+5 & a+6 \\ a+7 & a+8 & a+9 \end{vmatrix}$

4. 3차 정사각행렬 $A = \begin{bmatrix} a & b & c \\ d & e & f \\ g & h & i \end{bmatrix}$에 대하여, $\det(A) = -4$일 때 다음 행렬식을 구하시오.

(1) $\det(A^2)$　　(2) $\det(2A)$

5. 1행에 관한 여인자 전개를 이용하여, 4차 행렬식으로 주어진 다음 방정식

$$\triangle = \begin{vmatrix} x & 0 & a & 0 \\ 0 & a & 0 & 0 \\ a & 0 & a & 0 \\ 0 & 0 & 0 & 0 \end{vmatrix} = 0 \ (\text{단, } a \neq 0)$$

의 해를 구하시오.

6. 다음 4차 정사각행렬의 행렬식 $\det(A)$를 여인자 전개를 이용하여 구하시오.

$$A=\begin{bmatrix} 3 & 5 & -2 & 6 \\ 1 & 2 & -1 & 1 \\ 2 & 4 & 1 & 5 \\ 3 & 7 & 5 & 3 \end{bmatrix}$$

7. 다음 4차 행렬식을 구하시오.

(1) $\begin{vmatrix} 2 & 1 & 5 & 7 \\ -3 & 0 & 1 & 1 \\ 2 & 0 & 0 & 0 \\ 1 & 0 & 3 & 2 \end{vmatrix}$ (2) $\begin{vmatrix} 3 & 5 & 3 & -1 \\ 4 & 0 & 3 & 1 \\ 5 & 3 & 1 & 4 \\ -1 & 2 & -3 & 6 \end{vmatrix}$

8. 다음 3차 정사각행렬에 대하여, 여인자 행렬과 수반행렬을 구하시오.

(1) $A=\begin{bmatrix} 3 & 2 & -1 \\ 1 & 6 & 3 \\ 2 & -4 & 0 \end{bmatrix}$ (2) $B=\begin{bmatrix} 3 & -2 & -4 \\ 5 & 0 & 2 \\ 1 & 0 & 1 \end{bmatrix}$

9. 수반행렬을 이용하여, 3차 정사각행렬 $A=\begin{bmatrix} 3 & 2 & -1 \\ 1 & 6 & 3 \\ 2 & -4 & 0 \end{bmatrix}$의 역행렬 A^{-1}를 구하시오.

10. n차 정사각행렬 A가 $\det(A)=1$이면

$$\operatorname{adj}(\operatorname{adj}(A))=A$$

가 성립함을 보이시오.

11. 4차 정사각행렬 A, B에 대하여, $\det(A)=3$, $\det(B)=-2$일 때 다음 값을 구하시오.

(1) $\det(2A)$ (2) $\det(\operatorname{adj}(A))$

(3) $\det(AB(A^{-1})^2B)$ (4) $\det(3B^{-1})$

4.2 선형연립방정식과 크라머 공식

n개의 미지수를 갖는 선형연립방정식의 해법으로 **크라머 공식**(Cramer's rule)이 있다. 크라머 공식은 1752년 크라머에 의해 처음으로 그의 저서에 소개되었지만, 이 공식은 사실 1729년 매클로린에 의해서 알려졌음을 암시하는 증거가 많다. 크라머 공식은 행렬식만을 가지고 n개의 미지수를 가지고 n개의 일차방정식으로 이루어진 연립방정식의 해를 구하는 방법이다.

정리 1 크라머 공식

행렬방정식 $A\mathbf{x}=\mathbf{b}$로 주어진 n개의 미지수를 갖는 n개의 선형방정식으로 이루어진 선형연립방정식

$$\begin{cases} a_{11}x_1 + a_{12}x_2 + \cdots + a_{1n}x_n = b_1 \\ a_{21}x_1 + a_{22}x_2 + \cdots + a_{2n}x_n = b_2 \\ \qquad\qquad \vdots \\ a_{n1}x_1 + a_{n2}x_2 + \cdots + a_{nn}x_n = b_n \end{cases}$$

은 $\det(A) \neq 0$, 즉 계수행렬 A가 가역일 때, 유일한 해

$$x_1 = \frac{\det(A_1)}{\det(A)},\ x_2 = \frac{\det(A_2)}{\det(A)},\ \cdots,\ x_n = \frac{\det(A_n)}{\det(A)}$$

을 갖는다. 여기서 A_j는 A의 j 열을 $\mathbf{b}$로 바꾼 행렬, 즉

$$\mathbf{b} = \begin{bmatrix} b_1 \\ \vdots \\ b_n \end{bmatrix}$$

의 성분으로 바꾼 행렬을 나타낸다.

증명 $\det(A) \neq 0$이므로, 계수행렬 A는 가역이다. 따라서 행렬방정식으로 주어진 연립방정식 $A\mathbf{x}=\mathbf{b}$는 유일한 해 $\mathbf{x}=A^{-1}\mathbf{b}$를 갖는다. 이때

$$A^{-1} = \frac{1}{\det(A)}\ \mathrm{adj}(A)$$

이므로

$$\begin{bmatrix} x_1 \\ x_2 \\ \vdots \\ x_n \end{bmatrix} = \mathbf{x} = \left(\frac{1}{\det(A)}\ \mathrm{adj}(A)\right)\mathbf{b}$$

$$= \frac{1}{\det(A)} \begin{vmatrix} A_{11} & A_{21} & \cdots & A_n \\ A_{12} & A_{22} & \cdots & A_{n2} \\ \vdots & \vdots & \vdots & \vdots \\ A_{1j} & A_{2j} & \cdots & A_{nj} \\ \vdots & \vdots & \vdots & \vdots \\ A_{1n} & A_{2n} & \cdots & A_{nn} \end{vmatrix} \begin{bmatrix} b_1 \\ b_2 \\ \vdots \\ b_n \end{bmatrix}$$

이 성립한다. 따라서 $\mathbf{x}$의 j행의 성분은

$$x_j = \frac{b_1 A_{1j} + b_2 A_{2j} + \cdots + b_n A_{nj}}{\det(A)}$$

이다. 그런데 $a_{1j}A_{1j} + a_{2j}A_{2j} + \cdots + a_{nj}A_{nj} = \det(A)$이므로, A의 j열을 b로 바꾼 행렬을 A_j라 하면

$$x_j = \frac{\det(A_j)}{\det(A)}$$

로 주어진다. ■

예 1

크라머 공식을 이용하여, 다음 선형연립방정식

$$\begin{cases} x \qquad\; + 2z = 6 \\ -3x + 4y + 6z = 30 \\ -x - 2y + 3z = 8 \end{cases}$$

의 해를 구해보자.

계수행렬을 $A = \begin{bmatrix} 1 & 0 & 2 \\ -3 & 4 & 6 \\ -1 & -2 & 3 \end{bmatrix}$이라 하면, $\det(A) = 44$이고

$$A_1 = \begin{bmatrix} 6 & 0 & 2 \\ 30 & 4 & 6 \\ 8 & -2 & 3 \end{bmatrix},\ A_2 = \begin{bmatrix} 1 & 6 & 2 \\ -3 & 30 & 6 \\ -1 & 8 & 3 \end{bmatrix},\ A_3 = \begin{bmatrix} 1 & 0 & 6 \\ -3 & 4 & 30 \\ -1 & -2 & 8 \end{bmatrix}$$

로부터

$$\det(A_1) = -40,\ \det(A_2) = 72,\ \det(A_3) = 152$$

를 얻는다. 따라서 연립방정식의 해는

$$x = \frac{\det(A_1)}{\det(A)} = -\frac{10}{11},\ y = \frac{\det(A_2)}{\det(A)} = \frac{18}{11},\ z = \frac{\det(A_3)}{\det(A)} = \frac{38}{11}$$

로 주어진다. ■

예제 1

크라머 공식을 이용하여, 다음 선형연립방정식

$$\begin{cases} x - 2y + 3z = 2 \\ 2x \qquad\;\; - 3z = 3 \\ x + \;\; y + \;\; z = 6 \end{cases}$$

의 해를 구하시오.

풀이 계수행렬을 $A = \begin{bmatrix} 1 & -2 & 3 \\ 2 & 0 & -3 \\ 1 & 1 & 1 \end{bmatrix}$이라 하면, $\det(A) = 19$이고

$$A_1 = \begin{bmatrix} 2 & -2 & 3 \\ 3 & 0 & -3 \\ 6 & 1 & 1 \end{bmatrix},\ A_2 = \begin{bmatrix} 1 & 2 & 3 \\ 2 & 3 & -3 \\ 1 & 6 & 1 \end{bmatrix},\ A_3 = \begin{bmatrix} 1 & -2 & 2 \\ 2 & 0 & 3 \\ 1 & 1 & 6 \end{bmatrix}$$

으로부터

$$\det(A_1) = 57,\ \det(A_2) = 38,\ \det(A_3) = 19$$

를 얻는다. 따라서 연립방정식의 해는

$$x = \frac{\det(A_1)}{\det(A)} = 3,\ y = \frac{\det(A_2)}{\det(A)} = 2,\ z = \frac{\det(A_3)}{\det(A)} = 1$$

로 주어진다. ■

따름정리

행렬방정식 $A\mathbf{x} = \mathbf{0}$으로 주어진 n개의 미지수를 갖는 n개의 선형방정식으로 이루어진 동차선형연립방정식

$$\begin{cases} a_{11}x_1 + a_{12}x_2 + \cdots + a_{1n}x_n = 0 \\ a_{21}x_1 + a_{22}x_2 + \cdots + a_{2n}x_n = 0 \\ \qquad\qquad\qquad \vdots \\ a_{n1}x_1 + a_{n2}x_2 + \cdots + a_{nn}x_n = 0 \end{cases}$$

이 자명한 해 $x_1 = x_2 = \cdots = x_n = 0$ 이외의 해, 즉 비자명한 해를 가질 필요충분조건은 $\det(A) = 0$이다.

예 2

동차선형연립방정식

$$x+2y+3z=0,\ 4x+5y+6z=0$$

은 계수행렬의 계급이 2이지만 $n=3$이므로 자명이 아닌 해, 즉 비자명해가 존재한다. 이때 해는 $x=z,\ y=-2z$로 주어진다. ■

예제 2

x_0와 y_0가 동차선형연립방정식

$$\begin{cases} a_1x+b_1y+c_1=0 \\ a_2x+b_2y+c_2=0 \\ a_3x+b_3y+c_3=0 \end{cases} \qquad (*)$$

을 동시에 만족한다면, 그 계수로서 만든 행렬식은 0이 된다.

증명 (*)가 동시에 성립한다는 것은 선형연립방정식

$$a_1x+b_1y+c_1=0,\ a_2x+b_2y+c_2=0,\ a_3x+b_3y+c_3=0$$

이 모두는 0이 아닌 해 $x=x_0,\ y=y_0,\ z=1$을 갖는다는 뜻이다. 따라서 따름정리에 의하여

$$\begin{vmatrix} a_1 & b_1 & c_1 \\ a_2 & b_2 & c_2 \\ a_3 & b_3 & c_3 \end{vmatrix}=0$$

을 만족한다. ■

n개의 미지수를 갖는 n개의 일차방정식으로 이루어진 연립방정식을 크라머 공식으로 풀 때는 n이 3보다 큰 경우는 실용적이지 못하다. 이 경우는 가우스 소거법을 사용하는 것이 편리하다. 그러나 크라머 공식은 행렬식만을 이용하여 연립방정식의 해를 직접 구할 수 있다는 장점이 있다.

연습문제 4.2

Exercises

1. 다음 명제들의 참, 거짓을 판정하시오.

(1) 동차선형연립방정식 $A\mathbf{x}=\mathbf{0}$이 자명해를 가지면 $\det(A) \neq 0$이다.

(2) n차 정사각행렬 A, B와 어떤 행렬 X에 대하여, $AX=BX$이면 $A=B$이다.

(3) n차 정사각행렬 A, B와 어떤 행렬 X에 대하여, $AX=BX$이면 $\det(A)=\det(B)$이다.

2. 크라머 공식을 이용하여, 다음 선형연립방정식

$$\begin{cases} x+2y+z=5 \\ 2x+2y+z=6 \\ x+2y+3z=9 \end{cases}$$

의 해를 구하시오.

3. 다음 선형연립방정식

$$\begin{cases} x-y+3z=a \\ 3x-3y+9z=b \\ -2x+2y-6z=c \end{cases}$$

가 해를 갖기 위한 조건을 구하시오.

4. 동차선형연립방정식

$$\begin{cases} (a-\lambda)x+by=0 \\ cx+(d-\lambda)y=0 \end{cases}$$

이 자명하지 않은 해를 갖기 위한 조건을 구하시오.

5. 다음 각 동차선형연립방정식이 비자명해를 갖기 위한 계수 a, b, c의 관계식을 구하시오.

(1) $\begin{cases} ax+by+c=0 \\ cx+ay+b=0 \\ bx+cy+a=0 \end{cases}$ (2) $\begin{cases} ax+b(x-1)+c(x-y)=0 \\ a(y-1)+by+c(y-x)=0 \\ a(1-y)+b(1-x)+c=0 \end{cases}$

6. 3차 정사각행렬 $A=\begin{bmatrix} a & b & c \\ d & e & f \\ g & h & i \end{bmatrix}$의 행렬식이 3, 즉 $\det(A)=3$일 때

$$B=\begin{bmatrix} a & b & c \\ 2g & 2h & 2i \\ d+2a & c+2b & f+2c \end{bmatrix}$$

로 주어진 행렬 B의 행렬식, 즉 $\det(B)$를 구하시오.

7. 가우스 소거법과 크라머 공식을 각각 이용하여, 다음 선형연립방정식

$$\begin{cases} x+\ \ y+2z=\ 8 \\ -x-2y+3z=\ 1 \\ 3x-7y+4z=10 \end{cases}$$

의 해가 $x=3,\ y=1,\ z=2$임을 보이시오.

제5장

벡터공간

5.1 벡터공간

1. 벡터공간

n차원 유클리드 공간의 벡터개념을 일반화한다. 복소수체 위에서도 벡터공간을 다룰 수 있으나, 여기서는 주로 실수체 위의 벡터공간의 성질을 이해한다. 유한차원 벡터공간은 유클리드 공간과 동형이므로 대부분의 벡터공간에 대한 성질들을 유클리드 공간의 학습을 통하여 알 수 있다. 벡터공간에 대한 원리를 최초로 서술한 사람은 이탈리아의 수학자 페아노(Peano)로 알려져 있다.

(1) 벡터공간

정의 1 벡터공간

공집합이 아닌 임의의 집합 V가 두 연산 덧셈(vector addition) '+'와 스칼라배 '·'에 대하여 닫혀있고, 임의의 $\mathbf{x}$, $\mathbf{y}$, $\mathbf{z} \in V$와 α, $\beta \in R$에 대하여 다음 여덟 가지 연산법칙

(1) $\mathbf{x}+\mathbf{y}=\mathbf{y}+\mathbf{x}$

(2) $(\mathbf{x}+\mathbf{y})+\mathbf{z}=\mathbf{x}+(\mathbf{y}+\mathbf{x})$

(3) 모든 $\mathbf{x} \in V$에 대하여, $\mathbf{x}+\mathbf{0}=\mathbf{x}$를 만족하는 영벡터 $\mathbf{0} \in V$이 유일하게 존재한다.

(4) 각 $\mathbf{x} \in V$에 대하여, $\mathbf{x}+(-\mathbf{x})=\mathbf{0}$을 만족하는 $\mathbf{x}$의 음벡터 $-\mathbf{x} \in V$가 유일하게 존재한다.

(5) $\alpha(\mathbf{x}+\mathbf{y})=\alpha\mathbf{x}+\alpha\mathbf{y}$

(6) $(\alpha+\beta)\mathbf{x}=\alpha\mathbf{x}+\beta\mathbf{x}$

(7) $(\alpha\beta)\mathbf{x}=\alpha(\beta\mathbf{x})=\beta(\alpha\mathbf{x})$

(8) $1\mathbf{x}=\mathbf{x}$

을 만족할 때, 집합 V를 주어진 연산에 관한 R 위에서의 **벡터공간**(vector space) 또는 간단히 **실벡터공간**(real vector space)이라 하고, $(V, +, \cdot)$ 또는 간단히 V로 표기한다. 또한 벡터공간의 원소를 벡터라 하고, 영벡터 $\mathbf{0}$을 **가법항등원**이라 한다.

이 책에서는 주로 실수체 위의 벡터공간, 즉 실벡터공간에 대한 성질을 다룬다. 따라서 특

별한 언급이 없는 한, 실벡터공간을 간단히 벡터공간이라 한다. '실'이라는 글자의 의미는 사용된 스칼라가 실수라는 것이다. 어떤 경우는 실수를 복소수로 확장하는 것이 필요한데, 이 경우 C 위의 **복소벡터공간** (complex vector space)이라 한다.

예 1

$R^n = \{\mathbf{x} \mid \mathbf{x} = (x_1, x_2, \cdots, x_n), x_i \in R\}$ 위에서 덧셈과 스칼라배에 관한 연산을 임의의 $\mathbf{x} = (x_1, x_2, x_3)$, $\mathbf{y} = (y_1, y_2, y_3) \in R^3$와 $\alpha \in R$에 대하여

$$\mathbf{x} + \mathbf{y} = (x_1 + y_1, x_2 + y_2, \cdots, x_n + y_n), \alpha\mathbf{x} = (\alpha x_1, \alpha x_2, \cdots, \alpha x_n)$$

으로 정의하면 R^n은 벡터공간이 된다. 이때 R^n을 n**차원 유클리드 공간** (n-dimensional Euclidian space)이라 하고, R^n의 벡터 $\mathbf{x}$는 **행벡터** (row vector) 또는 **열벡터** (column vector)로 표현된다. 여기서 영벡터를 $\mathbf{0} = (0, 0, \cdots, 0)$으로, $\mathbf{u} = (u_1, u_2, \cdots, u_n)$에 대하여 $-\mathbf{u} = (-u_1, -u_2, \cdots, -u_n)$으로 정의한다. ■

예 2

2차원 유클리드 공간 R^2는 벡터공간이다. 그러나

$$R^2 = \{\mathbf{x} \mid \mathbf{x} = (x_1, x_2), x_i \in R\}$$

위에 덧셈과 스칼라배에 관한 연산을 임의의 $\mathbf{x} = (x_1, x_2, x_3)$, $\mathbf{y} = (y_1, y_2, y_3) \in R^3$와 $\alpha \in R$에 대하여

$$\mathbf{x} + \mathbf{y} = (x_1 + y_1, x_2 + y_2), \alpha\mathbf{x} = (\alpha x_1, 0)$$

으로 정의하면, R^2는 새로운 연산에 관하여 벡터공간을 이루지 못한다. 왜냐하면

$$\mathbf{x} = (2, 1)\text{이면, } 1\mathbf{x} = (2, 0) \neq \mathbf{x}$$

이므로, 정의 1 (8)을 만족하지 못하기 때문이다. ■

예 3

모든 성분이 실수인 $m \times n$ 행렬 전체의 집합을 $M_{m \times n}$이라 하자. 이때 $m = n$이면 M_n으로 표기한다. $M_{m \times n}$에서 덧셈과 스칼라배를 각각 통상적인 행렬의 합과 스칼라배로 정의하면 $M_{m \times n}$은 이 연산에 관하여 벡터공간을 이룬다. ■

예 4

실수를 계수로 하는 모든 차수의 다항식 전체의 집합을

$$P = \{p = a_0 + a_1 x + \cdots + a_n x^n \mid n \geq 0,\ a_i \in R\}$$

라 하고, P에 통상적인 다항식의 덧셈과 스칼라배를 정의하면 P는 이 연산에 관하여 벡터공간을 이룬다. ■

집합 $V = \{\mathbf{0}\}$에서 스칼라 k에 대하여 덧셈과 스칼라배를 각각

$$\mathbf{0} + \mathbf{0} = \mathbf{0},\quad k\mathbf{0} = \mathbf{0}$$

으로 정의하면, V는 이 연산에 관하여 벡터공간이 된다. 이것을 **영벡터공간**(zero vector space) 또는 **자명한 벡터공간**(trivial vector space)이라 한다.

정리 2

V가 벡터공간일 때, 다음이 성립한다.

(1) 모든 실수 α에 대하여, $\alpha\mathbf{0} = \mathbf{0}$

(2) 모든 $\mathbf{x} \in V$에 대하여, $0\mathbf{x} = \mathbf{0}$

(3) 만일 $\alpha\mathbf{x} = \mathbf{0}$ (단, $\alpha \in R$, $\mathbf{x} \in V$)이면, $\alpha = 0$ 또는 $\mathbf{x} = \mathbf{0}$이다.

(4) 모든 $\mathbf{x} \in V$에 대하여 $(-1)\mathbf{x} = -\mathbf{x}$이다. 이때 $-\mathbf{x}$를 $\mathbf{x}$의 덧셈에 관한 **역원**이라고 한다.

(5) 각각의 $\mathbf{u}$, $\mathbf{v} \in V$에 대하여, $\mathbf{x} + \mathbf{u} = \mathbf{v}$를 만족하는 $\mathbf{x} \in V$가 유일하게 존재한다. 실제로 $\mathbf{x} = \mathbf{v} + (-\mathbf{u}) = \mathbf{v} - \mathbf{u}$이다.

증명 여기서는 (4)만 증명하고, 나머지는 독자에게 남긴다. 모든 $\mathbf{x} \in V$에 대하여

$$\begin{aligned}\mathbf{x} + (-1)\mathbf{x} &= 1\mathbf{x} + (-1)\mathbf{x} \\ &= [1 + (-1)]\mathbf{x} = 0\mathbf{x} = \mathbf{0}\end{aligned}$$

이므로, $(-1)\mathbf{x} = -\mathbf{x}$가 성립한다. ■

벡터공간 V의 영벡터 $\mathbf{0}$은 유일하다. 또 각 $\mathbf{u} \in V$에 대해 $-\mathbf{u}$도 유일하다. 왜냐하면 정리 2 (5)에서 $\mathbf{u} = \mathbf{v}$이면 $\mathbf{0}$이 유일함을 알 수 있고, $\mathbf{v} = \mathbf{0}$이라 하면 $-\mathbf{u}$가 유일함을 알 수 있다.

(2) 부분공간

정의 3 부분공간

H가 벡터공간 V의 공집합이 아닌 부분집합이고 V에서 정의된 덧셈과 스칼라배에 관하여 H 자신이 벡터공간이 되면, H를 V의 **부분공간**(subspace)이라 한다.

예 5

n차 가역행렬들의 집합은 벡터공간 M_n의 부분공간이 아니나. 또한

$$V = \{(x,\ y) \in R^2 \mid x,\ y \geq 0\}$$

도 R^2의 부분공간이 아니다. ■

정리 4 2-step 부분공간 판정법

벡터공간 V의 공집합이 아닌 부분집합 H에 대하여, H가 V의 부분공간일 필요충분조건은

(1) 모든 $\mathbf{x},\ \mathbf{y} \in H$에 대하여, $\mathbf{x} + \mathbf{y} \in H$

(2) $\mathbf{x} \in H$이면, 모든 스칼라 α에 대하여 $\alpha\mathbf{x} \in H$

이다.

모든 벡터공간의 부분공간은 영벡터 $\mathbf{0}$을 포함해야 한다. 임의의 벡터공간 V에 대하여 V 자신과 $\{\mathbf{0}\}$은 V의 부분공간이 된다. 이때 $\{\mathbf{0}\}$과 V를 V의 **자명한 부분공간**(trivial subspace)이라 하며, 특히 $\{\mathbf{0}\}$을 **영부분공간**(zero subspace) 또는 간단히 **영공간**(zero space)이라고 한다.

예 6

$H = \left\{ f \in C[0,\ 1] \mid \int_0^1 f(x)\,dx = 0 \right\}$일 때, H는 $C[0,\ 1]$의 부분공간이다. ■

예 7

실수를 계수로 하는 차수가 n보다 같거나 작은 모든 다항식의 집합을

$$P_n = \{ p = a_0 + a_1 x + \cdots + a_n x^n \mid a_i \in R \}$$

이라 하자. 그러면 $\{ p \in P_n \mid p(0) = 0 \}$는 통상적인 다항식의 연산에 관하여 P_n의 부분공간이지만 $\{ p \in P_n \mid p(1) = 1 \}$은 P_n의 부분공간이 아니다. ■

예 8

$\left\{ \begin{bmatrix} a & b \\ c & d \end{bmatrix} \mid a + b = 0 \right\}$는 M_2의 부분공간이지만, $\left\{ \begin{bmatrix} a & b \\ c & d \end{bmatrix} \mid a + d = 1 \right\}$는 M_2의 부분공간이 아니다. ■

참고

H가 R^n의 부분공간일 필요충분조건은 모든 실수 k_1, k_2와 모든 $\mathbf{w}_1$, $\mathbf{w}_2 \in H$에 대하여, $k_1 \mathbf{w}_1 + k_2 \mathbf{w}_2 \in H$이다.

따름정리

벡터공간 V의 공집합이 아닌 부분집합 H에 대하여, H가 V의 부분공간일 때 다음이 성립한다.

(1) $\mathbf{0} \in H$ (2) 모든 $\mathbf{x} \in H$에 대하여, $-\mathbf{x} \in H$

예 9

R^3의 부분집합 $W_1 = \{(a_1, a_2, 0) \mid a_1, a_2 \in R\}$은 R^3의 부분공간이 된다. 그러나 R^3의 부분집합 $W_2 = \{(a_1, a_2, 1) \mid a_1, a_2 \in R\}$는 R^3의 부분공간이 아니다. 왜냐하면 $\mathbf{0} = (0, 0, 0) \notin W_2$이기 때문이다. ■

실제로 R^2의 부분공간은 영공간 $\{\mathbf{0}\}$, 원점을 지나는 직선, R^2 자신의 세 종류뿐이다. 또한 R^3의 부분공간은 영공간 $\{\mathbf{0}\}$, 원점을 지나는 직선과 원점을 지나는 평면, R^3 자신의 네 종류로 분류된다.

예 10

R^2에서, 직선 $y = x$ 위의 점들의 집합 U, 즉

$$U=\{(x,\ y) \mid y=x,\ x \in R\}$$

는 R^2의 부분공간이지만, 직선 $y=x+1$ 위의 점들의 집합 V, 즉

$$V=\{(x,\ y) \mid y=x+1,\ x \in R\}$$

는 R^2의 부분공간이 아니다. 왜냐하면 $(x_1,\ y_1)$과 $(x_2,\ y_2)$가 V의 두 점일 때 $(x_1+x_2,\ y_1+y_2) \notin V$이기 때문이다. ■

V가 벡터공간일 때, 스칼라 $a_1,\ a_2,\ \cdots,\ a_n$과 V의 부분집합 $\{\mathbf{v}_1,\ \mathbf{v}_2,\ \cdots,\ \mathbf{v}_n\}$에 대하여 벡터 $\mathbf{x} \in V$가

$$\mathbf{x}=a_1\mathbf{v}_1+a_2\mathbf{v}_2+\cdots+a_n\mathbf{v}_n$$

형태로 표시되면, $\mathbf{x}$를 벡터 $\mathbf{v}_1,\ \mathbf{v}_2,\ \cdots,\ \mathbf{v}_n$의 **일차결합**이라고 한다.

예 11

R^2의 두 벡터 $\mathbf{v}_1=(1,\ 0),\ \mathbf{v}_2=(0,\ 1)$에 대하여

$$\mathbf{x}=(3,\ -2)=3(1,\ 0)+(-2)(0,\ 1)=3\mathbf{v}_1+(-2)\mathbf{v}_2$$

이므로, $\mathbf{x}$는 $\mathbf{v}_1,\ \mathbf{v}_2$의 일차결합이다. ■

정리 5

V가 벡터공간일 때, $S=\{\mathbf{v}_1,\ \mathbf{v}_2,\ \cdots,\ \mathbf{v}_n\} \subset V$에 대하여 집합

$$W=\{\mathbf{v} \mid \mathbf{v}=a_1\mathbf{v}_1+a_2\mathbf{v}_2+\cdots+a_n\mathbf{v}_n,\ a_i \in R\}$$

는 V의 부분공간이 된다. 이 W를 S에 의하여 생성된 V의 부분공간이라고 한다.

증명 $\mathbf{x},\ \mathbf{y} \in W$와 $k \in R$이라 하자. 그러면 $a_i,\ b_i \in R$ (단, $i=1,\ 2,\ \cdots,\ n$)에 대하여

$$\mathbf{x}=a_1\mathbf{v}_1+a_2\mathbf{v}_2+\cdots+a_n\mathbf{v}_n,\quad \mathbf{y}=b_1\mathbf{v}_1+b_2\mathbf{v}_2+\cdots+b_n\mathbf{v}_n$$

으로 쓸 수 있으므로

$$\mathbf{x}+\mathbf{y}=(a_1+b_1)\mathbf{v}_1+(a_2+b_2)\mathbf{v}_2+\cdots+(a_n+b_n)\mathbf{v}_n$$
$$k\mathbf{x}=(ka_1)\mathbf{v}_1+(ka_2)\mathbf{v}_2+\cdots+(ka_n)\mathbf{v}_n$$

이 성립한다. 따라서 $\mathbf{x}+\mathbf{y} \in W,\ k\mathbf{x} \in W$이다. 그러므로 W는 V의 부분공간이다. ■

W가 집합 S에 의하여 생성된 V의 부분공간일 때 집합 S는 W를 생성한다고 한다. 이때 S를 W의 **생성집합**(spanning set)이라고 하며, 기호로는

$$W = \text{span}(S) = \text{span}\{\mathbf{v}_1, \mathbf{v}_2, \cdots, \mathbf{v}_n\}$$

으로 나타낸다. 사실 $\text{span}\{\mathbf{v}_1, \mathbf{v}_2, \cdots, \mathbf{v}_n\}$은 $\{\mathbf{v}_1, \mathbf{v}_2, \cdots, \mathbf{v}_n\}$을 포함하는 V의 가장 작은 부분공간이다.

예 12

R^3의 모든 벡터는 $\{(1, 0, 0), (0, 1, 0), (0, 0, 1)\}$의 일차결합으로 나타낼 수 있으므로

$$R^3 = \text{span}\{(1, 0, 0), (0, 1, 0), (0, 0, 1)\}$$

이다. ■

예 13

$r, s \geq 1$이면

$$\text{span}\{\mathbf{v}_1, \cdots, \mathbf{v}_r, \mathbf{w}_1, \cdots, \mathbf{w}_s\} = \text{span}\{\mathbf{v}_1, \cdots, \mathbf{v}_r\} + \text{span}\{\mathbf{w}_1, \cdots, \mathbf{w}_s\}$$

가 된다. ■

참고

V가 벡터공간일 때, $\mathbf{v}_1, \mathbf{v}_2, \cdots, \mathbf{v}_n \in V$이면 다음은 서로 동치이다.

(1) $\mathbf{v} \in \text{span}\{\mathbf{v}_1, \mathbf{v}_2, \cdots, \mathbf{v}_n\}$

(2) $\text{span}\{\mathbf{v}, \mathbf{v}_1, \mathbf{v}_2, \cdots, \mathbf{v}_n\} = \text{span}\{\mathbf{v}_1, \mathbf{v}_2, \cdots, \mathbf{v}_n\}$

정의 6

벡터공간 V의 공집합이 아닌 부분집합 S_1, S_2에 대하여

$$S_1 + S_2 = \{\mathbf{v}_1 + \mathbf{v}_2 \mid \mathbf{v}_1 \in S_1, \mathbf{v}_2 \in S_2\}$$

로 정의한다.

예 14

벡터공간 V의 공집합이 아닌 부분공간 S_1, S_2에 대하여, $S_1 \cap S_2$와 $S_1 + S_2$는 V의 부분공간이 된다. 이때 $S_1 + S_2$는 S_1, S_2를 포함하는 가장 작은 부분공간이다. 그러나 $S_1 \cup S_2$는 일반적으로 부분공간이 되지 않는다. ■

참고

S_1, S_2가 벡터공간 V의 공집합이 아닌 부분공간일 때, $S_1 + S_2$의 각 벡터 $\mathbf{x}$에 대하여 $\mathbf{x} = \mathbf{x}_1 + \mathbf{x}_2$를 만족하는 $\mathbf{x}_1 \in S_1$과 $\mathbf{x}_2 \in S_2$가 유일하게 존재하면, $S_1 + S_2$를 S_1, S_2의 **직합** (direct sum)이라 하고 $S_1 \oplus S_2$로 표기한다. 직합은 여러 가지로 표현될 수 있다. 한편 $S = S_1 + S_2$이면 $S = S_1 \oplus S_2$와 $S_1 \cap S_2 = \{\mathbf{0}\}$은 서로 동치가 된다.

정의 7 해공간

$m \times n$ 행렬 A에 대하여 집합

$$W = \{\mathbf{x} \in R^n \mid A\mathbf{x} = \mathbf{0}\}$$

는 벡터공간 R^n의 부분공간이다. 이때 R^n의 부분공간 W를 연립방정식 $A\mathbf{x} = \mathbf{0}$의 **해공간** (solution space) 또는 행렬 A의 **영공간** (null space)이라 한다.

예 15

다음 동차선형연립방정식

$$\begin{cases} x_1 - x_2 + 2x_3 = 0 \\ x_1 - x_2 + 3x_3 + 2x_4 = 0 \end{cases}$$

의 해공간을 구해보자. 연립방정식의 첨가행렬

$$\begin{bmatrix} 1 & -1 & 2 & 0 & : & 0 \\ 1 & -1 & 3 & 2 & : & 0 \end{bmatrix}$$

으로부터 행사다리꼴

$$\begin{bmatrix} 1 & -1 & 2 & 0 & : & 0 \\ 0 & 0 & 1 & 2 & : & 0 \end{bmatrix}$$

을 얻는다. 따라서 이 첨가행렬에 대응하는 연립방정식은

$$\begin{cases} x_1 - x_2 + 2x_3 \qquad = 0 \\ \qquad\qquad x_3 + 2x_4 = 0 \end{cases}$$

이다. 이때 자유변수

$$x_2 = s,\ x_4 = t$$

를 각각 지정하면

$$x_3 = -2x_4 = -2t,\ x_1 = x_2 - 2x_3 = s + 4t$$

이므로, 해공간은 $\{(s+4t,\ s,\ -2t,\ t) \mid s,\ t \in R\}$로 주어진다. ■

(3) 일차독립과 일차종속

참고

힐(Hill)의 1900년 행성이론에 관한 논문에 일차결합의 개념이 처음 소개되었고, 일차독립과 일차종속의 개념은 1907년 Bocher에 의해 비로소 알려지게 되었다.

정의 8 생성

벡터공간 V의 벡터 $\mathbf{v}_1,\ \mathbf{v}_2,\ \cdots,\ \mathbf{v}_n$의 일차결합으로 V의 모든 벡터들을 표현할 수 있을 때, $\{\mathbf{v}_1,\ \mathbf{v}_2,\ \cdots,\ \mathbf{v}_n\}$이 V를 **생성**(span)한다고 한다. 즉 모든 $\mathbf{v} \in V$에 대하여

$$\mathbf{v} = a_1\mathbf{v}_1 + a_2\mathbf{v}_2 + \cdots + a_n\mathbf{v}_n$$

이 되는 스칼라 $a_1,\ a_2,\ \cdots,\ a_n$이 존재한다.

예 16

V_3에서 표준기저벡터들의 집합 $\{(1,\ 0,\ 0),\ (0,\ 1,\ 0),\ (0,\ 0,\ 1)\}$은 R^3를 생성한다. 또한 단항식들의 집합 $\{1,\ x,\ x^2,\ \cdots,\ x^n\}$은 P_n을 생성한다. ■

정의 9 일차독립과 일차종속

공집합이 아닌 $S = \{\mathbf{v}_1,\ \mathbf{v}_2,\ \cdots,\ \mathbf{v}_n\}$가 벡터공간 V의 부분집합일 때, 적어도 하나는 0이 아닌 스칼라 $a_1,\ a_2,\ \cdots,\ a_n$에 대하여

$$a_1\mathbf{v}_1 + a_2\mathbf{v}_2 + \cdots + a_n\mathbf{v}_n = \mathbf{0}$$

을 만족하면, $\mathbf{v}_1, \mathbf{v}_2, \cdots, \mathbf{v}_n$ (또는 집합 S)을 **일차종속** (linearly dependent)이라고 한다. 한편 $\mathbf{v}_1, \mathbf{v}_2, \cdots, \mathbf{v}_n$ (또는 집합 S)이 일차종속이 아니면, 즉

$$a_1 = a_2 = \cdots = a_n = 0$$

일 때 **일차독립** (linearly independent)이라고 한다.

V가 벡터공간일 때, $\mathbf{0}$이 아닌 단 하나의 벡터 $\mathbf{v} \in V$는 일차독립이다. 한편 공집합이 아닌 $S = \{\mathbf{v}_1, \mathbf{v}_2, \cdots, \mathbf{v}_n\}$가 V의 부분집합일 때, $\mathbf{v}_1, \mathbf{v}_2, \cdots, \mathbf{v}_n$ 중에서 적어도 하나가 $\mathbf{0}$이거나 같은 벡터가 2개 있으면 $\mathbf{v}_1, \mathbf{v}_2, \cdots, \mathbf{v}_n$은 일차종속이 된다.

예 17

V_3에서 표준기저벡터 $\mathbf{i} = (1, 0, 0)$, $\mathbf{j} = (0, 1, 0)$과 $\mathbf{k} = (0, 0, 1)$은 일차독립이다. 반면에 V_3에서 세 벡터

$$\mathbf{a} = (1, 2, 3),\ \mathbf{b} = (-1, 2, 7),\ \mathbf{c} = (-1, 6, 17)$$

을 생각하면 $\mathbf{a} + 2\mathbf{b} - \mathbf{c} = \mathbf{0}$이므로, 세 벡터 $\mathbf{a}$, $\mathbf{b}$, $\mathbf{c}$는 일차종속이다. ■

예 18

$A_1 = \begin{bmatrix} 1 & -1 \\ 2 & 0 \end{bmatrix}$, $B_1 = \begin{bmatrix} 1 & 0 \\ 0 & -2 \end{bmatrix}$, $C_1 = \begin{bmatrix} 0 & -1 \\ 2 & 2 \end{bmatrix}$로 주어진 2차 정사각행렬에 대하여, $A_1 = B_1 + C_1$을 만족하므로 $\{A_1, B_1, C_1\}$은 벡터공간 M_2에서 일차종속이다. 반면에

$$A_2 = \begin{bmatrix} 1 & 0 \\ 0 & 0 \end{bmatrix},\ B_2 = \begin{bmatrix} 0 & 1 \\ 0 & 0 \end{bmatrix},\ C_2 = \begin{bmatrix} 0 & 0 \\ 1 & 0 \end{bmatrix},\ D_2 = \begin{bmatrix} 0 & 0 \\ 0 & 1 \end{bmatrix}$$

이라 하면, $c_1A_2 + c_2B_2 + c_3C_2 + c_4D_2 = O$일 때 $c_1 = c_2 = c_3 = c_4 = 0$이 된다. 따라서 $\{A_2, B_2, C_2, D_2\}$는 벡터공간 M_2에서 일차독립이 된다. ■

예 19

벡터공간 V의 벡터 $\mathbf{v}_1, \mathbf{v}_2, \cdots, \mathbf{v}_m$이 일차종속이면, 모든 $\mathbf{w} \in V$에 대해 $\mathbf{v}_1, \mathbf{v}_2, \cdots, \mathbf{v}_m, \mathbf{w}$도 일차종속이다. ■

벡터의 집합 S가 일차독립이라는 의미는 S 안의 어떤 벡터도 다른 벡터들의 일차결합으로 표시될 수 없는, 모두가 반드시 필요한 벡터들이라는 것이다.

참고

V_n에서 n개의 열벡터 $\mathbf{x}_1 = \begin{bmatrix} x_{11} \\ x_{21} \\ \vdots \\ x_{n1} \end{bmatrix}, \mathbf{x}_2 = \begin{bmatrix} x_{12} \\ x_{22} \\ \vdots \\ x_{n2} \end{bmatrix}, \cdots, \mathbf{x}_n = \begin{bmatrix} x_{1n} \\ x_{2n} \\ \vdots \\ z_{nn} \end{bmatrix}$이 일차독립이 되기 위한 필요충분조건은 n차 정사각행렬

$$A = \begin{bmatrix} x_{11} & x_{12} & \cdots & x_{1n} \\ x_{21} & x_{22} & \cdots & x_{2n} \\ \vdots & \vdots & \vdots & \vdots \\ x_{n1} & x_{n2} & \cdots & x_{nn} \end{bmatrix}$$

이 가역행렬, 즉 $\det(A) \neq 0$일 경우이다.

예 20

R^3의 세 벡터 $(1, 0, 0)$, $(1, 1, 0)$, $(1, 1, 1)$은 일차독립이다. 왜냐하면

$$D = \begin{vmatrix} 1 & 0 & 0 \\ 1 & 1 & 0 \\ 1 & 1 & 1 \end{vmatrix} = 1 \neq 0$$

을 만족하기 때문이다. ■

정리 10

V가 벡터공간일 때, V에서 $\mathbf{0}$이 아닌 2개 이상의 벡터 $\mathbf{v}_1, \mathbf{v}_2, \cdots, \mathbf{v}_n$에 대하여 집합 $S = \{\mathbf{v}_1, \mathbf{v}_2, \cdots, \mathbf{v}_n\}$가 일차종속일 필요충분조건은 $\mathbf{v}_1, \mathbf{v}_2, \cdots, \mathbf{v}_n$ 중 하나가 나머지 벡터들의 일차결합으로 표시되는 것이다.

증명 집합 S가 일차종속이면

$$a_1\mathbf{v}_1 + a_2\mathbf{v}_2 + \cdots + a_n\mathbf{v}_n = \mathbf{0}$$

을 만족하는 모두는 0이 아닌 스칼라 $a_1, a_2, \cdots, a_n$이 존재한다. 이때 $a_1 \neq 0$이라 하면

$$\mathbf{v}_1 = \left(-\frac{a_2}{a_1}\right)\mathbf{v}_2 + \cdots + \left(-\frac{a_n}{a_1}\right)\mathbf{v}_n$$

이므로, $\mathbf{v}_1$은 S에 속하는 나머지 벡터들의 일차결합으로 표시된다. 역으로 일반성을 잃지 않고

$$\mathbf{v}_1 = a_2\mathbf{v}_2 + \cdots + a_n\mathbf{v}_n$$

이라 하면

$$(-1)\mathbf{v}_1 + a_2\mathbf{v}_2 + \cdots + a_n\mathbf{v}_n = \mathbf{0}$$

이다. 따라서 $-1 \neq 0$이므로 S는 일차종속이다. ■

n개의 벡터 $\mathbf{v}_1$, $\mathbf{v}_2$, $\cdots$, $\mathbf{v}_n$이 일차독립이고, $\mathbf{v}_1$, $\mathbf{v}_2$, $\cdots$ $\mathbf{v}_n$, $\mathbf{b}$가 일차종속이면 $\mathbf{b}$는 $\mathbf{v}_1$, $\mathbf{v}_2$, $\cdots$, $\mathbf{v}_n$의 일차결합

$$\mathbf{b} = a_1\mathbf{v}_1 + a_2\mathbf{v}_2 + \cdots + a_n\mathbf{v}_n$$

인 형태로 유일하게 표시된다.

예제 1

단항식들 1, x, x^2, $\cdots$, x^n은 P_n에서 일차독립이다.

증명 1, x, x^2, $\cdots$, x^n이 일차종속이면

$$x^k = a_0 + a_1x + a_2x^2 + \cdots + a_{k-1}x^{k-1}$$

이 되고, 정수 k와 상수 a_1, a_2, $\cdots$, a_{k-1}이 존재한다. 그러나 좌변은 k차인 다항식인 반면에 우변은 $k-1$과 같거나 보다 작은 차수이므로 이것은 불가능하다. 따라서 단항식들 1, x, x^2, $\cdots$, x^n은 일차독립이 된다. ■

R^n에서 n개보다 많은 벡터들의 집합은 일차종속이다. 예를 들면 V_3에서

$$S = \{(1,\ 2,\ 3),\ (-1,\ 2,\ 3),\ (4,\ 5,\ 6),\ (3,\ 3,\ 8)\}$$

는 일차종속이다.

참고

$f_1(x)$, $f_2(x)$, $\cdots$, $f_n(x)$가 구간 $(-\infty,\ \infty)$에서 $n-1$번 미분가능한 함수이고, 어떤 x_0

에 대하여 **론스키안**(Wronskian) $W(x_0)$, 즉

$$W(x_0)=\begin{bmatrix} f_1(x_0) & \cdots & f_n(x_0) \\ f_1{}'(x_0) & \cdots & f_n{}'(x_0) \\ \vdots & \vdots & \vdots \\ f_1{}^{(n-1)}(x_0) & \cdots & f_n^{(n-1)}(x_0) \end{bmatrix}$$

가 0이 아니라면 $f_1(x)$, $f_2(x)$, $\cdots$, $f_n(x)$는 일차독립이다.

R^n의 벡터 $\mathbf{x}_0$, $\mathbf{v}_1$, $\mathbf{v}_2$, $\cdots$, $\mathbf{v}_n$에 대하여

$$\mathbf{x}=\mathbf{x}_0+t_1\mathbf{v}_1+t_2\mathbf{v}_2+\cdots+t_n\mathbf{v}_n$$

형태의 벡터들의 집합

$$\{\mathbf{x} \mid \mathbf{x}=\mathbf{x}_0+t_1\mathbf{v}_1+t_2\mathbf{v}_2+\cdots+t_n\mathbf{v}_n\}$$

는 부분공간

$$\{\mathbf{x} \mid \mathbf{x}=t_1\mathbf{v}_1+t_2\mathbf{v}_2+\cdots+t_n\mathbf{v}_n\}$$

를 $\mathbf{x}_0$만큼 평행이동한 집합이다. 이와 같이 부분공간을 평행이동한 집합을 **Affine 공간, 선형 다양체**(linear manifold) 등으로 불린다.

(4) 벡터공간의 기저와 차원

벡터공간의 가장 기본이 되는 벡터가 기저이다. 왜냐하면 모든 벡터는 기저의 일차결합으로 유일하게 표현되기 때문이다. 벡터공간의 기저를 이루는 벡터의 개수를 차원으로 정의한다.

① 벡터공간의 기저

정의 11 기저

공집합이 아닌 $\{\mathbf{v}_1, \mathbf{v}_2, \cdots, \mathbf{v}_n\}$이 벡터공간 V의 부분집합일 때, $\{\mathbf{v}_1, \mathbf{v}_2, \cdots, \mathbf{v}_n\}$이 V를 생성하고 일차독립이면, $\{\mathbf{v}_1, \mathbf{v}_2, \cdots, \mathbf{v}_n\}$을 V의 **기저**(basis)라고 한다.

부분공간 $V=\{\mathbf{0}\}$에는 일차독립인 벡터가 존재하지 않음으로 기저가 존재하지 않는다.

예 21

R^3에서 원점을 지나는 직선을 V라 할 때, V의 임의의 $\mathbf{0}$ 아닌 벡터는 V의 기저를 이룬다. 또한 R^3에서 원점을 지나는 평면을 V라 할 때, V의 임의의 서로 상수배가 아닌 $\mathbf{0}$ 아닌 두 벡터는 V의 기저를 이룬다. ■

예 22

R^3의 벡터

$$\mathbf{x}_1 = (1,\ 1,\ 1),\ \mathbf{x}_2 = (1,\ 1,\ 0),\ \mathbf{x}_3 = (1,\ 0,\ 0)$$

으로 이루어진 $S = \{\mathbf{x}_1,\ \mathbf{x}_2,\ \mathbf{x}_3\}$는 R^3의 기저가 된다. ■

예 23

$\left\{\begin{bmatrix} 1 & 0 \\ 0 & 0 \end{bmatrix}, \begin{bmatrix} 0 & 1 \\ 1 & 0 \end{bmatrix}, \begin{bmatrix} 0 & 0 \\ 0 & 1 \end{bmatrix}\right\}$은 임의의 2차 대칭행렬들로 이루어진 벡터공간에 대한 기저이다. ■

참고

기저를 잡는 방법은 일정하지 않다. 일반적으로 R^2에서 임의의 두 벡터 $(a_1,\ a_2)$와 $(b_1,\ b_2)$는

$$\begin{vmatrix} a_1 & a_2 \\ b_1 & b_2 \end{vmatrix} \neq 0$$

일 때, R^2의 기저가 된다. 이는 R^3에서도 같은 방법으로 설명될 수 있다.

정리 12

R^n에서 임의의 n개의 일차독립인 벡터들의 집합은 R^n의 기저가 된다. 또한 벡터공간에서 임의의 두 기저들은 항상 같은 수의 벡터를 가진다.

벡터공간 V의 벡터 $\mathbf{v}_1,\ \mathbf{v}_2,\ \cdots,\ \mathbf{v}_n$이 일차독립이면 $\{\mathbf{v}_1,\ \mathbf{v}_2,\ \cdots,\ \mathbf{v}_n\}$은

$$\text{span}\{\mathbf{v}_1,\ \mathbf{v}_2,\ \cdots,\ \mathbf{v}_n\}$$

의 기저이다.

참고

집합 $S=\{\mathbf{v}_1, \mathbf{v}_2, \cdots, \mathbf{v}_n\}$가 R^n의 부분공간 V의 기저일 때, V의 모든 벡터 $\mathbf{v}$는 기저 S의 일차결합으로 유일하게 표현된다.

예 24

R^n의 기본단위벡터

$$\mathbf{e}_1=(1, 0, 0, \cdots, 0),\ \mathbf{e}_2=(0, 1, 0, \cdots, 0),\ \cdots,\ \mathbf{e}_n=(0, 0, 0, \cdots, 1)$$

은 일차독립이고, R^n을 생성한다. 따라서 집합

$$S=\{\mathbf{e}_1, \mathbf{e}_2, \cdots, \mathbf{e}_n\}$$

는 R^n의 기저이다. 이때 S를 R^n의 **표준기저**(standard basis)라고 한다. ■

② 벡터공간의 차원

정의 13 벡터공간의 차원

자명하지 않은 벡터공간 V가 유한기저를 가질 때, V의 **차원**(dimension)은 기저에 포함된 벡터들의 개수로 정의하고, 기호로는

$$\dim V=n$$

으로 표시한다. 만일 V가 유한기저를 갖지 않으면 V를 **무한차원의 벡터공간**이라고 한다. 또한 $V=\{\mathbf{0}\}$이면 V의 차원은 0으로 정의한다.

예 25

$\dim R^n=n$이고, $\dim P_n=n+1$이다. 한편 $C[0, 1]$은 무한차원의 벡터공간이 된다. 왜냐하면 함수 $1, x, x^2, \cdots$가 모두 $C[0, 1]$의 원소이고 일차독립이기 때문이다. ■

예 26

벡터 $\mathbf{a}=(1, 2, 3)$에 의해 만들어지는 초평면

$$\mathbf{a}^{\perp}=\{\mathbf{x}\in R^3 \mid \mathbf{a}\cdot\mathbf{x}=0\}$$

의 기저와 차원을 구해보자. $\mathbf{x} = (x,\ y,\ z) \in \mathbf{a}^{\perp}$이면 $\mathbf{a} \cdot \mathbf{x} = 0$이므로 $x + 2y + 3z = 0$이다. 이때 $y = r,\ z = s$로 놓으면 $x = -2r - 3s$ (단, $r,\ s \in R$)이 된다. 따라서

$$\mathbf{x} = \begin{bmatrix} -2 \\ 1 \\ 0 \end{bmatrix} r + \begin{bmatrix} -3 \\ 0 \\ 1 \end{bmatrix}$$

이므로, 해공간의 차원은 2차원이며 기저는

$$\{(-2,\ 1,\ 0),\ (-3,\ 0,\ 1)\}$$

로 주어진다. ■

벡터공간 V의 n개의 벡터 $\mathbf{v}_1,\ \mathbf{v}_2,\ \cdots,\ \mathbf{v}_n$ 중에서 일차독립이 되는 벡터들의 최대개수가 r이면, $\text{span}\{\mathbf{v}_1,\ \mathbf{v}_2,\ \cdots,\ \mathbf{v}_n\}$의 차원은 r이다.

참고

H가 유한차원의 벡터공간 V의 부분공간이면, H도 유한차원이 되고 $\dim H \leq \dim V$가 성립한다.

2. 행렬이 갖는 기본공간

(1) 부분공간

하나의 행렬은 부분공간으로 행공간, 열공간, 해공간을 갖는다. 이 세 가지 부분공간은 행렬과 관련된 다양한 성질 규명에 이용된다.

① 해공간의 기저와 차원

$m \times n$ 행렬 A와 $\mathbf{x} \in R^n$에 대하여 행렬방정식으로 주어진 동차연립방정식

$$A\mathbf{x} = \mathbf{0}$$

의 해집합은 R^n의 부분공간이다. 이 부분공간을 $A\mathbf{x} = \mathbf{0}$의 **해공간** 또는 행렬 A의 **영공간**이라 하며, 기호로 $\text{Null}(A)$로 나타낸다.

이제 해공간의 기저와 차원을 구해보자. 동차연립방정식 $A\mathbf{x} = \mathbf{0}$의 첨가행렬 $[A : \mathbf{0}]$에 기본행연산을 실행하여 얻은 기약행사다리꼴을 $[B : \mathbf{0}]$이라 할 때, 행렬 B가 첫 행부터 r (단, $1 \leq r \leq n$)개의 영이 아닌 행을 갖는다고 하자. 그러면

(i) $r = n$인 경우 : $A\mathbf{x} = \mathbf{0}$은 유일한 해로 $\mathbf{x} = \mathbf{0}$을 갖는다.

(ii) $r < n$인 경우 : 일반성을 잃지 않고

$$[B:\mathbf{0}] = \begin{bmatrix} 1 & 0 & \cdots & 0 & b_{1r+1} & \cdots & b_{1n} & : & 0 \\ 0 & 1 & \cdots & 0 & b_{2r+1} & \cdots & b_{2n} & : & 0 \\ \vdots & \vdots & \vdots & \vdots & \vdots & \vdots & \vdots & : & 0 \\ 0 & 0 & \cdots & 1 & b_{rr+1} & \cdots & b_{rn} & : & 0 \\ 0 & 0 & \cdots & 0 & 0 & \cdots & 0 & : & 0 \\ \vdots & \vdots & \vdots & \vdots & \vdots & \vdots & \vdots & : & 0 \\ 0 & 0 & \cdots & 0 & 0 & \cdots & 0 & : & 0 \end{bmatrix}$$

이라고 할 수 있으므로, $A\mathbf{x} = \mathbf{0}$은

$$\begin{cases} x_1 = -b_{1r+1}x_{r+1} - b_{1r+2}x_{r+2} - \cdots - b_{1n}x_n \\ x_2 = -b_{2r+1}x_{r+1} - b_{2r+2}x_{r+2} - \cdots - b_{2n}x_n \\ \qquad\vdots \\ x_r = -b_{rr+1}x_{r+1} - b_{rr+2}x_{r+2} - \cdots - b_{rn}x_n \end{cases}$$

과 동치가 된다. 즉 x_{r+1}, x_{r+2}, $\cdots$, x_n은 $n-r$개의 자유변수이다. 이때 $n-r$개의 임의의 실수 s_1, $\cdots$, s_{n-r}에 대하여

$$x_{r+1} = s_1,\ x_{r+2} = s_2,\ \cdots,\ x_n = s_{n-r}$$

이라 하면, $A\mathbf{x} = \mathbf{0}$의 일반해는 $n-r$개의 벡터의 일차결합

$$\mathbf{x} = \begin{bmatrix} x_1 \\ \vdots \\ x_r \\ x_{r+1} \\ x_{r+2} \\ \vdots \\ x_n \end{bmatrix} = s_1 \begin{bmatrix} -b_{1r+1} \\ \vdots \\ -b_{rr+1} \\ 1 \\ 0 \\ \vdots \\ 0 \end{bmatrix} + s_2 \begin{bmatrix} -b_{1r+2} \\ \vdots \\ -b_{rr+2} \\ 0 \\ 1 \\ \vdots \\ 0 \end{bmatrix} + s_{n-r} \begin{bmatrix} -b_{1n} \\ \vdots \\ -b_{rn} \\ 0 \\ 0 \\ \vdots \\ 1 \end{bmatrix}$$

로 표현된다. 여기서 s_1, $\cdots$, s_{n-r}이 임의의 실수이므로

$$\mathbf{v}_1 = \begin{bmatrix} -b_{1r+1} \\ \vdots \\ -b_{rr+1} \\ 1 \\ 0 \\ \vdots \\ 0 \end{bmatrix},\ \mathbf{v}_2 = \begin{bmatrix} -b_{1r+2} \\ \vdots \\ -b_{rr+2} \\ 0 \\ 1 \\ \vdots \\ 0 \end{bmatrix},\ \cdots,\ \mathbf{v}_{n-r} = \begin{bmatrix} -b_{1n} \\ \vdots \\ -b_{rn} \\ 0 \\ 0 \\ \vdots \\ 1 \end{bmatrix}$$

도 $A\mathbf{x} = \mathbf{0}$의 해이다. 따라서 모든 해는 $n-r$개 벡터들의 일차결합

$$\mathbf{x} = s_1\mathbf{v}_1 + s_2\mathbf{v}_2 + \cdots + s_{n-r}\mathbf{v}_{n-r}$$

로 표현되므로 $S=\{\mathbf{v}_1, \mathbf{v}_2, \cdots, \mathbf{v}_{n-r}\}$는 $A\mathbf{x}=\mathbf{0}$의 해공간을 생성하고, 일차독립이므로, S는 해공간 $\{\mathbf{x}\in R^n \mid A\mathbf{x}=\mathbf{0}\}$의 기저이고, 해공간의 차원은 $n-r$이 된다.

$m\times n$ 행렬 A에 대하여 $A\mathbf{x}=\mathbf{0}$의 해공간의 차원을 $\text{nullity}(A)$로 표기한다.

예 27

3×4 행렬 A가

$$\begin{bmatrix} 2 & 6 & -2 & 6 \\ 1 & 3 & 0 & 5 \\ 3 & 9 & 0 & 15 \end{bmatrix}$$

로 주어질 때, 해공간 $\{\mathbf{x}\in R^n \mid A\mathbf{x}=\mathbf{0}\}$의 기저와 차원을 구해보자. $A\mathbf{x}=\mathbf{0}$의 첨가행렬 $[A:\mathbf{0}]$의 기약행사다리꼴은

$$\begin{bmatrix} 1 & 3 & 0 & 5 & : & 0 \\ 0 & 0 & 1 & 2 & : & 0 \\ 0 & 0 & 0 & 0 & : & 0 \end{bmatrix}$$

이다. 이때 x_2, x_4가 자유변수이므로 임의의 실수 r, s에 대하여 $x_2=r$, $x_4=s$라 하고 x_1, x_2를 r, s로 풀면 일반해는

$$\mathbf{x}=\begin{bmatrix} x_1 \\ x_2 \\ x_3 \\ x_4 \end{bmatrix}=\begin{bmatrix} -3r-5s_1 \\ r \\ -2s \\ s \end{bmatrix}=r\begin{bmatrix} -3 \\ 1 \\ 0 \\ 0 \end{bmatrix}+s\begin{bmatrix} -5 \\ 0 \\ -2 \\ 1 \end{bmatrix}$$

이 된다. 따라서 해공간의 기저와 차원은 각각

$$S=\{(-3, 1, 0, 0), (-5, 0, -2, 1)\}, \text{nullity}(A)=2$$

로 주어진다. ■

② 행공간과 열공간의 기저와 차원

$m\times n$ 행렬

$$A=\begin{vmatrix} a_{11} & a_{12} & \cdots & a_{1n} \\ a_{21} & a_{22} & \cdots & a_{2n} \\ \vdots & \vdots & \vdots & \vdots \\ a_{m1} & a_{m2} & \cdots & a_{mn} \end{vmatrix}$$

에 대하여, A의 각 열로 이루어진 n개의 열벡터들

$$A^{(1)} = \begin{bmatrix} a_{11} \\ a_{21} \\ \vdots \\ a_{m1} \end{bmatrix},\ A^{(2)} = \begin{bmatrix} a_{12} \\ a_{22} \\ \vdots \\ a_{m2} \end{bmatrix},\ \cdots,\ A^{(n)} = \begin{bmatrix} a_{1n} \\ a_{2n} \\ \vdots \\ a_{mn} \end{bmatrix}$$

에 의해 생성된 R^m의 부분공간, 즉

$$\{A^{(1)},\ A^{(2)},\ \cdots,\ A^{(n)}\}$$

을 행렬 A의 **열공간**(column space)이라 하고, $\mathrm{Col}(A)$로 표기한다. 같은 방법으로 A의 각 행으로 이루어진 m개의 행벡터들

$$A_{(1)} = (a_{11},\ a_{12},\ \cdots,\ a_{1n}),\ A_{(2)} = (a_{21},\ a_{22},\ \cdots,\ a_{2n}),\ \cdots,\ A_{(m)} = (a_{m1},\ a_{m2},\ \cdots,\ a_{mn})$$

에 의해 생성된 R^n의 부분공간, 즉

$$\{A_{(1)},\ A_{(2)},\ \cdots,\ A_{(n)}\}$$

을 A의 **행공간**(row space)이라 하고, $\mathrm{Row}(A)$로 표기한다.

참고

$m \times n$ 행렬 A의 기약행사다리꼴이 B라면 A의 행공간과 B의 행공간은 같다. 즉 두 행렬 A, B가 행동치(또는 열동치)이면, A, B는 같은 행공간(또는 열공간)을 갖는다.

예 28

행렬 $A = \begin{bmatrix} 1 & 2 & 3 \\ 1 & 0 & 1 \\ 0 & 1 & 1 \end{bmatrix}$의 기약행사다리꼴은 $B = \begin{bmatrix} 1 & 0 & 1 \\ 0 & 1 & 1 \\ 0 & 0 & 0 \end{bmatrix}$이다. 이때 A의 행공간은

$$W_1 = \mathrm{span}\{(1,\ 2,\ 3),\ (1,\ 0,\ 1),\ (0,\ 1,\ 1)\}$$

이고, B의 행공간은

$$W_2 = \mathrm{span}\{(1,\ 0,\ 1),\ (0,\ 1,\ 1)\}$$

이며 $W_1 = W_2$이다. 따라서 A의 행공간의 기저로 W_2의 기저 $\{(1,\ 0,\ 1),\ (0,\ 1,\ 1)\}$을 잡을 수 있다. ■

정의 14 행계수와 열계수

행공간의 차원을 **행계수**(row rank), 열공간의 차원을 **열계수**(column rank)라 하고, 각각 $r(A)$, $c(A)$로 나타낸다.

임의의 행렬 $A \in M_{m \times n}$에 대하여, A의 행계수와 열계수는 일치한다. 따라서 이 계수를 행렬 A의 계수라 하고

$$r(A) = c(A) = \text{rank}(A)$$

로 표기한다. 즉 행렬 A의 행공간과 열공간의 차원이 일치하므로 간단히 행렬 A의 **계수**(rank)라 하고, $\text{rank}(A)$로 나타낸다.

예 29

4차 정사각행렬 A가

$$A = \begin{bmatrix} 1 & -2 & 1 & 1 \\ -1 & 3 & 0 & 2 \\ 0 & 1 & 1 & 3 \\ 1 & 2 & 5 & 13 \end{bmatrix}$$

으로 주어질 때, A의 행공간의 기저와 열공간의 기저를 구해보자. 먼저 행렬 A의 기약행사다리꼴이

$$B = \begin{bmatrix} 1 & 0 & 3 & 7 \\ 0 & 1 & 1 & 3 \\ 0 & 0 & 0 & 0 \\ 0 & 0 & 0 & 0 \end{bmatrix}$$

이므로, 행공간의 기저는 B의 $\mathbf{0}$이 아닌 행벡터들의 집합

$$\{(1,\ 0,\ 3,\ 7),\ (0,\ 1,\ 1,\ 3)\}$$

으로 주어진다. 한편 A의 열공간은

$$A^T = \begin{bmatrix} 1 & -1 & 0 & 1 \\ -2 & 3 & 1 & 2 \\ 1 & 0 & 1 & 5 \\ 1 & 2 & 3 & 13 \end{bmatrix}$$

의 행공간과 같으므로, A^T의 기약행사다리꼴

$$\begin{bmatrix} 1 & -1 & 0 & 1 \\ 0 & 1 & 1 & 4 \\ 0 & 0 & 0 & 0 \\ 0 & 0 & 0 & 0 \end{bmatrix}$$

의 행공간과 같다. 따라서

$$S = \left\{ \begin{bmatrix} 1 \\ -1 \\ 0 \\ 1 \end{bmatrix},\ \begin{bmatrix} 0 \\ 1 \\ 1 \\ 4 \end{bmatrix} \right\}$$

는 A의 열공간의 한 기저가 된다. 여기서 행렬 A의 행계수와 열계수는 모두

$$r(A) = c(A) = 2$$

로 같음을 알 수 있다. ■

정리 15

임의의 행렬 $A \in M_{m \times n}$에 대하여

$$\operatorname{rank}(A) \leq \min\{m, n\}$$

이 된다. 또한 두 행렬 A와 B의 곱 AB가 정의될 때

$$\operatorname{rank}(AB) \leq \min\{\operatorname{rank}(A), \operatorname{rank}(B)\}$$

가 성립한다.

행렬 A의 행공간(또는 열공간)의 기저와 행계수(또는 열계수)를 구할 때, 행렬 A의 기약행사다리꼴에 나타나는 **0**이 아닌 행벡터(또는 열벡터)를 이용한다. 이때 행렬 A의 행벡터(또는 열벡터)들 중에서 일차독립인 최대개수는 $\operatorname{rank}(A)$이다.

참고

행렬 A의 기약행사다리꼴에 나타나는 **0**이 아닌 행벡터들은 일차독립이므로 행공간의 기저를 이룬다.

예 30

R^3의 네 벡터

$$\mathbf{x}_1 = (1, 1, 0), \mathbf{x}_2 = (2, 0, 0), \mathbf{x}_3 = (0, 1, 0), \mathbf{x}_4 = (1, 2, 3)$$

으로 만들어진 4×3 행렬 $A = \begin{bmatrix} 1 & 1 & 0 \\ 2 & 0 & 0 \\ 0 & 1 & 0 \\ 1 & 2 & 3 \end{bmatrix}$의 기약행사다리꼴은

$$B = \begin{bmatrix} 1 & 0 & 0 \\ 0 & 1 & 0 \\ 0 & 0 & 1 \\ 0 & 0 & 0 \end{bmatrix}$$

으로 주어진다. 따라서 $\operatorname{rank}(A) = 3$이다. 그리고 A의 행공간은

$$\text{span}\{\mathbf{x}_1, \mathbf{x}_2, \mathbf{x}_3, \mathbf{x}_4\} = \text{span}\{(1, 0, 0), (0, 1, 0), (0, 0, 1)\} = R^3$$

이다. 이때 $\text{rank}(A) = 3$이므로, A의 행벡터 $\mathbf{x}_1$, $\mathbf{x}_2$, $\mathbf{x}_3$, $\mathbf{x}_4$는 일차종속이고, 이 중에서 일차독립인 최대개수는 3이다. 실제로 $\mathbf{x}_2$, $\mathbf{x}_3$, $\mathbf{x}_4$ 또는 $\mathbf{x}_1$, $\mathbf{x}_2$, $\mathbf{x}_4$ 또는 $\mathbf{x}_1$, $\mathbf{x}_3$, $\mathbf{x}_4$는 일차독립이다. 그리고 이러한 세 벡터들은 A의 행공간의 기저를 이룬다. ■

유한차원 벡터공간 V에 대하여 W가 V의 부분공간이면, $V = W \oplus W'$인 V의 부분공간 W'이 존재한다. 이때 $\dim V = \dim W_1 + \dim W_2$가 성립한다.

정의 16 보충공간

벡터공간 V의 공집합이 아닌 부분공간 W에 대하여

$$V = W \oplus W'$$

이면, W'을 W의 **보충공간**(complementary suspace)이라 한다.

부분공간의 보충공간은 일반적으로 유일하지 않다.

참고

유한차원 벡터공간 V에 대하여, W_1, W_2가 V의 부분공간이면

$$\dim(W_1 + W_2) = \dim W_1 + \dim W_2 - \dim(W \cap W_2)$$

가 된다. 따라서 유한차원 벡터공간 V의 부분공간 W_1, W_2가 $V = W_1 + W_2$를 만족하면, 다음은 서로 동치이다.

(1) $V = W_1 \oplus W_2$　　(2) $W_1 \cap W_2 = \{\mathbf{0}\}$

(3) $\dim V = \dim W_1 + \dim W_2$

(2) 차원정리

행렬 A의 계수와 영공간의 차원 사이에 다음 관계, 즉 행렬의 **차원정리**(Rank - Nullity)가 있다.

정리 17 행렬의 차원정리

임의의 행렬 $A \in M_{m \times n}$에 대하여, 다음이 성립한다.

(1) $\text{rank}(A) + \text{nullity}(A) = n$

(2) $\text{rank}(A^T) + \text{nullity}(A^T) = m$

여기서 n은 A의 열의 개수이고, m은 A의 행의 개수이다.

예 31

임의의 행렬 $A \in M_{m \times n}$에 대하여, $A^T \in M_{n \times m}$이므로

$$\text{rank}(A^T) + \text{nullity}(A^T) = n$$

으로 주어진다. ■

예제 2

4차 정사각행렬 A가

$$A = \begin{bmatrix} 1 & -2 & 1 & 1 \\ -1 & 3 & 0 & 2 \\ 0 & 1 & 1 & 3 \\ 1 & 2 & 5 & 13 \end{bmatrix}$$

으로 주어질 때, 해공간의 차원 $\text{nullity}(A)$를 구하시오.

풀이 $\text{rank}(A) = 2$이고 $n = 4$이므로, $A\mathbf{x} = \mathbf{0}$의 해공간의 차원은

$$\text{nullity}(A) = n - \text{rank}(A) = 4 - 2 = 2$$

로 주어진다. ■

비동차선형연립방정식 $A\mathbf{x} = \mathbf{b}$에 관한 해의 존재성과 행렬 A의 계수 사이에는 다음 관계가 있다.

정리 18 해의 존재성

비동차선형연립방정식 $A\mathbf{x} = \mathbf{b}$가 해를 가질 필요충분조건은

$$\text{rank}(A) = \text{rank}[A : \mathbf{b}]$$

이다.

예 32

미지수가 4개인 선형연립방정식

$$\begin{cases} x_1 + 3x_2 + x_3 - x_4 = 1 \\ -x_1 - 3x_2 + 3x_4 = -1 \\ 2x_1 + 6x_2 + 3x_3 = 2 \end{cases}$$

의 계수행렬

$$A = \begin{bmatrix} 1 & 3 & 1 & -1 \\ -1 & -3 & 0 & 3 \\ 2 & 6 & 3 & 0 \end{bmatrix}$$

과 첨가행렬

$$[A : \mathbf{b}] = \begin{bmatrix} 1 & 3 & 1 & -1 & : & 1 \\ -1 & -3 & 0 & 3 & : & -1 \\ 2 & 6 & 3 & 0 & : & 2 \end{bmatrix}$$

로부터

$$\text{rank}(A) = \text{rank}[A : \mathbf{b}] = 2 < 4$$

가 성립하므로 해를 갖는다. 이때 무한히 많은 해가 존재한다. ■

예제 3

미지수가 3개인 선형연립방정식

$$\begin{cases} 2x + 8y + 4z = 2 \\ 2x + 5y + z = 5 \\ 4x + 10y - z = 1 \end{cases}$$

의 해는 유일하게 존재한다.

증명 계수행렬

$$A = \begin{bmatrix} 2 & 8 & 4 \\ 2 & 5 & 1 \\ 4 & 10 & -1 \end{bmatrix}$$

과 첨가행렬

$$[A : \mathbf{b}] = \begin{bmatrix} 2 & 8 & 4 & : & 2 \\ 2 & 5 & 1 & : & 5 \\ 4 & 10 & -1 & : & 1 \end{bmatrix}$$

의 기약행사다리꼴

$$\begin{bmatrix} 1 & 0 & 0 & : & 11 \\ 0 & 1 & 0 & : & -4 \\ 0 & 0 & 1 & : & 3 \end{bmatrix}$$

으로부터

$$\text{rank}(A) = \text{rank}[A : \mathbf{b}] = 3$$

이기 때문에 해는 유일하게 존재한다. ■

정리 19

n차 정사각행렬 A가 가역일 필요충분조건은

$$\text{rank}(A) = n$$

이다.

(증명) 행렬 A가 가역이면 행렬방정식으로 주어진 동차연립방정식 $A\mathbf{x} = \mathbf{0}$은 자명한 해만을 가지므로

$$\text{Null}(A) = \{\mathbf{0}\},\ \text{즉}\ \ \text{nullity}(A) = 0$$

이 된다. 따라서 행렬의 차원정리에 의해서 $\text{rank}(A) = n$이다. ■

예 33

3×4 행렬

$$A = \begin{bmatrix} 1 & 3 & 1 & 7 \\ 2 & 3 & -1 & 9 \\ -1 & -2 & 0 & -5 \end{bmatrix}$$

의 계수 $\text{rank}(A)$와 해공간의 차원 $\text{nullity}(A)$를 구해보자. A의 기약행사다리꼴이

$$\begin{bmatrix} 1 & 0 & -2 & 0 \\ 0 & 1 & 1 & 0 \\ 0 & 0 & 0 & 1 \end{bmatrix}$$

이므로, $\text{rank}(A) = 3$이다. 이때 A의 열의 개수가 4이므로, 행렬의 차원정리에 의해

$$\text{nullity}(A) = 4 - \text{rank}(A) = 1$$

이 된다. ■

정리 20

n차 정사각행렬 A, B에 대하여, A가 가역행렬일 때

$$\mathrm{rank}(AB) = \mathrm{rank}(B) = \mathrm{rank}(BA)$$

가 성립한다.

3. R^n에서의 내적과 정규직교기저

이제 R^n의 모든 부분공간은 기저를 가짐을 보이고, 이 기저로부터 정규직교기저를 찾는 방법을 알아본다.

(1) R^n에서의 내적

R^n에서의 두 벡터 $\mathbf{x} = (x_1, x_2, \cdots, x_n)$과 $\mathbf{y} = (y_1, y_2, \cdots, y_n)$에 대하여, $\mathbf{x}$와 $\mathbf{y}$의 **내적**은

$$\mathbf{x} \cdot \mathbf{y} = x_1 y_1 + x_2 y_2 + \cdots + x_n y_n$$

으로 정의한다.

참고

(내적의 성질)

$\mathbf{u}$, $\mathbf{v}$와 $\mathbf{w}$가 R^n의 벡터이고 α가 실수일 때, 다음이 성립한다.

(1) $\mathbf{u} \cdot \mathbf{v} = \mathbf{v} \cdot \mathbf{u}$
(2) $\mathbf{u} \cdot (\mathbf{v} + \mathbf{w}) = \mathbf{u} \cdot \mathbf{w} + \mathbf{v} \cdot \mathbf{w}$
(3) $(\alpha \mathbf{u}) \cdot \mathbf{v} = \alpha(\mathbf{u} \cdot \mathbf{v}) = \mathbf{u} \cdot (\alpha \mathbf{v})$
(4) $\mathbf{0} \cdot \mathbf{u} = \mathbf{0}$

$\mathbf{u} \in R^n$에 대하여, **노름** $\|\mathbf{u}\|$으로 표현되는 $\mathbf{u}$의 **길이** 또는 **크기**는

$$\|\mathbf{u}\| = \sqrt{\mathbf{u} \cdot \mathbf{u}}$$

으로 주어진다. 이때 $\|\mathbf{u}\| \geq 0$이다.

정의 21 정규직교집합

R^n의 벡터들의 집합 $S = \{\mathbf{v}_1, \mathbf{v}_2, \cdots, \mathbf{v}_k\}$에 대하여

(1) 모든 $i \neq j$에 대하여, $\mathbf{v}_i \perp \mathbf{v}_j$, 즉 $\mathbf{v}_i \cdot \mathbf{v}_j = 0$이면 S를 **직교집합** (orthogonal

set)이라 한다.

(2) 직교집합 $S=\{\mathbf{v}_1, \mathbf{v}_2, \cdots, \mathbf{v}_k\}$의 모든 i에 대하여, $\mathbf{v}_i \cdot \mathbf{v}_i = 1$, 즉 $\|\mathbf{v}_i\| = 1$ 이면 S를 **정규직교집합**(orthonormal set)이라 한다.

R^n에서의 표준기저 $\{\mathbf{e}_1, \mathbf{e}_2, \cdots, \mathbf{e}_n\}$은 정규직교집합이다. 여기서

$$\mathbf{e}_j = (0, 0, \cdots, 0, 1, 0, \cdots, 0, 0) \text{ (단, } j\text{번째 위치에서 1)}$$

이다.

예 34

R^3에서

$$\{(0, 1, 0), (3, 0, 4), (-4, 0, 3)\}$$

은 직교집합이지만, 정규직교집합은 아니다. ■

정리 22

$\mathbf{v}_1, \mathbf{v}_2, \cdots, \mathbf{v}_k$가 R^n에서 $\mathbf{0}$이 아닌 벡터일 때, $S=\{\mathbf{v}_1, \mathbf{v}_2, \cdots, \mathbf{v}_k\}$가 직교집합이면 S는 일차독립이다.

증명 임의의 $a_1, a_2, \cdots, a_k \in R$에 대하여 $a_1\mathbf{v}_1 + a_2\mathbf{v}_2 + \cdots + a_k\mathbf{v}_k = \mathbf{0}$이라 가정하면, 각 $i = 1, 2, \cdots, k$에 대하여

$$\begin{aligned} 0 = \mathbf{0} \cdot \mathbf{v}_i &= (a_1\mathbf{v}_1 + a_2\mathbf{v}_2 + \cdots + a_k\mathbf{v}_k) \cdot \mathbf{v}_i \\ &= a_1(\mathbf{v}_1 \cdot \mathbf{v}_i) + a_2(\mathbf{v}_2 \cdot \mathbf{v}_i) + \cdots + a_k(\mathbf{v}_k \cdot \mathbf{v}_i) \\ &= a_i \|\mathbf{v}_i\|^2 \end{aligned}$$

이 된다. 그런데 $\mathbf{v}_i \neq \mathbf{0}$이므로 $\|\mathbf{v}_i\|^2 > 0$으로부터 $a_i = 0$을 얻는다. 따라서 S는 일차독립이다. ■

정의 23 정규직교기저

R^n의 기저 S가 직교집합이면 **직교기저**(orthogonal basis)라 하고, 정규직교집합이면 **정규직교기저**(orthonormal basis)라고 한다.

R^n의 n개의 $\mathbf{0}$ 아닌 벡터들의 집합 $S=\{\mathbf{v}_1, \mathbf{v}_2, \cdots, \mathbf{v}_n\}$가 직교집합(정규직교집합)이면, S는 직교기저(정규직교기저)이다.

예 35

R^n의 벡터들의 집합 $\{\mathbf{v}_1, \mathbf{v}_2, \cdots, \mathbf{v}_n\}$이 직교집합이면, $\{\mathbf{v}_1, \mathbf{v}_2, \cdots, \mathbf{v}_n\}$은 R^n의 기저이다. 따라서 $\left\{\frac{\mathbf{v}_1}{\|\mathbf{v}_1\|}, \frac{\mathbf{v}_2}{\|\mathbf{v}_2\|}, \cdots, \frac{\mathbf{v}_n}{\|\mathbf{v}_n\|}\right\}$은 R^n의 정규직교기저이다. ■

예 36

R^3에서

$$\left\{(0, 1, 0), \left(\frac{3}{5}, 0, \frac{4}{5}\right), \left(-\frac{4}{5}, 0, \frac{3}{5}\right)\right\}$$

은 정규직교기저이다. ■

n개의 벡터들의 집합 $S=\{\mathbf{v}_1, \mathbf{v}_2, \cdots, \mathbf{v}_n\}$가 R^n의 기저이면 R^n의 임의의 벡터 $\mathbf{v}$는

$$\mathbf{v}=c_1\mathbf{v}_1+c_2\mathbf{v}_2+\cdots+c_n\mathbf{v}_n$$

으로 유일하게 표시된다. 이때 $S=\{\mathbf{v}_1, \mathbf{v}_2, \cdots, \mathbf{v}_n\}$가 R^n의 직교기저일 경우 $c_1, c_2, \cdots, c_n$을 구하는 방법을 알아보자.

정리 24

n개의 벡터들의 집합 $S=\{\mathbf{v}_1, \mathbf{v}_2, \cdots, \mathbf{v}_n\}$가 R^n의 직교기저일 때, R^n의 임의의 벡터 $\mathbf{v}=c_1\mathbf{v}_1+c_2\mathbf{v}_2+\cdots+c_n\mathbf{v}_n$에 대하여

$$c_i=\frac{\mathbf{v}\cdot\mathbf{v}_i}{\|\mathbf{v}_i\|^2} \quad (\text{단, } i=1, 2, \cdots, n)$$

가 성립한다.

증명 S가 R^n의 기저이므로, 임의의 벡터 $\mathbf{v}\in R^n$는

$$\mathbf{v}=c_1\mathbf{v}_1+c_2\mathbf{v}_2+\cdots+c_n\mathbf{v}_n \quad (\text{단, } c_i\in R)$$

으로 표현되고, 각 i (단, $i=1, 2, \cdots, n$)에 대하여

$$\mathbf{v} \cdot \mathbf{v}_i = (c_1\mathbf{v}_1 + c_2\mathbf{v}_2 + \cdots + c_n\mathbf{v}_n) \cdot \mathbf{v}_i$$
$$= c_1(\mathbf{v}_1 \cdot \mathbf{v}_i) + c_2(\mathbf{v}_2 \cdot \mathbf{v}_i) + \cdots + c_n(\mathbf{v}_n \cdot \mathbf{v}_i)$$

가 된다. 그런데 S가 직교기저이므로

$$\mathbf{v}_i \cdot \mathbf{v}_j = 0 \ (\text{단, } i \neq j)$$

이다. 따라서

$$c_i = \frac{\mathbf{v} \cdot \mathbf{v}_i}{\mathbf{v}_i \cdot \mathbf{v}_i} = \frac{\mathbf{v} \cdot \mathbf{v}_i}{\|\mathbf{v}_i\|^2} \ (\text{단, } i = 1,\ 2,\ \cdots,\ n)$$

가 성립한다. ■

특히 S가 R^n의 정규직교기저이면 $i \neq j$일 때 $\mathbf{v}_i \cdot \mathbf{v}_j = 0$임을 이용하여 $c_1,\ c_2,\ \cdots,\ c_n$을 쉽게 구할 수 있다. 즉 $S = \{\mathbf{v}_1,\ \mathbf{v}_2,\ \cdots,\ \mathbf{v}_n\}$가 R^n의 직교기저이면, 다음이 성립한다.

$$c_i = \mathbf{v} \cdot \mathbf{v}_i \ (\text{단, } i = 1,\ 2,\ \cdots,\ n)$$

예 37

$\mathbf{v} = (10,\ -2,\ 5)$를 R^3의 벡터

$$\mathbf{v}_1 = (0,\ 1,\ 0),\ \ \mathbf{v}_2 = \left(\frac{3}{5},\ 0,\ \frac{4}{5}\right),\ \ \mathbf{v}_3 = \left(-\frac{4}{5},\ 0,\ \frac{3}{5}\right)$$

에 의해 주어진 R^3의 정규직교기저 $\{\mathbf{v}_1,\ \mathbf{v}_2,\ \mathbf{v}_3\}$의 일차결합으로 표시해보자.

$\mathbf{v} = (10,\ -2,\ 5) = c_1\mathbf{v}_1 + c_2\mathbf{v}_2 + c_3\mathbf{v}_3$라 하면

$$c_i = \mathbf{v} \cdot \mathbf{v}_i \ (\text{단, } i = 1,\ 2,\ 3)$$

이므로

$$c_1 = \mathbf{v} \cdot \mathbf{v}_1 = -2,\ c_2 = \mathbf{v} \cdot \mathbf{v}_2 = 10,\ c_3 = \mathbf{v} \cdot \mathbf{v}_3 = -5$$

이다. 따라서 $\mathbf{v}$는 정규직교기저 $\{\mathbf{v}_1,\ \mathbf{v}_2,\ \mathbf{v}_3\}$의 일차결합

$$\mathbf{v} = -2\mathbf{v}_1 + 10\mathbf{v}_2 - 5\mathbf{v}_3$$

로 주어진다. ■

W가 R^n의 직교집합 $S = \{\mathbf{v}_1,\ \mathbf{v}_2,\ \cdots,\ \mathbf{v}_m\}$에 의해 생성된 R^n의 부분공간일 때, R^n의 임의의 벡터 $\mathbf{y}$에 대하여

$$\mathbf{y}_1 = \frac{\mathbf{y}\cdot\mathbf{v}_1}{\|\mathbf{v}_1\|^2}\mathbf{v}_1 + \frac{\mathbf{y}\cdot\mathbf{v}_2}{\|\mathbf{v}_2\|^2}\mathbf{v}_2 + \cdots + \frac{\mathbf{y}\cdot\mathbf{v}_m}{\|\mathbf{v}_m\|^2}\mathbf{v}_m$$

$$\mathbf{y}_2 = \mathbf{y} - \mathbf{y}_1$$

이라 하면, 각 $i,\ j = 1,\ 2,\ \cdots,\ m$에 대하여 $\mathbf{v}_i \cdot \mathbf{v}_j = 0$ (단, $i \neq j$)이므로

$$\begin{aligned}
\mathbf{y}_2\cdot\mathbf{v}_i &= (\mathbf{y}-\mathbf{y}_1)\cdot\mathbf{v}_i = \mathbf{y}\cdot\mathbf{v}_i - \mathbf{y}_1\cdot\mathbf{v}_i \\
&= \mathbf{y}\cdot\mathbf{v}_i - \left\{\frac{\mathbf{y}\cdot\mathbf{v}_1}{\|\mathbf{v}_1\|^2}\mathbf{v}_1 + \frac{\mathbf{y}\cdot\mathbf{v}_2}{\|\mathbf{v}_2\|^2}\mathbf{v}_2 + \cdots + \frac{\mathbf{y}\cdot\mathbf{v}_m}{\|\mathbf{v}_m\|^2}\mathbf{v}_m\right\}\cdot\mathbf{v}_i \\
&= \mathbf{y}\cdot\mathbf{v}_i - \frac{\mathbf{y}\cdot\mathbf{v}_i}{\|\mathbf{v}_i\|^2}\mathbf{v}_i\cdot\mathbf{v}_i \\
&= \mathbf{y}\cdot\mathbf{v}_i - \mathbf{y}\cdot\mathbf{v}_i = 0
\end{aligned}$$

즉

$$\mathbf{y}_2\cdot\mathbf{v}_i = 0\ \ (\text{단, } i = 1,\ 2,\ \cdots,\ m)$$

을 만족한다. 따라서 S에 의해 생성된 W의 임의의 벡터 $\mathbf{w}$는

$$\mathbf{w} = c_1\mathbf{v}_1 + c_2\mathbf{v}_2 + \cdots + c_n\mathbf{v}_m\ \ (\text{단, } c_i \in R)$$

이므로, $\mathbf{y}_2\cdot\mathbf{w} = 0$이 된다. 그러므로 $\mathbf{y}_2$는 W의 모든 벡터와 직교한다. 이때 $\mathbf{y}_1$을 $\mathbf{y}$의 W로의 정사영이라 하고 $\text{proj}_W\,\mathbf{y}$로 나타내며, $\mathbf{y}_2$를 $\mathbf{y}$의 W에 관한 $\mathbf{y}$의 직교성분이라고 한다. 따라서

$$\mathbf{y}_2 = \mathbf{y} - \text{proj}_W\,\mathbf{y}$$

가 성립한다.

참고

R^n의 벡터들의 집합 $\{\mathbf{v}_1,\ \mathbf{v}_2,\ \cdots,\ \mathbf{v}_n\}$이 정규직교집합일 때, W_k가 $S = \{\mathbf{v}_1,\ \mathbf{v}_2,\ \cdots,\ \mathbf{v}_k\}$에 의해 생성된 R^n의 부분공간이면, $\mathbf{y} \in R^n$의 W_k로의 정사영은

$$\text{proj}_{W_k}\,\mathbf{y} = (\mathbf{y}\cdot\mathbf{v}_1)\mathbf{v}_1 + (\mathbf{y}\cdot\mathbf{v}_2)\mathbf{v}_2 + \cdots + (\mathbf{y}\cdot\mathbf{v}_k)\mathbf{v}_k$$

로 주어진다.

예 38

R^3의 두 벡터 $\mathbf{v}_1 = (0,\ 1,\ 0)$과 $\mathbf{v}_2 = \left(\frac{1}{\sqrt{5}},\ 0,\ -\frac{2}{\sqrt{5}}\right)$로 이루어진 정규직교집합

$S=\{\mathbf{v}_1, \mathbf{v}_2\}$에 의해 생성된 부분공간을 W라 하자. 이때 $\mathbf{y}=(3, 1, 1)$의 W 위로의 정사영은

$$\begin{aligned}\text{proj}_W \mathbf{y} &= (\mathbf{y}\cdot\mathbf{v}_1)\mathbf{v}_1 + (\mathbf{y}\cdot\mathbf{v}_2)\mathbf{v}_2 \\ &= 1(0, 1, 0) + \frac{1}{\sqrt{5}}\left(\frac{1}{\sqrt{5}}, 0, -\frac{2}{\sqrt{5}}\right) \\ &= \left(\frac{1}{5}, 1, -\frac{2}{5}\right)\end{aligned}$$

이고, W에 관한 $\mathbf{y}=(3, 1, 1)$의 직교성분은

$$\mathbf{y}-\text{proj}_W \mathbf{y} = (3, 1, 1) - \left(\frac{1}{5}, 1, -\frac{2}{5}\right) = \left(\frac{14}{5}, 0, \frac{7}{5}\right)$$

로 주어진다. ■

(2) 정규직교화과정

그람-슈미트의 정규직교화과정(Gram-Schmidt orthonormalization process)은 R^n의 모든 기저는 정규직교기저로 변형할 수 있음을 보여준다. 이 방법은 R^2과 R^3에서의 정사영의 개념을 일반화한 것이다.

정리 25 그람-슈미트의 정규직교화

> H가 R^n의 m차 부분공간일 때, $S=\{\mathbf{v}_1, \mathbf{v}_2, \cdots, \mathbf{v}_m\}$를 H의 임의의 기저라 하면 S로부터 얻어지는 정규직교기저
>
> $$Z=\{\mathbf{z}_1, \mathbf{z}_2, \cdots, \mathbf{z}_m\}$$
>
> 가 존재한다. 즉 각 $1 \le k \le m$에 대해 $H_k = \text{span}\{\mathbf{v}_1, \mathbf{v}_2, \cdots, \mathbf{v}_k\}$라 하면
>
> $$H_k = \text{span}\{\mathbf{z}_1, \mathbf{z}_2, \cdots, \mathbf{z}_k\}$$
>
> 를 만족하는 H의 정규직교기저 $Z=\{\mathbf{z}_1, \mathbf{z}_2, \cdots, \mathbf{z}_m\}$가 존재한다.

증명 먼저 H의 임의의 기저 $S=\{\mathbf{v}_1, \mathbf{v}_2, \cdots, \mathbf{v}_m\}$로부터 다음과 같은 단계로 직교집합 $T=\{\mathbf{u}_1, \mathbf{u}_2, \cdots, \mathbf{u}_m\}$를 만듦으로써 증명을 시작한다.

단계 1 : $\mathbf{u}_1 = \mathbf{v}_1$이라 한다.

단계 2 : $\mathbf{u}_1$에 의하여 생성되는 부분공간을 W_1이라 하고

$$\mathbf{u}_2 = \mathbf{v}_2 - \text{proj}_{W_1}\mathbf{v}_2 = \mathbf{v}_2 - \frac{(\mathbf{v}_2 \cdot \mathbf{u}_1)}{\|\mathbf{u}_1\|^2}\mathbf{u}_1$$

으로 놓는다.

단계 3 : $\mathbf{u}_1$, $\mathbf{u}_2$에 의하여 생성되는 부분공간을 W_2라 하고

$$\mathbf{u}_3 = \mathbf{v}_3 - \text{proj}_{W_2}\mathbf{v}_3 = \mathbf{v}_3 - \left(\frac{\mathbf{v}_3 \cdot \mathbf{u}_1}{\|\mathbf{u}_1\|^2}\mathbf{u}_1 + \frac{\mathbf{v}_3 \cdot \mathbf{u}_2}{\|\mathbf{u}_2\|^2}\mathbf{u}_2\right)$$

으로 놓는다.

단계 4부터 단계 m까지는 같은 방법으로

$$\begin{aligned}\mathbf{u}_k &= \mathbf{v}_k - \text{proj}_{W_{k-1}}\mathbf{v}_k \quad (\text{단, } k = 4, 5, \cdots, m) \\ &= \mathbf{v}_k - \left(\frac{\mathbf{v}_k \cdot \mathbf{u}_1}{\|\mathbf{u}_1\|^2}\mathbf{u}_1 + \frac{\mathbf{v}_k \cdot \mathbf{u}_2}{\|\mathbf{u}_2\|^2}\mathbf{u}_2 + \cdots + \frac{\mathbf{v}_k \cdot \mathbf{u}_{k-1}}{\|\mathbf{u}_{k-1}\|^2}\mathbf{u}_{k-1}\right)\end{aligned}$$

으로 놓는다.

위의 단계로부터 얻어지는 $T = \{\mathbf{u}_1, \mathbf{u}_2, \cdots, \mathbf{u}_m\}$는 서로 수직인 직교집합이다. 이제 각각의 크기, 즉 $\mathbf{z}_k = \dfrac{\mathbf{u}_k}{\|\mathbf{u}_k\|}$ (단, $k = 1, 2, \cdots, m$)로 정의하면 집합

$$Z = \{\mathbf{z}_1, \mathbf{z}_2, \cdots, \mathbf{z}_m\}$$

는 H의 정규직교기지가 된다. ■

예 39

$\mathbf{v}_1 = (1, 1, 0)$, $\mathbf{v}_2 = (0, 1, 1)$이 R^3의 두 벡터일 때, 그람-슈미트의 정규직교화과정을 이용하여 집합 $S = \{\mathbf{v}_1, \mathbf{v}_2\} = \{(1, 1, 0), (0, 1, 1)\}$를 기저로 갖는 R^3의 부분공간 W의 정규직교기저 $Z = \{\mathbf{z}_1, \mathbf{z}_2\}$를 구해보자. 정규직교화과정을 이용하면

$$\mathbf{u}_1 = (1, 1, 0)$$

$$\mathbf{u}_2 = \mathbf{v}_2 - \text{proj}_{W_1}\mathbf{v}_2 = \mathbf{v}_2 - \frac{(\mathbf{v}_2 \cdot \mathbf{u}_1)}{\|\mathbf{u}_1\|^2}\mathbf{u}_1 = \left(-\frac{1}{2}, \frac{1}{2}, 1\right)$$

을 얻는다. 따라서 $\mathbf{u}_1$, $\mathbf{u}_2$를 각각 정규화하면

$$\mathbf{z}_1 = \left(\frac{1}{\sqrt{2}}, \frac{1}{\sqrt{2}}, 0\right), \quad \mathbf{z}_2 = \left(-\frac{1}{\sqrt{6}}, \frac{1}{\sqrt{6}}, \frac{2}{\sqrt{6}}\right)$$

이므로, 정규직교기저는

$$Z=\{\mathbf{z}_1, \mathbf{z}_2\}=\left\{\left(\frac{1}{\sqrt{2}}, \frac{1}{\sqrt{2}}, 0\right), \left(-\frac{1}{\sqrt{6}}, \frac{1}{\sqrt{6}}, \frac{2}{\sqrt{6}}\right)\right\}$$

로 주어진다. ■

참고

집합 $S=\{\mathbf{v}_1, \mathbf{v}_2, \cdots, \mathbf{v}_n\}$가 R^n의 임의의 기저일 때, S로부터 얻어지는 정규직교기저가 존재한다.

예제 4

$\mathbf{v}_1=(1, 2, 1)$, $\mathbf{v}_2=(1, 0, 1)$, $\mathbf{v}_3=(3, 1, 0)$일 때, 그람 - 슈미트의 정규직교화과정을 이용하여 R^3의 기저 $S=\{\mathbf{v}_1, \mathbf{v}_2, \mathbf{v}_3\}$로부터 R^3의 정규직교기저 $Z=\{\mathbf{z}_1, \mathbf{z}_2, \mathbf{z}_3\}$를 구하시오.

풀이 정규직교화과정를 이용하면

$$\mathbf{u}_1=(1, 2, 1)$$

$$\mathbf{u}_2=\mathbf{v}_2-\mathrm{proj}_{W_1}\mathbf{v}_2=\mathbf{v}_2-\frac{(\mathbf{v}_2\cdot\mathbf{u}_1)}{\|\mathbf{u}_1\|^2}\mathbf{u}_1=\left(\frac{2}{3}, -\frac{2}{3}, \frac{2}{3}\right)$$

$$\mathbf{u}_3=\mathbf{v}_3-\mathrm{proj}_{W_2}\mathbf{v}_3=\mathbf{v}_3-\left(\frac{\mathbf{v}_3\cdot\mathbf{u}_1}{\|\mathbf{u}_1\|^2}\mathbf{u}_1+\frac{\mathbf{v}_3\cdot\mathbf{u}_2}{\|\mathbf{u}_2\|^2}\mathbf{u}_2\right)=\left(\frac{3}{2}, 0, -\frac{3}{2}\right)$$

을 얻는다. 따라서 $\mathbf{u}_1$, $\mathbf{u}_2$, $\mathbf{u}_3$를 각각 정규화하면

$$\mathbf{z}_1=\left(\frac{1}{\sqrt{6}}, \frac{2}{\sqrt{6}}, \frac{1}{\sqrt{6}}\right), \mathbf{z}_2=\left(\frac{\sqrt{3}}{3}, -\frac{\sqrt{3}}{3}, \frac{\sqrt{3}}{3}\right), \mathbf{z}_3=\left(\frac{\sqrt{2}}{2}, 0, \frac{\sqrt{2}}{2}\right)$$

이므로, 정규직교기저는

$$\begin{aligned}Z&=\{\mathbf{z}_1, \mathbf{z}_2, \mathbf{z}_3\}\\&=\left\{\left(\frac{1}{\sqrt{6}}, \frac{2}{\sqrt{6}}, \frac{1}{\sqrt{6}}\right), \left(\frac{\sqrt{3}}{3}, -\frac{\sqrt{3}}{3}, \frac{\sqrt{3}}{3}\right), \left(\frac{\sqrt{2}}{2}, 0, \frac{\sqrt{2}}{2}\right)\right\}\end{aligned}$$

로 주어진다. ■

정의 26 직교보충공간

R^n의 부분공간 W에 대하여, W의 **직교보충공간**(orthogonal complement) $W^{\perp}$을

$$W^{\perp} = \{\mathbf{v} \in R^n \mid \mathbf{v} \perp \mathbf{w} \quad ^{\forall}\mathbf{w} \in W\}$$

로 정의한다.

그람-슈미트의 정규직교화과정를 이용하여, W가 R^n의 부분공간일 때 $R^n = W \oplus W^{\perp}$, 즉 R^n의 모든 벡터는 W의 벡터와 $W^{\perp}$의 벡터의 합으로 유일하게 표현됨을 보일 수 있다.

예 40

R^3의 벡터 $\mathbf{v}_1 = (1, -1, 0)$, $\mathbf{v}_2 = (1, 1, 1)$, $\mathbf{v}_3 = (-1, 2, 1)$에 대하여

$$W = \text{span}\{\mathbf{v}_1, \mathbf{v}_2, \mathbf{v}_3\}$$

라 하면, $\{\mathbf{v}_1, \mathbf{v}_2\}$는 일차독립이고 $\{\mathbf{v}_1, \mathbf{v}_2, \mathbf{v}_3\}$는 일차종속이므로

$$W = \text{span}\{\mathbf{v}_1, \mathbf{v}_2, \mathbf{v}_3\} = \text{span}\{\mathbf{v}_1, \mathbf{v}_2\}$$

이고, $\{\mathbf{v}_1, \mathbf{v}_2\}$는 W의 기저가 된다. 이때 W의 직교보충공간 $W^{\perp}$을 구해보자.

만약 $\mathbf{u} = (a, b, c) \in W^{\perp}$라 하면 $\mathbf{u} \perp \mathbf{v}_1$이고 $\mathbf{u} \perp \mathbf{v}_2$이므로, $\mathbf{u} \cdot \mathbf{v}_1 = 0$이고 $\mathbf{u} \cdot \mathbf{v}_2 = 0$이다. 즉 $a - b = 0$이고 $a + b + 2c = 0$이다. 따라서 $a = b = t$로 놓으면 $c = -t$이므로, $\mathbf{u} = (t, t, -t)$임을 알 수 있다. 그러므로 W의 직교보충공간은

$$W^{\perp} = \{(t, t, -t) \mid t \in R\} = \text{span}\{(1, 1, -1)\}$$

이다. ■

참고

$m \times n$ 행렬 A의 행공간을 U라 하고 동차선형연립방정식 $A\mathbf{x} = \mathbf{0}$의 해공간을 W라 하면 $W = (U^{\perp})^T$이므로, $A\mathbf{x} = \mathbf{0}$의 해공간의 차원은 $n - \text{rank}(A)$이다. 따라서 P, Q가 가역행렬이고 곱셈이 잘 정의되었다면, 행렬 A에 대하여

$$\text{rank}(PA) = \text{rank}(A) = \text{rank}(AQ)$$

가 성립한다.

4. 내적공간

여기서는 R^n 위의 내적(유클리드 내적; dot product)을 일반화하여 일반적인 벡터공간으로 확장한다.

(1) 실내적공간

정의 27 내적과 내적공간

실벡터공간 V의 임의의 벡터 $\mathbf{u}, \mathbf{v}, \mathbf{w}$와 임의의 스칼라 $\alpha \in R$에 대하여 다음 조건을 만족하는 $V \times V$에서 R로의 함수 $< , >$를 V 위에서의 **내적**이라 하고, 이와 같은 내적을 갖는 실벡터공간을 **실내적공간**(real inner product space), 간단히 **내적공간**이라 한다.

(1) $<\mathbf{u}, \mathbf{v}> = <\mathbf{v}, \mathbf{u}>$

(2) $<\mathbf{u}+\mathbf{v}, \mathbf{w}> = <\mathbf{u}, \mathbf{w}> + <\mathbf{v}, \mathbf{w}>$

(3) $<\alpha\mathbf{u}, \mathbf{v}> = \alpha<\mathbf{u}, \mathbf{v}>$

(4) $<\mathbf{u}, \mathbf{u}> \geq 0$. 특히 $<\mathbf{u}, \mathbf{u}> = 0 \Leftrightarrow \mathbf{u} = \mathbf{0}$

참고

$A \in M_n$가 대칭행렬일 때, 이차형식 $q(\mathbf{x}) = \mathbf{x}^T A\mathbf{x}$가 임의의 $\mathbf{x} \neq \mathbf{0}$에 대하여 $q(\mathbf{x}) > 0$이면 **양의 정부호**(positive definite), $q(\mathbf{x}) < 0$이면 **음의 정부호**(negative definite)라 한다. 또한 어떤 $\mathbf{x}$에 대하여는 $q(\mathbf{x}) > 0$이고, 어떤 $\mathbf{x}$에 대하여는 $q(\mathbf{x}) < 0$이면 **부정부호**(indefinite)라 한다.

예 41

n차의 정사각행렬 A가 대칭행렬이고 양의 정부호일 때, R^n의 두 열벡터 $\mathbf{u}, \mathbf{v}$에 대하여 $<\mathbf{u}, \mathbf{v}>$를

$$<\mathbf{u}, \mathbf{v}> = \mathbf{v}^T A\mathbf{u}$$

로 정의하면 $<\mathbf{u}, \mathbf{v}>$는 R^n에서의 내적이 된다. 특히 유클리드 내적

$$\mathbf{u} \cdot \mathbf{v} = \mathbf{v}^T\mathbf{u} = \mathbf{v}^T I_n \mathbf{u}$$

는 $A = I_n$인 내적의 특수한 경우로 생각할 수 있다. ■

예제 5

W가 직교벡터 $\mathbf{u}_1, \mathbf{u}_2, \cdots, \mathbf{u}_n$에 의해 생성된 부분공간이고, $\mathbf{p}$가 W로의 벡터 $\mathbf{b}$의 정사영이라 하면, 벡터 $\mathbf{q} = \mathbf{b} - \mathbf{p}$는 W에 직교한다.

증명 임의의 $\mathbf{w} \in W$, 즉 $\mathbf{w} = \alpha_1\mathbf{u}_1 + \alpha_2\mathbf{u}_2 + \cdots + \alpha_n\mathbf{u}_n$일 때 $< \mathbf{q}, \mathbf{w} > = 0$임을 보이면 된다. $\mathbf{p}$가 W로의 벡터 $\mathbf{b}$의 정사영이므로

$$< \mathbf{q}, \mathbf{u}_i > = 0, \text{ 즉 } < \mathbf{b} - \mathbf{p}, \mathbf{u}_i > = 0$$

이다. 따라서

$$\begin{aligned} & < \mathbf{q}, \alpha_1\mathbf{u}_1 + \alpha_2\mathbf{u}_2 + \cdots + \alpha_n\mathbf{u}_n > \\ & = \alpha_1 < \mathbf{q}, \mathbf{u}_1 > + \alpha_2 < \mathbf{q}, \mathbf{u}_2 > + \cdots + \alpha_n < \mathbf{q}, \mathbf{u}_n > = 0 \end{aligned}$$

이 성립한다. 그러므로 벡터 $\mathbf{q} = \mathbf{b} - \mathbf{p}$는 W에 직교한다. ■

참고

두 열벡터 $\mathbf{u} = \begin{bmatrix} 3 \\ 1 \end{bmatrix}$, $\mathbf{v} = \begin{bmatrix} 1 \\ 4 \end{bmatrix}$에 대하여, 유클리드 내적 $\mathbf{u} \cdot \mathbf{v}$는 $\mathbf{u} \cdot \mathbf{v} = 7$이다. 반면에 $A = \begin{bmatrix} 3 & 2 \\ 2 & 4 \end{bmatrix}$일 때 $< \mathbf{u}, \mathbf{v} > = \mathbf{v}^T A\mathbf{u}$로 정의된 내적 $< \mathbf{u}, \mathbf{v} >$에 대하여

$$< \mathbf{u}, \mathbf{v} > = [\,1 \;\; 4\,] \begin{bmatrix} 3 & 2 \\ 2 & 4 \end{bmatrix} \begin{bmatrix} 3 \\ 1 \end{bmatrix} = 51$$

이 된다.

예 42

$\mathbf{u} = \begin{bmatrix} x \\ y \end{bmatrix}$이고 $A = \begin{bmatrix} 2 & -2 \\ -2 & 3 \end{bmatrix}$일 때, $< \mathbf{u}, \mathbf{v} > = \mathbf{v}^T A\mathbf{u}$로 정의된 내적에 대하여 $\mathbf{u}^T A\mathbf{u}$를 x, y의 관계식으로 나타내면

$$\mathbf{u}^T A\mathbf{u} = [\,x \;\; y\,] \begin{bmatrix} 2 & -2 \\ -2 & 3 \end{bmatrix} \begin{bmatrix} x \\ y \end{bmatrix} = 2x^2 - 4xy + 3y^2$$

이 된다. ■

예 43

R^2에서 $\mathbf{u}=\begin{bmatrix}u_1\\u_2\end{bmatrix}$, $\mathbf{v}=\begin{bmatrix}v_1\\v_2\end{bmatrix}$일 때

$$<\mathbf{u},\ \mathbf{v}> = 6u_1v_1 - 2u_2v_1 - 2u_1v_2 + 3u_2v_2$$

로 정의된 내적에 대하여, $<\mathbf{u},\ \mathbf{v}> = \mathbf{v}^T A\mathbf{u}$를 만족하는 2차 대칭행렬은

$$A=\begin{bmatrix}6 & -2\\-2 & 3\end{bmatrix}$$

으로 주어진다. ■

정의 28 노름

벡터공간 V에 임의의 내적 $<\mathbf{u},\ \mathbf{v}>$가 주어질 때, 벡터 $\mathbf{u}$의 **노름** 또는 **길이**는

$$\|\mathbf{u}\| = \sqrt{<\mathbf{u},\ \mathbf{u}>}$$

로 정의한다. 이때 $\|\mathbf{u}\|=1$이면, $\mathbf{u}$를 **단위벡터**라 한다.

$\mathbf{u}=\begin{bmatrix}3\\1\end{bmatrix}$일 때, $\mathbf{u}\cdot\mathbf{u}=10$이므로 $\mathbf{u}$의 유클리드 노름은

$$\|\mathbf{u}\| = \sqrt{\mathbf{u}\cdot\mathbf{u}} = \sqrt{10}$$

이다. 반면에 2차 대칭행렬 $A=\begin{bmatrix}3 & 2\\2 & 4\end{bmatrix}$에 대하여

$$<\mathbf{u},\ \mathbf{u}> = \mathbf{u}^T A\mathbf{u} = \begin{bmatrix}3 & 1\end{bmatrix}\begin{bmatrix}3 & 2\\2 & 4\end{bmatrix}\begin{bmatrix}3\\1\end{bmatrix} = 43$$

이므로, $\|\mathbf{u}\| = \sqrt{<\mathbf{u},\ \mathbf{u}>} = \sqrt{43}$이 된다.

참고

내적공간 V의 모든 벡터 $\mathbf{u},\ \mathbf{v}\in V$에 대하여, 다음이 성립한다.

(1) $|<\mathbf{u},\ \mathbf{v}>| \le \|\mathbf{u}\|\|\mathbf{v}\|$ (코시-슈바르츠 부등식)

(2) $\|\mathbf{u}+\mathbf{v}\| \le \|\mathbf{u}\|+\|\mathbf{v}\|$ (삼각부등식)

임의의 내적공간에 대하여 삼각부등식은 코시-슈바르츠 부등식으로부터 유도된다.

정의 29

$\mathbf{0}$이 아닌 두 벡터 $\mathbf{u}$와 $\mathbf{v}$가 이루는 각(angle) θ는

$$\cos\theta = \frac{<\mathbf{u},\ \mathbf{v}>}{\|\mathbf{u}\|\|\mathbf{v}\|}\ \ (\text{단},\ 0 \le \theta \le \pi)$$

로 정의한다. 이때 $\mathbf{u}$, $\mathbf{v}$가 $<\mathbf{u},\ \mathbf{v}> = 0$이면, 두 벡터 $\mathbf{u}$와 $\mathbf{v}$는 **서로 수직** 또는 **직교**한다고 하고, $\mathbf{x} \perp \mathbf{y}$로 나타낸다.

$\mathbf{v}_1,\ \mathbf{v}_2,\ \cdots,\ \mathbf{v}_n$이 내적공간 V의 벡터일 때, 모든 $i \ne j$에 대하여 $\mathbf{v}_i \perp \mathbf{v}_j$이면 벡터들의 집합 $\{\mathbf{v}_1,\ \mathbf{v}_2,\ \cdots,\ \mathbf{v}_n\}$을 **직교집합**이라고 한다. 한편 직교집합 $\{\mathbf{v}_1,\ \mathbf{v}_2,\ \cdots,\ \mathbf{v}_n\}$이 V의 기저이고, 모든 i에 대해 $\|\mathbf{v}_i\| = 1$이면 $\{\mathbf{v}_1,\ \mathbf{v}_2,\ \cdots,\ \mathbf{v}_n\}$을 V의 **정규직교기저**라고 한다.

예 44

내적공간 V의 $\mathbf{0}$ 아닌 벡터 $\mathbf{v}_1,\ \mathbf{v}_2,\ \cdots,\ \mathbf{v}_n$에 대하여, $\{\mathbf{v}_1,\ \mathbf{v}_2,\ \cdots,\ \mathbf{v}_n\}$이 직교집합이면 $\mathbf{v}_1,\ \mathbf{v}_2,\ \cdots,\ \mathbf{v}_n$은 일차독립이다. ■

정리 30 그람-슈미트 정규직교화

$\{\mathbf{v}_1,\ \mathbf{v}_2,\ \cdots,\ \mathbf{v}_n\}$이 내적공간 V의 기저이면, 각 $1 \le k \le n$에 대하여

$$\text{span}\{\mathbf{v}_1,\ \mathbf{v}_2,\ \cdots,\ \mathbf{v}_n\} = \text{span}\{\mathbf{u}_1,\ \mathbf{u}_2,\ \cdots,\ \mathbf{u}_n\}$$

을 만족하는 정규직교기저 $\{\mathbf{u}_1,\ \mathbf{u}_2,\ \cdots,\ \mathbf{u}_n\}$이 존재한다.

내적공간 V의 부분공간 W에 대하여, W의 직교보충공간 $W^{\perp}$은

$$W^{\perp} = \{\mathbf{v} \in V \mid \mathbf{v} \perp \mathbf{w}\ ^{\forall}\mathbf{w} \in W\}$$

으로 정의한다.

예 45

R^3의 부분공간 $W = \text{span}\{(1,\ 0,\ 0),\ (0,\ 1,\ 1)\}$의 직교보충공간은

$$W^{\perp} = \{(0,\ -1,\ 1)\}$$

이다. ■

W가 유한차원 내적공간 V의 부분공간이면, $V = W \oplus W^{\perp}$이다. 따라서 W가 유한차원 내적공간 V의 부분공간이면, V의 모든 벡터는 W의 벡터와 $W^{\perp}$의 백터의 합으로 유일하게 표현된다.

(2) 복소내적공간

스칼라를 복소수로 확장하면 복소수 C 위의 벡터공간, 즉 복소벡터공간을 정의할 수 있으며, 여기에 내적을 정의하면 복소내적공간을 얻게 된다.

참고

복소벡터공간에서 부분공간, 일차독립과 일차종속, 기저와 차원, 그람-슈미트 정규직교화과정 등은 실벡터공간에서와 마찬가지로 정의된다.

정의 31

V가 복소벡터공간일 때, $\mathbf{u}, \mathbf{v} \in V$에 대하여 스칼라 $<\mathbf{u}, \mathbf{v}>$를 대응시키는 함수 $<\ ,\ > : V \times V \to C$가 다음 네 조건, 즉 $\mathbf{u}, \mathbf{v}, \mathbf{w} \in V$와 $\alpha \in C$에 대하여

(1) $<\mathbf{u}, \mathbf{v}> = \overline{<\mathbf{v}, \mathbf{u}>}$

(2) $<\mathbf{u}+\mathbf{v}, \mathbf{w}> = <\mathbf{u}, \mathbf{w}> + <\mathbf{v}, \mathbf{w}>$

(3) $<\alpha\mathbf{u}, \mathbf{v}> = \alpha<\mathbf{u}, \mathbf{v}>$

(4) $<\mathbf{u}, \mathbf{u}> \geq 0$. 특히 $<\mathbf{u}, \mathbf{u}> = 0 \Leftrightarrow \mathbf{u} = \mathbf{0}$

를 만족하면 함수 $<\ ,\ >$를 V 위에서의 **내적**(또는 Hermitian 내적)이라 하고, 이와 같은 내적을 갖는 복소벡터공간을 **복소내적공간**(complex inner product space) 또는 **유니타리 공간**(unitary space)이라 한다.

$\mathbf{0}$ 아닌 두 벡터 $\mathbf{u}, \mathbf{v}$에 대하여, $<\mathbf{u}, \mathbf{v}> = 0$이면 $\mathbf{u}$와 $\mathbf{v}$는 **직교한다**고 한다.

참고

복소벡터공간 V에 대하여, $\mathbf{u}, \mathbf{v}, \mathbf{w} \in V$와 $\alpha \in C$일 때 다음이 성립한다.

(1) $<\mathbf{0}, \mathbf{v}> = 0 = <\mathbf{v}, \mathbf{0}>$

(2) $<\mathbf{u},\ \mathbf{v}+\mathbf{w}> \ = \ <\mathbf{u},\ \mathbf{v}> + <\mathbf{u},\ \mathbf{w}>$

(3) $<\mathbf{u},\ \alpha\mathbf{v}> \ = \ \overline{\alpha} <\mathbf{u},\ \mathbf{v}>$

예 46

$C^n = \{\mathbf{x} \mid \mathbf{x} = (x_1,\ x_2,\ \cdots,\ x_n),\ x_i$는 복소수$\}$에서, $\mathbf{x},\ \mathbf{y} \in C^n$와 스칼라 $\alpha \in C$에 대하여 덧셈과 스칼라배를 각각

$$\mathbf{x}+\mathbf{y} = (x_1+y_1,\ x_2+y_2,\ \cdots,\ x_n+y_n),\quad \alpha\mathbf{x} = (\alpha x_1,\ \alpha x_2,\ \cdots,\ \alpha x_n)$$

으로 정의하면 C^n은 벡터공간이 된다. 이때 C^n의 두 벡터 $\mathbf{u} = (u_1,\ u_2,\ \cdots,\ u_n)$, $\mathbf{v} = (v_1,\ v_2,\ \cdots,\ v_n)$에 대하여, 내적(유클리드 내적)은

$$\mathbf{u} \cdot \mathbf{v} = \overline{v}_1 u_1 + \overline{v}_2 u_2 + \cdots + \overline{v}_n u_n$$

으로 주어진다. ■

예 47

$\mathscr{C}([a,\ b],\ C)$를 닫힌구간 $[a,\ b]$에서 복소수 C로의 연속함수 전체의 집합이라 할 때, $f(x),\ g(x) \in \mathscr{C}([a,\ b],\ C)$와 $\alpha \in C$에 대하여 덧셈과 스칼라배를 각각

$$(f+g)(x) = f(x)+g(x),\ (\alpha f)(x) = \alpha f(x)$$

로 정의하면 $\mathscr{C}([a,\ b],\ C)$는 복소벡터공간을 이룬다. 여기서 벡터는

$$f(x) = f_1(x) + i f_2(x)$$

와 같은 형태의 함수이고, $f_1(x),\ f_2(x)$는 $[a,\ b]$에서 R로의 연속함수이다. 이때 $f(x),\ g(x) \in \mathscr{C}([a,\ b],\ C)$에 대하여 내적을

$$< f(x),\ g(x) > \ = \int_a^b \overline{g(x)} f(x)\, dx$$

로 정의하면, $\mathscr{C}([a,\ b],\ C)$는 복소내적공간이 된다. ■

복소내적공간 V에서 벡터 $\mathbf{u}$의 **노름**을

$$\|\mathbf{u}\| = \sqrt{<\mathbf{u},\ \mathbf{u}>}$$

로 정의한다.

정리 32

복소벡터공간 V에 대하여, $\mathbf{u}$, $\mathbf{v} \in V$일 때 다음이 성립한다.

(1) $|<\mathbf{u}, \mathbf{v}>| \le \|\mathbf{u}\|\|\mathbf{v}\|$ (코시 - 슈바르츠 부등식)

(2) $\|\mathbf{u}+\mathbf{v}\| \le \|\mathbf{u}\| + \|\mathbf{v}\|$ (삼각부등식)

유클리드 내적이 정의되어 있는 복소내적공간 C^n의 두 벡터

$$\mathbf{u} = (a_1, a_2, \cdots, a_n), \ \mathbf{v} = (b_1, b_2, \cdots, b_n) \in C^n$$

에 대하여, 코시 - 슈바르츠 부등식

$$|\mathbf{u} \cdot \mathbf{v}| = \left| \sum_{i=i}^{n} a_i \overline{b_i} \right| \le \left(\sum_{i=i}^{n} |a_i|^2 \right)^{\frac{1}{2}} \left(\sum_{i=i}^{n} |b_i|^2 \right)^{\frac{1}{2}} = \|\mathbf{u}\|\|\mathbf{v}\|$$

과 삼각부등식

$$\begin{aligned} \|\mathbf{u}+\mathbf{v}\| &= \left(\sum_{i=i}^{n} |a_i + b_i|^2 \right)^{\frac{1}{2}} \le \left(\sum_{i=i}^{n} |a_i|^2 \right)^{\frac{1}{2}} + \left(\sum_{i=i}^{n} |b_i|^2 \right)^{\frac{1}{2}} \\ &= \|\mathbf{u}\| + \|\mathbf{v}\| \end{aligned}$$

이 성립한다.

예 48

유클리드 내적이 정의되어 있는 복소내적공간 C^n에 대하여

$$\mathbf{u} = (i, i, i), \quad \mathbf{v} = (i, -i, i)$$

일 때, $\mathbf{u} \cdot \mathbf{v} = 1$이므로

$$|<\mathbf{u}, \mathbf{v}>| = 1 \le 3 = \|\mathbf{u}\|\|\mathbf{v}\|$$

즉 코시 - 슈바르츠 부등식이 성립함을 확인할 수 있다. ■

$f(x)$, $g(x) \in \mathscr{C}([a, b], C)$라 하고, 내적을

$$< f(x), g(x) > = \int_a^b f(x)\overline{g(x)}\, dx$$

로 정의하면, 코시 - 슈바르츠 부등식

$$|<\mathbf{u},\ \mathbf{v}>| = \left|\int_a^b f(x)\overline{g(x)}\,dx\right| \le \left(\int_a^b f(x)dx\right)^{\frac{1}{2}}\left(\int_a^b g(x)dx\right)^{\frac{1}{2}}$$
$$= \|\mathbf{u}\|\|\mathbf{v}\|$$

와 삼각부등식

$$\|\mathbf{u}+\mathbf{v}\| = \left(\int_a^b |f(x)+g(x)|^2\right)^{\frac{1}{2}} \le \left(\int_a^b |f(x)|^2\right)^{\frac{1}{2}} + \left(\int_a^b |g(x)|^2\right)^{\frac{1}{2}}$$
$$= \|\mathbf{u}\| + \|\mathbf{v}\|$$

이 성립한다.

연습문제 5.1 Exercises

1. R^n의 부분공간에 대한 다음 명제들의 참, 거짓을 판정하시오.

(1) $\mathbf{0}$이 아닌 두 벡터의 내적은 0이 될 수 없다.

(2) 영공간이 아닌 부분공간은 무수히 많은 기저를 가진다.

(3) m차원 부분공간의 모든 기저는 m개의 벡터로 이루어진다.

(4) m차원 부분공간의 일차독립인 벡터의 개수는 m보다 같거나 작다.

(5) 두 부분공긴이 같은 차원을 가지면 두 부분공간을 일치한다.

2. n차 가역행렬들의 집합은 벡터공간 M_n의 부분공간이 아님을 보이시오.

3. $m \times n$ 행렬 A에 대하여 집합 $W = \{\mathbf{x} \in R^n \mid A\mathbf{x} = \mathbf{0}\}$는 벡터공간 R^n의 부분공간임을 보이시오.

4. 벡터 $\mathbf{x} \in R^3$에 대하여, $W = \{\mathbf{y} \in R^3 \mid \mathbf{x} \cdot \mathbf{y} = 0\}$는 R^3의 부분공간임을 보이시오.

5. 다음 R^3의 부분집합에 대하여, R^3의 부분공간 여부를 판정하시오.

(1) $W_1 = \{t(1,\ 1,\ 1) \mid t \in R\}$ (2) $W_2 = \{t(1,\ 1,\ 1) \mid t \in Z\}$

(3) $W_3 = \{s(1,\ 0,\ 0) + t(0,\ 1,\ 0) \mid t \in R\}$

(4) $W_4 = \{(x,\ y,\ z) \mid x + z = 1\}$ (5) $W_5 = \{(x,\ y,\ z) \mid xy \ge 0\}$

(6) $W_6 = \{(x, y, z) \mid z = x$ 또는 $z = y\}$

6. R^3의 두 부분공간 $W_1 = \{(a, a, 0) \mid a \in R\}$, $W_2 = \{(0, a, a) \mid a \in R\}$에 대하여, 다음에 주어진 부분공간의 기저와 차원을 각각 구하시오.

(1) W_1 (2) W_2

(3) $W_1 \cap W_2$ (4) $W_1 + W_2$

7. $S = \{\mathbf{v}_1, \mathbf{v}_2, \cdots, \mathbf{v}_n\}$가 벡터공간 V의 부분집합일 때, 집합 S의 부분집합 S'이 일차종속이면 S도 일차종속이고, S가 일차독립이면 S'도 일차독립임을 보이시오.

8. 다음에 주어진 벡터들의 일차독립 여부를 행렬식을 이용하여 확인하시오.

(1) $\mathbf{v}_1 = (1, 2, 3)$, $\mathbf{v}_2 = (-1, 2, 3)$, $\mathbf{v}_3 = (4, 5, 6)$

(2) $\mathbf{v}_1 = (2, -1, 3)$, $\mathbf{v}_2 = (-4, 2, -6)$, $\mathbf{v}_3 = (1, 3, 4)$

9. $S = \{1 + x, -1 + x, x^2\}$는 P_2의 기저임을 보이시오.

10. R^3의 부분공간 V가 $V = \{(x, y, z) \mid ax + by + cz = 0;\ a, b, c$는 실수$\}$로 주어질 때, $\dim V = 2$임을 보이시오.

11. R^4의 네 벡터

$$\mathbf{x}_1 = (1, 2, 3, 4),\ \mathbf{x}_2 = (1, 1, 1, 1),\ \mathbf{x}_3 = (0, 1, 2, 0),\ \mathbf{x}_4 = (2, 4, 6, 5)$$

에 대하여, 다음 물음에 답하시오.

(1) $W = \operatorname{span}\{\mathbf{x}_1, \mathbf{x}_2, \mathbf{x}_3, \mathbf{x}_4\}$의 기저와 차원을 구하시오.

(2) W의 기저를 포함하는 R^4의 기저와 W의 보충공간을 각각 구하시오.

12. 다음 동차연립방정식의 해공간 $\{\mathbf{x} \in R^n \mid A\mathbf{x} = \mathbf{0}\}$에 대한 기저와 차원을 구하시오.

(1) $\begin{cases} x_1 + x_2 - x_3 = 0 \\ -2x_1 - x_2 + 2x_3 = 0 \\ -x_1 + x_3 = 0 \end{cases}$

(2) $\begin{cases} x_1 + x_2 + 2x_4 = 0 \\ 2x_1 + 2x_2 + x_3 + 5x_4 = 0 \\ x_1 + x_2 + 2x_3 + 2x_4 = 0 \\ 3x_1 + 3x_2 - x_3 + 2x_4 = 0 \end{cases}$

13. 2차 대칭행렬 A와 R^2 위의 두 열벡터 $\mathbf{u} = \begin{bmatrix} u_1 \\ u_2 \end{bmatrix}$, $\mathbf{v} = \begin{bmatrix} v_1 \\ v_2 \end{bmatrix}$에 대하여 $<\mathbf{u}, \mathbf{v}>$를

$$<\mathbf{u}, \mathbf{v}> = \mathbf{v}^T A\mathbf{u} = 3v_1u_1 + 2v_2u_1 + 2v_1u_2 + 4v_2u_2$$

로 정의하면, $<\mathbf{u}, \mathbf{v}>$는 R^n 위에서 내적이 됨을 보이시오.

14. R^4의 두 벡터 $\mathbf{v}_1 = (1, 0, 0, 1)$, $\mathbf{v}_2 = (0, 2, 1, 0)$에 대하여, $W = \text{span}\{\mathbf{v}_1, \mathbf{v}_2\}$의 직교보충공간을 구하시오.

15. R^3의 두 부분공간 $W_1 = \text{span}\{(1, 1, 1)\}$과 $W_2 = \text{span}\{(0, 1, 2), (1, 3, a)\}$에 대하여, $\dim(W_1 + W_2) = 2$를 만족하는 a 값을 구하시오.

16. $\mathbf{v}_1 = (1, 1, 0)$, $\mathbf{v}_2 = (0, 1, 1)$이 R^3의 두 벡터일 때, 그람-슈미트 정규직교화과정을 이용하여 집합 $S = \{\mathbf{v}_1, \mathbf{v}_2\} = \{(1, 1, 0), (0, 1, 1)\}$를 기저로 갖는 R^3의 부분공간 W의 정규직교기저 $Z = \{\mathbf{z}_1, \mathbf{z}_2\}$를 구하시오.

17. 유클리드 내적을 갖는 2차원 복소벡터공간 C^2 (6.2절 정의 25 참조)의 기저 $\{\mathbf{u}_1, \mathbf{u}_2\}$가

$$\mathbf{u}_1 = (i, 0), \ \mathbf{u}_2 = (i, i)$$

로 주어질 때, 그람-슈미트 정규직교화과정을 이용하여 정규직교기저 $\{\mathbf{v}_1, \mathbf{v}_2\}$를 구하시오.

18. 3×4 행렬 $A = \begin{bmatrix} 1 & 2 & 3 & 4 \\ 1 & 3 & 5 & 7 \\ 1 & 4 & 7 & 10 \end{bmatrix}$에 대하여, 다음 물음에 답하시오.

(1) A의 계수 $\text{rank}(A)$ (2) A의 행공간의 차원

(3) A를 첨가행렬로 하는 동차선형연립방정식의 해공간의 기저

(4) A의 행공간의 직교보충공간

5.2 좌표벡터와 전이행렬

1. 좌표벡터

R^n에서 기저의 개념은 좌표계의 개념과 밀접하다. 지금까지는 R^n에서 임의의 벡터는 표준기저에 관한 좌표벡터로 유일하게 표현됨을 설명하였다.

참고

R^3의 한 점 $P(a_1, a_2, a_3)$에 대하여, 벡터 $\mathbf{x} = \overrightarrow{OP} = (a_1, a_2, a_3)$는 R^3의 표준기저 $\{\mathbf{e}_1, \mathbf{e}_2, \mathbf{e}_3\}$에 관하여

$$\mathbf{x} = a_1\mathbf{e}_1 + a_2\mathbf{e}_2 + a_3\mathbf{e}_3$$

로 유일하게 표현된다. 이때 a_1, a_2, a_3는 점 P의 **좌표**라 하며, $\mathbf{x} = (a_1, a_2, a_3)$는 표준기저 $\{\mathbf{e}_1, \mathbf{e}_2, \mathbf{e}_3\}$에 관한 좌표로 a_1, a_2, a_3를 갖는다고 한다.

이제 표준기저가 아닌 기저, 즉 순서기저에 대한 좌표벡터를 정의한다.

정리 1 좌표벡터

집합 $\alpha = \{\mathbf{x}_1, \mathbf{x}_2, \cdots, \mathbf{x}_n\}$가 R^n의 기저이면 R^n에 속하는 모든 벡터 $\mathbf{x}$는

$$\mathbf{x} = c_1\mathbf{x}_1 + c_2\mathbf{x}_2 + \cdots + c_n\mathbf{x}_n$$

으로 유일하게 표현된다. 이때 스칼라 $c_1, c_2, \cdots, c_n$을 **순서기저**(ordered basis) α에 관한 벡터 $\mathbf{x}$의 **좌표**(coordinate)라 하고, R^n의 벡터

$$\begin{bmatrix} c_1 \\ c_2 \\ \vdots \\ c_n \end{bmatrix}$$

을 순서기저 α에 관한 $\mathbf{x}$의 **좌표벡터**(coordinate vector) 또는 **좌표행렬**(coordinate matrix)이라 하며, $[\mathbf{x}]_\alpha$로 나타낸다.

지금부터 임의의 순서기저를 $\alpha, \beta, \cdots$로, 표준기저를 $\epsilon, \epsilon', \cdots$로 각각 표현하기로 한다.

참고

집합 α가 R^n의 기저일 때, R^n의 한 벡터 $\mathbf{x}$에 R^n의 좌표벡터 $[\mathbf{x}]_\alpha$가 유일하게 대응되고, 역으로 R^n의 좌표벡터 $[\mathbf{x}]_\alpha$에 대하여 R^n의 벡터 $\mathbf{x}$가 유일하게 대응된다.

예 1

$\mathbf{x}_1 = (1, 1, 1)$, $\mathbf{x}_2 = (1, -1, 1)$, $\mathbf{x}_3 = (1, 2, 2)$로 주어진 R^3의 기저 $\alpha = \{\mathbf{x}_1, \mathbf{x}_2, \mathbf{x}_3\}$에 관한 $\mathbf{x} = (3, 6, -2)$의 좌표벡터 $[\mathbf{x}]_\alpha$를 구해보자.

$$\begin{aligned} \mathbf{x} &- (3, 6, -2) \\ &= c_1(1, 1, 1) + c_2(1, -1, 1) + c_3(1, 2, 2) \end{aligned}$$

로부터, 연립방정식

$$\begin{cases} c_1 + c_2 + \ c_3 = \ \ 3 \\ c_1 - c_2 + 2c_3 = \ \ 6 \\ c_1 + c_2 + 2c_3 = -2 \end{cases}$$

을 풀면 $c_1 = 12$, $c_2 = -4$, $c_3 = -5$이므로

$$[\mathbf{x}]_\alpha = \begin{bmatrix} 12 \\ -4 \\ -5 \end{bmatrix}$$

로 주어진다. ■

참고

R^n의 기저 α에 대하여, $\mathbf{x}, \mathbf{y} \in R^n$와 $c \in R$일 때

$$[\mathbf{x} + \mathbf{y}]_\alpha = [\mathbf{x}]_\alpha + [\mathbf{y}]_\alpha, \quad [c\mathbf{x}]_\alpha = c[\mathbf{x}]_\alpha$$

가 성립한다.

예 2

$\mathbf{x} = (7, -7, 5)$, $\mathbf{y} = (1, -4, 4)$일 때

$$\mathbf{x}_1 = (1, 1, 1), \ \mathbf{x}_2 = (1, -1, 1), \ \mathbf{x}_3 = (1, 2, 2)$$

로 주어진 R^3의 순서기저 $\alpha = \{\mathbf{x}_1, \mathbf{x}_2, \mathbf{x}_3\}$에 관한 $\mathbf{x} + \mathbf{y}$의 좌표벡터는

$$[\mathbf{x}+\mathbf{y}]_\alpha = \begin{bmatrix} -3 \\ 10 \\ 1 \end{bmatrix}$$

로 주어진다. ■

이제 R^n의 두 순서기저

$$\alpha = \{\mathbf{x}_1,\ \mathbf{x}_2,\ \cdots,\ \mathbf{x}_n\},\quad \beta = \{\mathbf{y}_1,\ \mathbf{y}_2,\ \cdots,\ \mathbf{y}_n\}$$

에 대하여, α와 β에 관한 $\mathbf{x} \in R^n$의 두 좌표벡터 $[\mathbf{x}]_\alpha$와 $[\mathbf{x}]_\beta$ 사이의 관계를 생각해 보자.

$$\mathbf{x} = c_1\mathbf{y}_1 + c_2\mathbf{y}_2 + \cdots + c_n\mathbf{y}_n \ \ (\text{단},\ c_i \in R)$$

이라 하면, β에 관한 $\mathbf{x} \in R^n$의 좌표벡터 $[\mathbf{x}]_\beta$는

$$[\mathbf{x}]_\beta = \begin{bmatrix} c_1 \\ c_2 \\ \vdots \\ c_n \end{bmatrix}$$

이고, 또한 α에 관한 $\mathbf{x} \in R^n$의 좌표벡터 $[\mathbf{x}]_\alpha$는

$$\begin{aligned} [\mathbf{x}]_\alpha &= [c_1\mathbf{y}_1 + c_2\mathbf{y}_2 + \cdots + c_n\mathbf{y}_n]_\alpha \\ &= c_1[\mathbf{y}_1]_\alpha + c_2[\mathbf{y}_2]_\alpha + \cdots + c_n[\mathbf{y}_n]_\alpha \end{aligned}$$

로 나타낼 수 있다. 여기서 α에 관한 $\mathbf{y}_j$의 좌표벡터를

$$[\mathbf{y}_j]_\alpha = \begin{bmatrix} p_{ij} \\ p_{2j} \\ \vdots \\ p_{nj} \end{bmatrix}$$

라 하고, 행렬 P를

$$\begin{aligned} P &= [[\mathbf{y}_1]_\alpha : [\mathbf{y}_2]_\alpha : \cdots : [\mathbf{y}_n]_\alpha] \\ &= \begin{bmatrix} p_{11} & p_{12} & \cdots & p_{1n} \\ p_{21} & p_{22} & \cdots & p_{2n} \\ \vdots & \vdots & \vdots & \vdots \\ p_{n1} & p_{n2} & \cdots & p_{nn} \end{bmatrix} \end{aligned}$$

이라 하면

$$[\mathbf{x}]_\alpha = \begin{bmatrix} p_{11} & p_{12} & \cdots & p_{1n} \\ p_{21} & p_{22} & \cdots & p_{2n} \\ \vdots & \vdots & \vdots & \vdots \\ p_{n1} & p_{n2} & \cdots & p_{nn} \end{bmatrix} \begin{bmatrix} c_1 \\ c_2 \\ \vdots \\ c_n \end{bmatrix}$$

즉

$$[\mathbf{x}]_\alpha = P[\mathbf{x}]_\beta$$

가 성립한다.

2. 전이행렬

$[\mathbf{x}]_\alpha = P[\mathbf{x}]_\beta$에서 행렬 P는 좌표벡터 $[\mathbf{x}]_\beta$를 $[\mathbf{x}]_\alpha$로 변환시키는 역할을 한다. 이때 행렬

$$P = [\,[\mathbf{y}_1]_\alpha : [\mathbf{y}_2]_\alpha : \cdots : [\mathbf{y}_n]_\alpha]$$

를 순서기저 β에서 α로의 **전이행렬** (transition matrix)이라 하고, $P = [I]_\beta^\alpha$로 표기한다.

정리 2

α, β가 R^n의 기저이고 β에서 α로의 전이행렬을 P라 하면, $[\mathbf{x}]_\alpha = P[\mathbf{x}]_\beta$가 성립한다.

예 3

집합 $\epsilon = \{\mathbf{e}_1, \mathbf{e}_2, \mathbf{e}_3\}$이 R^3의 표준기저이고 $\beta = \{\mathbf{y}_1, \mathbf{y}_2, \mathbf{y}_3\}$가

$$\mathbf{y}_1 = (1, 0, 0), \quad \mathbf{y}_2 = (1, 1, 0), \quad \mathbf{y}_3 = (1, 1, 1)$$

로 주어진 기저라고 하자. 이때

$$\mathbf{e}_1 = (1, 0, 0) = \mathbf{y}_1, \quad \mathbf{e}_2 = (0, 1, 0) = -\mathbf{y}_1 + \mathbf{y}_2, \quad \mathbf{e}_3 = (0, 0, 1) = -\mathbf{y}_2 + \mathbf{y}_3$$

이므로, 기저 β에 관한 $\mathbf{e}_1$, $\mathbf{e}_2$, $\mathbf{e}_3$의 좌표벡터는

$$[\mathbf{e}_1]_\beta = \begin{bmatrix} 1 \\ 0 \\ 0 \end{bmatrix}, \quad [\mathbf{e}_2]_\beta = \begin{bmatrix} -1 \\ 1 \\ 0 \end{bmatrix}, \quad [\mathbf{e}_3]_\beta = \begin{bmatrix} 0 \\ -1 \\ 1 \end{bmatrix}$$

이 된다. 따라서 기저 ϵ에서 β로의 전이행렬은

$$P = [I]_\epsilon^\beta = [[\mathbf{e}_1]_\beta : [\mathbf{e}_2]_\beta : [\mathbf{e}_3]_\beta] = \begin{bmatrix} 1 & -1 & 0 \\ 0 & 1 & -1 \\ 0 & 0 & 1 \end{bmatrix}$$

이다. 그러므로 $[\mathbf{x}]_\epsilon = \begin{bmatrix} 1 \\ 2 \\ 3 \end{bmatrix}$일 때, 좌표벡터 $[\mathbf{x}]_\beta$는

$$[\mathbf{x}]_\beta = P[\mathbf{x}]_\epsilon = [I]_\epsilon^\beta [\mathbf{x}]_\epsilon = \begin{bmatrix} 1 & -1 & 0 \\ 0 & 1 & -1 \\ 0 & 0 & 1 \end{bmatrix} \begin{bmatrix} 1 \\ 2 \\ 3 \end{bmatrix} = \begin{bmatrix} -1 \\ -1 \\ 3 \end{bmatrix}$$

으로 주어진다. ■

예제 1

집합 $\epsilon = \{\mathbf{e}_1, \mathbf{e}_2\}$이 R^2의 표준기저이고 $\beta = \{\mathbf{y}_1, \mathbf{y}_2\}$가

$$\mathbf{y}_1 = (2, 1), \ \mathbf{y}_2 = (1, -1)$$

로 주어진 기저일 때, β에서 ϵ으로의 전이행렬 P와 $[\mathbf{x}]_\beta = \begin{bmatrix} 3 \\ 4 \end{bmatrix}$일 때 좌표벡터 $[\mathbf{x}]_\epsilon$을 구하시오.

풀이 $P = [I]_\beta^\epsilon = [[\mathbf{y}_1]_\epsilon : [\mathbf{y}_2]_\epsilon]$으로부터 기저 ϵ에 관한 $\mathbf{y}_1$, $\mathbf{y}_2$의 좌표벡터는

$$[\mathbf{y}_1]_\epsilon = \begin{bmatrix} 2 \\ 1 \end{bmatrix}, \ [\mathbf{y}_2]_\epsilon = \begin{bmatrix} 1 \\ -1 \end{bmatrix}$$

이다. 따라서 기저 β에서 ϵ으로의 전이행렬 P는 $P = \begin{bmatrix} 2 & 1 \\ 1 & -1 \end{bmatrix}$이 된다. 그러므로 $[\mathbf{x}]_\beta = \begin{bmatrix} 3 \\ 4 \end{bmatrix}$일 때 좌표벡터 $[\mathbf{x}]_\epsilon$은

$$[\mathbf{x}]_\epsilon = P[\mathbf{x}]_\beta = [I]_\beta^\epsilon [\mathbf{x}]_\beta = \begin{bmatrix} 2 & 1 \\ 1 & -1 \end{bmatrix} \begin{bmatrix} 3 \\ 4 \end{bmatrix} = \begin{bmatrix} 10 \\ -1 \end{bmatrix}$$

로 주어진다. ■

이제 기약행사다리꼴을 이용하여 전이행렬을 구하는 방법을 다음 예제를 통하여 알아보자.

예제 2

R^3의 두 순서기저 $\alpha = \{\mathbf{x}_1, \mathbf{x}_2, \mathbf{x}_3\}$, $\beta = \{\mathbf{y}_1, \mathbf{y}_2, \mathbf{y}_3\}$가

$$\mathbf{x}_1 = (1, 2, 0), \quad \mathbf{x}_2 = (1, 1, 1), \quad \mathbf{x}_3 = (2, 0, 1)$$
$$\mathbf{y}_1 = (3, -1, 4), \quad \mathbf{y}_2 = (7, 1, 1), \quad \mathbf{y}_3 = (6, 1, -4)$$

로 주어질 때, 두 순서기저 α, β에 대하여 기저 β에서 기저 α로의 전이행렬 $P=[I]_\beta^\alpha$를 구하시오.

풀이 $P=[[\mathbf{y}_1]_\alpha : [\mathbf{y}_2]_\alpha : [\mathbf{y}_3]_\alpha]$이므로, 순서기저 α에 관한 좌표벡터를 구하기 위해

$$\begin{cases} \mathbf{y}_1 = a_1\mathbf{x}_1 + a_2\mathbf{x}_2 + a_3\mathbf{x}_3 \\ \mathbf{y}_2 = b_1\mathbf{x}_1 + b_2\mathbf{x}_2 + b_3\mathbf{x}_3 \\ \mathbf{y}_3 = c_1\mathbf{x}_1 + c_2\mathbf{x}_2 + c_3\mathbf{x}_3 \end{cases}$$

라 하자. 여기서 $a_i,\ b_i,\ c_i \in R$ 이다. 이때 세 연립방정식

$$\begin{cases} a_1 + a_2 + 2a_3 = 3 \\ 2a_1 + a_2 = -1, \\ a_2 + a_3 = 4 \end{cases} \quad \begin{cases} b_1 + b_2 + 2b_3 = 7 \\ 2b_1 + b_2 = 1, \\ b_2 + b_3 = 1 \end{cases} \quad \begin{cases} c_1 + c_2 + 2c_3 = 6 \\ 2c_1 + c_2 = 1 \\ c_2 + c_3 = -4 \end{cases}$$

는 모두 계수행렬로

$$A = \begin{bmatrix} 1 & 1 & 2 \\ 2 & 1 & 0 \\ 0 & 1 & 1 \end{bmatrix}$$

을 갖는다. 따라서 $[A : \mathbf{y}_1 : \mathbf{y}_2 : \mathbf{y}_3]$, 즉

$$A = \begin{bmatrix} 1 & 1 & 2 & : & 3 & 7 & 6 \\ 2 & 1 & 0 & : & -1 & 1 & 1 \\ 0 & 1 & 1 & : & 4 & 1 & -4 \end{bmatrix}$$

를 기약행사다리꼴로 변형하면

$$\begin{bmatrix} 1 & 0 & 0 & : & -2 & 2 & 5 \\ 0 & 1 & 0 & : & 3 & -3 & -9 \\ 0 & 0 & 1 & : & 1 & 4 & 5 \end{bmatrix}$$

가 된다. 그러므로 기저 β에서 기저 α로의 전이행렬은

$$P = [I]_\beta^\alpha = \begin{bmatrix} -2 & 2 & 5 \\ 3 & -3 & -9 \\ 1 & 4 & 5 \end{bmatrix}$$

로 주어진다. ■

정리 3

R^n의 두 순서기저 α, β에 대하여, P를 기저 β에서 기저 α로의 전이행렬이라 하면 다음이 성립한다.

(1) 행렬 P는 가역이다.

(2) P^{-1}는 기저 α에서 기저 β로의 전이행렬, 즉 $P^{-1} = [I]_\alpha^\beta$로 주어진다.

예 4

R^3의 두 순서기저 $\alpha = \{\mathbf{x}_1, \mathbf{x}_2, \mathbf{x}_3\}$, $\beta = \{\mathbf{y}_1, \mathbf{y}_2, \mathbf{y}_3\}$가

$$\mathbf{x}_1 = (1, 2, 0), \quad \mathbf{x}_2 = (1, 1, 1), \quad \mathbf{x}_3 = (2, 0, 1)$$
$$\mathbf{y}_1 = (3, -1, 4), \quad \mathbf{y}_2 = (7, 1, 1), \quad \mathbf{y}_3 = (6, 1, -4)$$

로 주어질 때, 두 순서기저 α, β에 대하여 기저 β에서 기저 α로의 전이행렬은

$$P = [I]_\beta^\alpha = \begin{bmatrix} -2 & 2 & 5 \\ 3 & -3 & -9 \\ 1 & 4 & 5 \end{bmatrix}$$

이다. 이때

$$P^{-1} = \begin{bmatrix} -\frac{7}{5} & -\frac{2}{3} & \frac{1}{5} \\ \frac{8}{5} & 1 & \frac{1}{5} \\ -1 & -\frac{2}{3} & 0 \end{bmatrix}$$

이므로, 기저 α에서 기저 β로의 전이행렬 $[I]_\alpha^\beta$는

$$[I]_\alpha^\beta = P^{-1} = \begin{bmatrix} -\frac{7}{5} & -\frac{2}{3} & \frac{1}{5} \\ \frac{8}{5} & 1 & \frac{1}{5} \\ -1 & -\frac{2}{3} & 0 \end{bmatrix}$$

이 된다. 따라서 $[\mathbf{x}]_\alpha = \begin{bmatrix} 1 \\ 5 \\ 2 \end{bmatrix}$일 때, 좌표벡터 $[\mathbf{x}]_\beta$는

$$[\mathbf{x}]_\beta = [I]_\beta^\alpha [\mathbf{x}]_\alpha = \begin{bmatrix} -\frac{7}{5} & -\frac{2}{3} & \frac{1}{5} \\ \frac{8}{5} & 1 & \frac{1}{5} \\ -1 & -\frac{2}{3} & 0 \end{bmatrix} \begin{bmatrix} 1 \\ 5 \\ 2 \end{bmatrix} = \begin{bmatrix} -\frac{13}{3} \\ 7 \\ -\frac{13}{3} \end{bmatrix}$$

으로 주어진다. ■

예제 3

집합 $\epsilon = \{\mathbf{e}_1, \mathbf{e}_2\}$이 R^2의 표준기저이고 $\beta = \{\mathbf{y}_1, \mathbf{y}_2\}$가

$$\mathbf{y}_1 = (1,\ 1),\quad \mathbf{y}_2 = (1,\ -1)$$

로 주어진 기저일 때, 다음 물음에 답하시오.

(1) ϵ에서 β로의 전이행렬 P를 구하시오. 또한 $[\mathbf{x}]_\epsilon = \begin{bmatrix} 2 \\ 1 \end{bmatrix}$일 때 좌표벡터 $[\mathbf{x}]_\beta$를 구하시오.

(2) β에서 ϵ으로의 전이행렬 Q를 구하고, $Q = P^{-1}$임을 보이시오.

풀이 (1) 기저 ϵ에 관힌 $\mathbf{y}_1, \mathbf{y}_2$의 좌표벡터는

$$[\mathbf{e}_1]_\beta = \begin{bmatrix} \frac{1}{2} \\ \frac{1}{2} \end{bmatrix},\quad [\mathbf{e}_2]_\beta = \begin{bmatrix} \frac{1}{2} \\ -\frac{1}{2} \end{bmatrix}$$

이다. 따라서 기저 ϵ에서 β로의 전이행렬은

$$P = [I]_\epsilon^\beta = [[\mathbf{e}_1]_\beta : [\mathbf{e}_2]_\beta] = \begin{bmatrix} \frac{1}{2} & \frac{1}{2} \\ \frac{1}{2} & -\frac{1}{2} \end{bmatrix}$$

이 된나. 그러므로 $[\mathbf{x}]_\epsilon = \begin{bmatrix} 2 \\ 1 \end{bmatrix}$일 때 좌표벡디 $[\mathbf{x}]_\beta$는

$$[\mathbf{x}]_\beta = P[\mathbf{x}]_\epsilon = [I]_\epsilon^\beta [\mathbf{x}]_\epsilon = \begin{bmatrix} \frac{1}{2} & \frac{1}{2} \\ \frac{1}{2} & -\frac{1}{2} \end{bmatrix} \begin{bmatrix} 2 \\ 1 \end{bmatrix} = \begin{bmatrix} \frac{3}{2} \\ \frac{1}{2} \end{bmatrix}$$

로 주어진다.

(2) 기저 β에 관한 $\mathbf{e}_1, \mathbf{e}_2$의 좌표벡터가

$$[\mathbf{y}_1]_\epsilon = \begin{bmatrix} 1 \\ 1 \end{bmatrix},\quad [\mathbf{y}_2]_\epsilon = \begin{bmatrix} 1 \\ -1 \end{bmatrix}$$

이므로, 기저 β에서 ϵ으로의 전이행렬은

$$P = [I]_\beta^\epsilon = [[\mathbf{y}_1]_\epsilon : [\mathbf{y}_2]_\epsilon] = \begin{bmatrix} 1 & 1 \\ 1 & -1 \end{bmatrix}$$

로 주어진다. 이때 $PQ = \begin{bmatrix} 1 & 0 \\ 0 & 1 \end{bmatrix}$이므로, $Q = P^{-1}$이다. ■

연습문제 5.2

Exercises

1. 집합 $S = \{\mathbf{x}_1, \mathbf{x}_2, \cdots, \mathbf{x}_n\}$가 R^n의 기저일 때, A가 n차 가역행렬이면

$$W = \{A\mathbf{x}_1, A\mathbf{x}_2, \cdots, A\mathbf{x}_n\}$$

는 R^n의 기저임을 보이시오.

2. R^2의 표준기저 $\epsilon = \{\mathbf{e}_1, \mathbf{e}_2\}$과 $\mathbf{y}_1 = \begin{bmatrix} 2 \\ 1 \end{bmatrix}$, $\mathbf{y}_2 = \begin{bmatrix} 1 \\ -1 \end{bmatrix}$로 주어진 기저 $\beta = \{\mathbf{y}_1, \mathbf{y}_2\}$에 대하여, $\mathbf{x} = \begin{bmatrix} 3 \\ 9 \end{bmatrix}$일 때 $[\mathbf{x}]_\alpha = P[\mathbf{x}]_\beta$가 성립함을 보이시오.

3. R^2의 두 순서기저 $\alpha = \{\mathbf{x}_1, \mathbf{x}_2\}$, $\beta = \{\mathbf{y}_1, \mathbf{y}_2\}$가

$$\mathbf{x}_1 = (1, 2), \ \mathbf{x}_2 = (2, 3), \ \mathbf{y}_1 = (1, 3), \ \mathbf{y}_2 = (1, 4)$$

로 주어질 때, 두 순서기저 α, β에 대하여 기저 β에서 기저 α로의 전이행렬 $[I]_\beta^\alpha$를 구하시오.

4. 집합 $\epsilon = \{\mathbf{e}_1, \mathbf{e}_2, \mathbf{e}_3, \mathbf{e}_4\}$이 R^4의 표준기저이고 $\beta = \{\mathbf{y}_1, \mathbf{y}_2, \mathbf{y}_3, \mathbf{y}_4\}$가

$$\mathbf{y}_1 = (1, 0, 0, 0), \ \mathbf{y}_2 = (0, 1, 0, 2), \ \mathbf{y}_3 = (1, 1, 1, 1), \ \mathbf{y}_4 = (0, 0, 0, 1)$$

로 주어진 기저일 때, $\mathbf{w} = (1, 2, 3, 4)$의 좌표벡터 $[\mathbf{w}]_\beta$를 구하시오.

5. 집합 $\epsilon = \{\mathbf{e}_1, \mathbf{e}_2, \mathbf{e}_3\}$이 R^3의 표준기저이고 $\beta = \{\mathbf{y}_1, \mathbf{y}_2, \mathbf{y}_3\}$가

$$\mathbf{y}_1 = (1, 1, 1), \ \mathbf{y}_2 = (1, -1, 1), \ \mathbf{y}_3 = (1, 2, 2)$$

로 주어진 기저일 때, 기저 β에서 기저 ϵ으로의 전이행렬 $[I]_\beta^\epsilon$을 구하시오.

6. R^3의 두 순서기저 $\alpha = \{\mathbf{x}_1, \mathbf{x}_2, \mathbf{x}_3\}$, $\beta = \{\mathbf{y}_1, \mathbf{y}_2, \mathbf{y}_3\}$가

$$\mathbf{x}_1 = (1, 1, 1), \ \mathbf{x}_2 = (2, 3, 2), \ \mathbf{x}_3 = (1, 5, 4)$$
$$\mathbf{y}_1 = (1, 1, 0), \ \mathbf{y}_2 = (1, 2, 0), \ \mathbf{y}_3 = (1, 2, 1)$$

로 주어질 때, 두 순서기저 α, β에 대하여 기저 β에서 기저 α로의 전이행렬 $[I]_\beta^\alpha$을 구하시오.

제6장

선형변환과 행렬의 대각화

6.1 선형변환과 행렬

1. 유클리드 공간의 선형변환

선형변환은 함수의 특별한 경우로, 많은 분야에서 매우 중요한 역할을 한다. 특히 유한차원인 벡터공간 사이의 모든 선형변환은 행렬로 표시할 수 있다. 여기서는 R^n에서 R^m으로의 모든 선형변환은 표준행렬을 이용하여 행렬변환으로 나타낼 수 있음을 보인다. 이 표준행렬은 R^n의 모든 벡터는 항상 표준기저의 일차결합으로 표시된다는 것으로부터 얻어진다.

(1) 변환행렬

정의역과 공역이 모두 벡터인 함수를 **변환**(transformation)이라 하고, 문자 T. L 또는 F로 표기한다. 변환의 특수한 경우로 A가 $m\times n$ 행렬일 때, 임의의 $\mathbf{x}\in R^n$에 대하여

$$T_A(\mathbf{x}) = A\mathbf{x}$$

로 주어진 변환 $T_A : R^n \to R^m$을 자연스럽게 만들 수 있다.

정의 1 R^n에서 R^m으로의 선형변환

다음 두 성질을 만족하는 함수 $T: R^n \to R^m$을 R^n에서 R^m으로 대응되는 **선형변환**(linear transformation) 또는 **선형사상**(linear map)이라 한다.

(1) 모든 $\mathbf{u}, \mathbf{v}\in R^n$에 대하여, $T(\mathbf{u}+\mathbf{v}) = T(\mathbf{u})+T(\mathbf{v})$이다.

(2) 모든 $\mathbf{u}\in R^n$와 실수 α에 대하여, $T(\alpha\mathbf{u}) = \alpha T(\mathbf{u})$이다.

즉 변환 $T: R^n \to R^m$이 모든 실수 α, β와 모든 $\mathbf{u}, \mathbf{v}\in R^n$에 대하여

$$T(\alpha\mathbf{u}+\beta\mathbf{v}) = \alpha T(\mathbf{u})+\beta T(\mathbf{v})$$

를 만족하면 $T: R^n \to R^m$은 선형변환이다. 특히 R^n에서 R^n 자신으로의 선형변환 $T: R^n \to R^n$을 **선형연산자**(linear operator)라고 한다.

행렬은 선형성이라는 성질을 갖는 특수한 변환이다. 선형변환 $T: R^n \to R^m$의 기하학적 의미는 R^n 위의 "$\mathbf{u}$와 $\mathbf{v}$를 잇는 선분을 R^m 위의 $T(\mathbf{u})$와 $T(\mathbf{v})$를 잇는 선분으로 보내는 함수"라는 것이다.

예 1

R^2의 벡터 $\mathbf{x} = \begin{bmatrix} x \\ y \end{bmatrix}$에 대하여, 변환 $T: R^2 \to R^3$를

$$T(\mathbf{x}) = \begin{bmatrix} x \\ y \\ x-y \end{bmatrix}$$

로 정의하면, T는 선형이다. 그러나 R^2의 벡터 $\mathbf{x} = \begin{bmatrix} x \\ y \end{bmatrix}$에 대하여, 변환 $T: R^2 \to R^2$를

$$T(\mathbf{x}) = \begin{bmatrix} x \\ y+1 \end{bmatrix}$$

로 정의하면, T는 선형이 아니다. ■

임의의 $\mathbf{u} \in R^n$에 대하여 $T(\mathbf{u}) = \mathbf{0}$으로 정의된 선형변환 $T: R^n \to R^m$을 **영변환**(zero transformation)이라고 한다. 또한 임의의 $\mathbf{v} \in R^n$에 대하여, $T(\mathbf{v}) = \mathbf{v}$로 정의된 선형변환 $T: R^n \to R^n$을 **항등변환**(identity tranformation)이라고 한다.

예 2

R^2에서 R^3로의 변환 $T: R^? \to R^3$를 임의의 $(x, y, z) \subset R^3$에 대히여

$$T(x, y, z) = (x, y)$$

로 정의하면, T는 선형이다. 이러한 선형변환을 xy 평면 위로의 **정사영**이라 한다. ■

참고

R^2 위에서 정의된 몇 가지 선형변환에 대하여 알아보자.

(1) $T: R^2 \to R^2$를 임의의 $(x, y) \in R^2$에 대하여 $T(x, y) = (x, 0)$으로 정의하면, T는 선형이다. 이러한 선형변환을 x축 위로의 **정사영**이라 한다.

(2) $T: R^2 \to R^2$를 임의의 $(x, y) \in R^2$에 대하여 $T(x, y) = (x, -y)$로 정의하면, T는 선형이다. 이러한 선형변환을 x축에 관하여 **대칭** 또는 **반사**(reflection)라고 한다.

(3) $T: R^2 \to R^2$를 임의의 $(x, y) \in R^2$에 대하여 $T(x, y) = (y, x)$로 정의하면, T는 선형이다. 이때 임의의 $\mathbf{v} \in R^2$에 대하여 $T(\mathbf{v})$는 $\mathbf{v}$를 직선 $y = x$에 관하여 **대칭이동**한 벡터이다.

(4) $T: R^2 \to R^2$를 고정된 실수 β와 임의의 $(x, y) \in R^2$에 대하여

$$T(x, y) = (\beta x, \beta y)$$

로 정의하면, T는 선형이다. 이때 임의의 $\mathbf{v} \in R^2$에 대하여 $T(\mathbf{v})$는 $\mathbf{v}$를 β배한 벡터이다.

(5) $T: R^2 \to R^2$를 고정된 실수 θ (단, $0 \le \theta \le 2\pi$)와 임의의 $(x, y) \in R^2$에 대하여

$$T(x, y) = (x\cos\theta - y\sin\theta,\ x\sin\theta + y\cos\theta)$$

로 정의하면, T는 선형이다. 이때 임의의 $\mathbf{v} \in R^2$에 대하여 $T(\mathbf{v})$는 $\mathbf{v}$를 시계반대방향으로 θ만큼 **회전이동**한 벡터이다.

정리 2

A가 $m \times n$ 행렬일 때, 임의의 $\mathbf{x} \in R^n$에 대하여

$$T_A(\mathbf{x}) = A\mathbf{x}$$

로 정의된 변환 $T_A : R^n \to R^m$은 선형이다.

증명 모든 실수 α, β와 모든 $\mathbf{x}_1$, $\mathbf{x}_2 \in R^n$에 대하여

$$\begin{aligned} T_A(\alpha\mathbf{x}_1 + \beta\mathbf{x}_2) &= A(\alpha\mathbf{x}_1 + \beta\mathbf{x}_2) \\ &= \alpha A(\mathbf{x}_1) + \beta A(\mathbf{x}_2) = \alpha T(\mathbf{x}_1) + \beta T(\mathbf{x}_2) \end{aligned}$$

이므로, 변환 $T_A : R^n \to R^m$은 선형이다. ■

예 3

A가 2차 정사각행렬 $A = \begin{bmatrix} a & b \\ c & d \end{bmatrix}$일 때, R^2의 임의의 벡터 $\mathbf{x} = \begin{bmatrix} x \\ y \end{bmatrix}$에 대하여, $T_A(\mathbf{x}) = A\mathbf{x}$를

$$\begin{bmatrix} x' \\ y' \end{bmatrix} = \begin{bmatrix} a & b \\ c & d \end{bmatrix}\begin{bmatrix} x \\ y \end{bmatrix}$$

로 정의하면, 변환 T_A는 선형이다. ■

예 4

$A_\theta = \begin{bmatrix} \cos\theta & -\sin\theta \\ \sin\theta & \cos\theta \end{bmatrix}$일 때, 임의의 $\mathbf{w} \in R^2$에 대하여

$$T(\mathbf{w}) = A_\theta \mathbf{w}$$

로 정의된 선형변환 $T: R^2 \to R^2$을 **회전변환** (rotation transformation)이라고 한다. ■

정리 3

모든 선형변환 $T: R^n \to R^m$은 다음 성질을 갖는다.

(1) $T(\mathbf{0}) = \mathbf{0}$이다.

(2) 모든 $\mathbf{v} \in R^n$에 대하여, $T(-\mathbf{v}) = -T(\mathbf{v})$이다.

증명 (1) $T: R^n \to R^m$이 선형변환이므로

$$T(\mathbf{0}) = T(\mathbf{0}+\mathbf{0}) = T(\mathbf{0}) + T(\mathbf{0})$$

이 성립한다. 따라서 $T(\mathbf{0}) = \mathbf{0}$이다.

(2) (1)에 의해 $T(\mathbf{0}) = T(\mathbf{v}-\mathbf{v}) = T(\mathbf{v}) + T(-\mathbf{v})$이므로, 모든 $\mathbf{v} \in R^n$에 대하여, $T(-\mathbf{v}) = -T(\mathbf{v})$가 성립한다. ■

참고

변환 $T: R^n \to R^m$이 선형이면, R^n에서의 모든 벡터 $\mathbf{u}, \mathbf{v}, \mathbf{v}_1, \mathbf{v}_2, \cdots, \mathbf{v}_n$과 모든 스칼라 $\alpha_1, \alpha_2, \cdots, \alpha_n$에 대하여 다음이 성립한다.

(1) $T(\mathbf{u}-\mathbf{v}) = T(\mathbf{u}) - T(\mathbf{v})$

(2) $T(\alpha_1\mathbf{v}_1 + \alpha_2\mathbf{v}_2 + \cdots + \alpha_n\mathbf{v}_n) = \alpha_1 T(\mathbf{v}_1) + \alpha_2 T(\mathbf{v}_2) + \cdots + \alpha_n T(\mathbf{v}_n)$

모든 선형변환은 행렬의 곱셈으로 변환된다. 즉 모든 선형변환 $T: R^n \to R^m$에 대하여, $T = T_A$를 만족하는 $m \times n$ 행렬 A가 유일하게 존재한다. 이때 T를 **행렬변환**이라 하고, A를 T에 대응한 **변환행렬** (matrix representation)이라고 한다.

예 5

R^2의 벡터 $\mathbf{x} = \begin{bmatrix} x \\ y \end{bmatrix}$에 대하여, $T(\mathbf{x}) = \begin{bmatrix} x \\ y \\ x-y \end{bmatrix}$로 정의된 선형변환 $T: R^2 \to R^3$는

$$T_A(\mathbf{x}) = T(\mathbf{x}) = \begin{bmatrix} 1 & 0 \\ 0 & 1 \\ 1 & -1 \end{bmatrix} \begin{bmatrix} x \\ y \end{bmatrix}$$

이므로, T는 행렬변환이다. ■

참고

행렬 $A \in M_{m \times n}$를 선형변환 $T: R^n \to R^m$의 변환행렬로 보면, 선행변수의 개수와 자유변수의 개수의 합은 정의역의 차원이 된다.

정리 4

$T: R^n \to R^m$이 선형변환이면

$$\text{모든 } \mathbf{x} \in R^n \text{에 대하여, } T(\mathbf{x}) = A\mathbf{x}$$

를 만족하는 $m \times n$인 변환행렬 A가 유일하게 존재한다.

증명 $T: R^n \to R^m$이 임의의 선형변환일 때, R^n의 표준기저

$$\{\mathbf{e}_1, \mathbf{e}_2, \cdots, \mathbf{e}_n\}$$

에 대하여, 모든 $\mathbf{x} \in R^n$는

$$\mathbf{x} = \begin{bmatrix} x_1 \\ x_2 \\ \vdots \\ x_n \end{bmatrix} = x_1\mathbf{e}_1 + x_2\mathbf{e}_2 + \cdots + x_n\mathbf{e}_n$$

으로 유일하게 나타낼 수 있고, $T(\mathbf{e}_1)$, $T(\mathbf{e}_2)$, $\cdots$, $T(\mathbf{e}_n)$은 각각

$$T(\mathbf{e}_1) = \begin{bmatrix} a_{11} \\ a_{21} \\ \vdots \\ a_{m1} \end{bmatrix},\ T(\mathbf{e}_2) = \begin{bmatrix} a_{12} \\ a_{22} \\ \vdots \\ a_{m2} \end{bmatrix},\ \cdots,\ T(\mathbf{e}_n) = \begin{bmatrix} a_{1n} \\ a_{2n} \\ \vdots \\ a_{mn} \end{bmatrix}$$

이라 할 수 있다. 따라서 모든 선형변환 $T: R^n \to R^m$은

$$\begin{aligned} T(\mathbf{x}) &= x_1 T(\mathbf{e}_1) + x_2 T(\mathbf{e}_2) + \cdots + x_n T(\mathbf{e}_n) \\ &= \begin{bmatrix} a_{11} & a_{12} & \cdots & a_{1n} \\ a_{21} & a_{22} & \cdots & a_{2n} \\ \vdots & \vdots & \vdots & \vdots \\ a_{m1} & a_{m2} & \cdots & a_{mn} \end{bmatrix} \begin{bmatrix} x_1 \\ x_2 \\ \vdots \\ x_n \end{bmatrix} \end{aligned}$$

의 형태로 표시할 수 있다. 여기서 $T(\mathbf{e}_1)$, $T(\mathbf{e}_2)$, $\cdots$, $T(\mathbf{e}_n)$을 열벡터로 갖는 $m \times n$ 행렬 A를

$$A = \begin{bmatrix} a_{11} & a_{12} & \cdots & a_{1n} \\ a_{21} & a_{22} & \cdots & a_{2n} \\ \vdots & \vdots & \vdots & \vdots \\ a_{m1} & a_{m2} & \cdots & a_{mn} \end{bmatrix}$$

이라 하면

$$T(\mathbf{x}) = \begin{bmatrix} a_{11} & a_{12} & \cdots & a_{1n} \\ a_{21} & a_{22} & \cdots & a_{2n} \\ \vdots & \vdots & \vdots & \vdots \\ a_{m1} & a_{m2} & \cdots & a_{mn} \end{bmatrix} = A\mathbf{x}$$

로 주어진다. 이때 행렬 $A = [a_{ij}]$를 선형변환 T의 **표준행렬**(standard matrix)이라 한다. ■

예 6

R^2의 벡터 $\mathbf{x} = \begin{bmatrix} x \\ y \end{bmatrix}$에 대하여, $T(\mathbf{x}) = \begin{bmatrix} 2x - y \\ x + 3y \\ 3x + y \end{bmatrix}$로 정의된 선형변환 $T : R^2 \to R^3$의 표준행렬은

$$A = \begin{bmatrix} 2 & -1 \\ 1 & 3 \\ 3 & 1 \end{bmatrix}$$

로 주어진다. ■

(2) 핵과 치역

정의 5

$T : R^n \to R^m$이 선형변환일 때

$$T(\mathbf{v}) = \mathbf{0}$$

을 만족하는 모든 $\mathbf{v} \in R^n$의 집합을 T의 **핵**(kernel)이라 하고, $\ker T$로 나타낸다. 즉

$$\ker T = \{\mathbf{v} \in R^n \mid T(\mathbf{v}) = \mathbf{0}\}$$

선형변환 $T: R^n \to R^m$ 에 대하여 $\ker T$ 는 R^n 의 부분공간이다. 이 부분공간 $\ker T$ 를 **핵공간**이라 한다. 또한 A가 $m \times n$ 행렬일 때, 선형변환 $T: R^n \to R^m$ 을 $T(\mathbf{x}) = A\mathbf{x}$로 정의하면 $\ker T$는 $A\mathbf{x} = \mathbf{0}$인 동차선형연립방정식의 해공간이 된다.

예제 1

3차 정사각행렬 $A = \begin{bmatrix} 0 & 1 & 1 \\ 1 & 0 & 1 \\ 1 & 1 & 0 \end{bmatrix}$에 대하여, 선형변환 $T: R^3 \to R^3$가 $T(\mathbf{v}) = A\mathbf{v}$로 정의될 때 $\ker T$의 기저를 구하시오.

풀이 $\mathbf{v} = \begin{bmatrix} x \\ y \\ z \end{bmatrix} \in \ker T$ 이면

$$T(\mathbf{v}) = T\left(\begin{bmatrix} x \\ y \\ z \end{bmatrix}\right) = \begin{bmatrix} 0 & 1 & 1 \\ 1 & 0 & 1 \\ 1 & 1 & 0 \end{bmatrix} \begin{bmatrix} x \\ y \\ z \end{bmatrix} = \begin{bmatrix} 0 \\ 0 \\ 0 \end{bmatrix}$$

을 만족한다. 그러므로 연립방정식

$$\begin{cases} y + z = 0 \\ x + z = 0 \\ x + y = 0 \end{cases}$$

을 풀면, $x = y = z = 0$을 얻는다. 따라서 $\ker T = \{\mathbf{0}\}$이다. ■

정의 6 **단사, 전사**

(1) 변환 $T: R^n \to R^m$ 이 임의의 $\mathbf{u}, \mathbf{v} \in R^n$에 대하여

$$T(\mathbf{u}) = T(\mathbf{v})\text{이면, } \mathbf{u} = \mathbf{v}$$

를 만족할 때, 변환 T를 **단사**라 한다.

(2) 변환 $T: R^n \to R^m$ 이 임의의 $\mathbf{w} \in R^m$에 대하여

$$T(\mathbf{v}) = \mathbf{w}$$

를 만족하는 $\mathbf{v} \in R^n$가 존재할 때, 변환 T를 **전사**라 한다.

선형변환 $T: R^n \to R^m$이 단사일 필요충분조건은 $\ker T = \{\mathbf{0}\}$이다. 또한 A가 $m \times n$ 행렬일 때, $T(\mathbf{x}) = A\mathbf{x}$로 정의된 선형변환 $T: R^n \to R^m$이 단사일 필요충분조건은 동차

선형연립방정식 $A\mathbf{x} = \mathbf{0}$이 자명한 해만을 가질 때이다.

한편 A가 n차 정사각행렬일 때, $T(\mathbf{x}) = A\mathbf{x}$로 정의된 선형변환 $T: R^n \to R^n$이 전사일 필요충분조건은 선형연립방정식 $A\mathbf{x} = \mathbf{b}$가 모든 $\mathbf{b} \in R^n$에 대하여 해를 가질 때이다.

예 7

R^2의 벡터 $\mathbf{x} = \begin{bmatrix} x \\ y \end{bmatrix}$에 대하여, $T(\mathbf{x}) = \begin{bmatrix} 4x - 2y \\ x - y \end{bmatrix}$로 정의된 선형변환 $T: R^2 \to R^2$의 핵이

$$\ker T = \{(0,\ 0)\} = \{\mathbf{0}\}$$

이므로, T는 단사이다. ■

예제 2

R^n의 벡터 $\mathbf{v}_1,\ \mathbf{v}_2,\ \cdots,\ \mathbf{v}_k$가 일차독립이고 선형변환 $T: R^n \to R^m$이 단사이면, $T(\mathbf{v}_1)$, $T(\mathbf{v}_2),\ \cdots,\ T(\mathbf{v}_k)$는 일차독립이다.

(증명) $a_1 T(\mathbf{v}_1) + a_2 T(\mathbf{v}_2) + \cdots + a_k T(\mathbf{v}_k) = \mathbf{0}$으로 가정하면, 변환 T가 선형이므로

$$T(a_1\mathbf{v}_1 + a_2\mathbf{v}_2 + \cdots + a_k\mathbf{v}_k) = \mathbf{0}$$

이 된다. 이때 선형변환 T가 단사이고, $T(\mathbf{0}) = \mathbf{0}$이므로

$$a_1\mathbf{v}_1 + a_2\mathbf{v}_2 + \cdots + a_k\mathbf{v}_k = \mathbf{0}$$

이다. 그런데 $\mathbf{v}_1,\ \mathbf{v}_2,\ \cdots,\ \mathbf{v}_k$가 일차독립이므로, $a_1 = a_2 = \cdots = a_k = 0$을 얻는다. 따라서 $T(\mathbf{v}_1),\ T(\mathbf{v}_2),\ \cdots,\ T(\mathbf{v}_k)$는 일차독립이다. ■

정의 7

$T: R^n \to R^m$이 선형변환일 때, 임의의 $\mathbf{v} \in R^n$에 대하여 $T(\mathbf{v})$ 전체의 집합을 T의 **상**(image) 또는 **치역**(range)이라 하고, $\text{Im}\, T$로 나타낸다. 즉

$$\text{Im}\, T = \{T(\mathbf{v}) \mid \mathbf{v} \in R^n\}$$

선형공간 $T: R^n \to R^m$의 치역 $\text{Im}\, T$는 R^m의 부분공간이다. 또한 A가 $m \times n$ 행렬일

때, $T(\mathbf{x}) = A\mathbf{x}$로 정의된 선형변환 $T: R^n \to R^m$의 치역 $\text{Im}\, T$는 행렬 A의 열공간이다.

예제 3

선형변환 $T: R^3 \to R^2$가 $T\left(\begin{bmatrix} x \\ y \\ z \end{bmatrix}\right) = \begin{bmatrix} x+y \\ z-x \end{bmatrix}$로 정의될 때, $\text{Im}\, T$의 기저를 구하시오.

풀이 T의 상은 표준기저 $\{\mathbf{e}_1, \mathbf{e}_2, \mathbf{e}_3\}$의 상에 의해 생성된다. 따라서

$$\begin{aligned}\text{Im}\, T &= \text{span}\{T(\mathbf{e}_1), T(\mathbf{e}_2), T(\mathbf{e}_3)\} \\ &= \text{span}\{(1, -1), (1, 0), (0, 1)\}\end{aligned}$$

이므로, $\text{Im}\, T$의 기저는 $\{(1, 0), (0, 1)\}$이다. ■

참고

선형변환 $T: R^n \to R^m$에 대하여 A가 $m \times n$ 행렬일 때, $T = T_A$이면

(1) $\dim(\text{Im}\, T) = \text{rank}(A)$ (2) $\dim(\ker T) = n - \text{rank}(A)$

가 성립한다. 따라서 선형변환 $T: R^n \to R^m$에 대하여

$$\dim(\text{Im}\, T) + \dim(\ker T) = n$$

임을 알 수 있다.

정의 8 동형사상

선형변환 $T: R^n \to R^n$이 단사이고 전사, 즉 전단사일 때, T를 R^n에서 R^n으로의 **동형사상**(isomorphism)이라고 한다.

예 8

R^4의 부분공간

$$W_1 = \{(x_1, x_2, 0, 0)\},\ W_2 = \{(0, 0, x_3, x_4)\}$$

에 대하여, $T(x, y, 0, 0) = (0, 0, x, y)$로 정의된 선형변환 $T: W_1 \to W_2$는 전단사이므로 동형사상이다. ■

예제 4

$T(x, y) = (x-y, 0)$으로 정의된 선형변환 $T: R^2 \to R^2$는 동형사상이 아니다.

증명
$$\begin{aligned}\operatorname{Im} T &= \{ T(x, y) \mid (x, y) \in R^2 \} = \{ (x-y, 0) \mid (x, y) \in R^2 \} \\ &= \{ (a, 0) \mid a \in R \}\end{aligned}$$

이므로, $\operatorname{Im} T \neq R^2$, 즉 T는 전사가 아니다. 따라서 T는 동형사상이 아니다. ■

정리 9

선형변환 $T: R^n \to R^m$이 가역이면, T의 역변환 $T^{-1}: R^m \to R^n$도 선형이다.

증명 선형변환 $T: R^n \to R^m$이 가역이면 T는 전단사이다. 그러므로 모든 $\mathbf{w}_1, \mathbf{w}_2 \in R^m$에 대하여 $\mathbf{w}_1 = T(\mathbf{v}_1)$, $\mathbf{w}_2 = T(\mathbf{v}_2)$를 만족하는 $\mathbf{v}_1, \mathbf{v}_2 \in R^n$가 유일하게 존재한다. 따라서

$$\mathbf{w}_1 + \mathbf{w}_2 = T(\mathbf{v}_1) + T(\mathbf{v}_2) = T(\mathbf{v}_1 + \mathbf{v}_2)$$

가 된다. 그러므로

$$T^{-1}(\mathbf{w}_1 + \mathbf{w}_2) = \mathbf{v}_1 + \mathbf{v}_2 = T^{-1}(\mathbf{w}_1) + T^{-1}(\mathbf{w}_2)$$

가 성립한다. 한편 모든 실수 α와 $\mathbf{w} \in R^m$에 대하여 $T(\mathbf{v}) = \mathbf{w}$라 가정하면, 양변에 α를 곱하여 $\alpha T(\mathbf{v}) = \alpha \mathbf{w}$를 얻는다. 그런데 T가 선형이므로, $T(\alpha \mathbf{v}) = \alpha \mathbf{w}$가 된다. 따라서

$$T^{-1}(\alpha \mathbf{w}) = \alpha \mathbf{v} = \alpha T^{-1}(\mathbf{w})$$

를 얻는다. 그러므로 $T^{-1}: R^m \to R^n$은 선형변환이다. ■

(3) 선형변환의 기하학적 의미

R^2의 점 $P(x, y)$를 점 $Q(ax+by, cx+dy)$로 옮기는 선형변환 $T: R^2 \to R^2$를

$$T\left(\begin{bmatrix} x \\ y \end{bmatrix}\right) = \begin{bmatrix} ax+by \\ cx+dy \end{bmatrix}$$

로 정의한다. 여기서 T의 표준행렬 A는 $A = \begin{bmatrix} a & b \\ c & d \end{bmatrix}$이다. 즉 $T(\mathbf{x}) = A\mathbf{x}$이므로, R^2의 벡터 $\overrightarrow{OP} = \begin{bmatrix} x \\ y \end{bmatrix}$는 벡터

$$\overrightarrow{OQ} = \begin{bmatrix} ax+by \\ cx+dy \end{bmatrix}$$

로 옮겨진다.

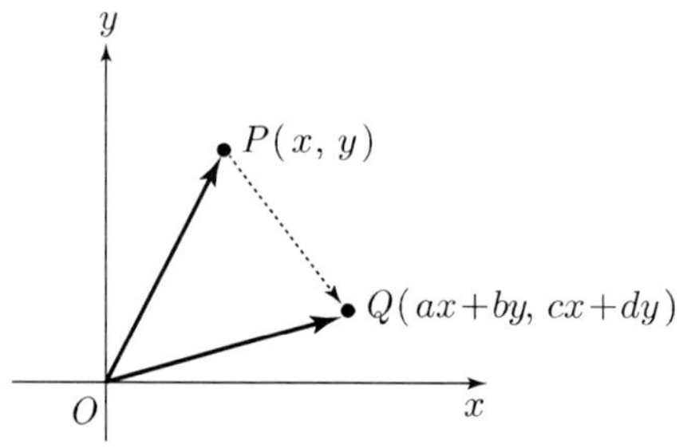

그림 6.1

이제 일반적인 선형변환, 즉 확대 또는 축소, 회전, 대칭, 정사영과 층밀림에 대하여 생각해보자.

(가) 확대 또는 축소

R^3에서 x축, y축, z축 방향으로 각각 α, β, γ 만큼 확대 또는 축소하는 변환은 좌표가 (x, y, z)인 점 P를 좌표가 $(\alpha x, \beta y, \gamma z)$인 점 P'으로 이동시키는 변환이다. 따라서 이 변환은

$$T(\mathbf{x}) = \begin{bmatrix} \alpha & 0 & 0 \\ 0 & \beta & 0 \\ 0 & 0 & \gamma \end{bmatrix}\begin{bmatrix} x \\ y \\ z \end{bmatrix} = \begin{bmatrix} x' \\ y' \\ z' \end{bmatrix}$$

으로 정의된 선형변환 $T: R^3 \to R^3$이다.

(나) 반사

R^2 또는 R^3에서 한 직선이나 평면에 대하여 대칭이동한 **대칭이동 변환**을 **반사**라고 한다. $\mathbf{x} = \begin{bmatrix} x \\ y \end{bmatrix}$일 때

① x축에 반사는

$$T(\mathbf{x}) = \begin{bmatrix} 1 & 0 \\ 0 & -1 \end{bmatrix}\begin{bmatrix} x \\ y \end{bmatrix} = \begin{bmatrix} x' \\ y' \end{bmatrix}$$

으로 정의된 선형변환 $T: R^2 \to R^2$이다.

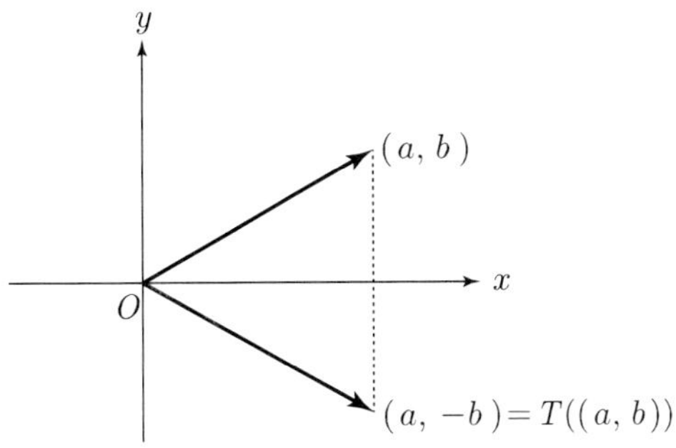

그림 6.2

② y축에 반사는

$$T(\mathbf{x}) = \begin{bmatrix} -1 & 0 \\ 0 & 1 \end{bmatrix} \begin{bmatrix} x \\ y \end{bmatrix} = \begin{bmatrix} x' \\ y' \end{bmatrix}$$

으로 정의된 선형변환 $T: R^2 \to R^2$이다.

③ 원점에 대한 반사는

$$T(\mathbf{x}) = \begin{bmatrix} -1 & 0 \\ 0 & -1 \end{bmatrix} \begin{bmatrix} x \\ y \end{bmatrix} = \begin{bmatrix} x' \\ y' \end{bmatrix}$$

으로 정의된 선형변환 $T: R^2 \to R^2$이다.

참고

방정식 $f(x, y) = 0$으로 나타내는 도형에 대하여, 점 (a, b)에 대한 반사는

$$f(2a - x, 2b - y) = 0$$

으로 주어진다.

④ 직선 $y = x$에 대한 반사는

$$T(\mathbf{x}) = \begin{bmatrix} 0 & 1 \\ 1 & 0 \end{bmatrix} \begin{bmatrix} x \\ y \end{bmatrix} = \begin{bmatrix} x' \\ y' \end{bmatrix}$$

으로 정의된 선형변환 $T: R^2 \to R^2$이다.

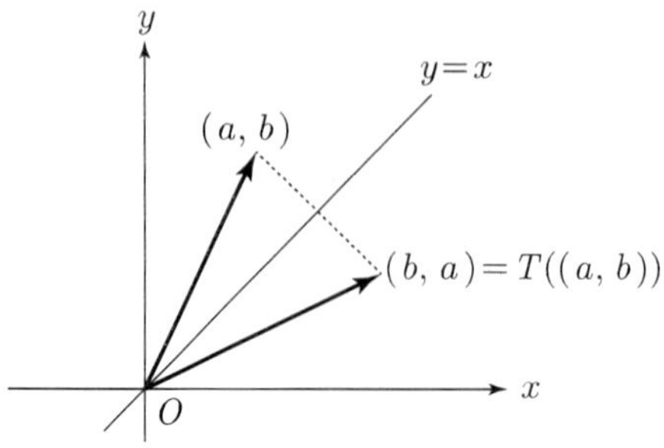

그림 6.3

(다) 정사영

한 축 또는 평면 위의 정사영에 대하여, $\mathbf{x} = \begin{bmatrix} x \\ y \end{bmatrix}$일 때

① x축 위의 정사영은

$$P(\mathbf{x}) = \begin{bmatrix} 1 & 0 \\ 0 & 0 \end{bmatrix} \begin{bmatrix} x \\ y \end{bmatrix} = \begin{bmatrix} x' \\ y' \end{bmatrix}$$

으로 정의된 선형변환 $P: R^2 \to R^2$이다.

② y축 위의 정사영은

$$P(\mathbf{x}) = \begin{bmatrix} 0 & 0 \\ 0 & 1 \end{bmatrix} \begin{bmatrix} x \\ y \end{bmatrix} = \begin{bmatrix} x' \\ y' \end{bmatrix}$$

으로 정의된 선형변환 $P: R^2 \to R^2$이다.

(라) 회전

R^3에서 한 축을 중심으로 회전하는 다양한 회전변환은 한 축을 고정하고 변환을 취한 후, 또 다른 축을 고정하고 회전변환시키는 합성함수로 표현된다. R^3에서 x축, y축, z축을 중심으로 각각 점 $P(x, y, z)$를 각 θ만큼 회전한 점 P'의 점의 좌표를 (x', y', z')이라고 하면, $\mathbf{x} = \begin{bmatrix} x \\ y \\ z \end{bmatrix}$일 때

① x축을 중심으로 각 θ만큼 회전한 선형변환 $T: R^3 \to R^3$는

$$T(\mathbf{x}) = \begin{bmatrix} 1 & 0 & 0 \\ 0 & \cos\theta & -\sin\theta \\ 0 & \sin\theta & \cos\theta \end{bmatrix} \begin{bmatrix} x \\ y \\ z \end{bmatrix} = \begin{bmatrix} x' \\ y' \\ z' \end{bmatrix}$$

으로 주어진다.

② y축을 중심으로 각 θ만큼 회전한 선형변환 $T : R^3 \to R^3$는

$$T(\mathbf{x}) = \begin{bmatrix} \cos\theta & 0 & -\sin\theta \\ 0 & 1 & 0 \\ \sin\theta & 0 & \cos\theta \end{bmatrix} \begin{bmatrix} x \\ y \\ z \end{bmatrix} = \begin{bmatrix} x' \\ y' \\ z' \end{bmatrix}$$

으로 주어진다.

③ z축을 중심으로 각 θ만큼 회전한 선형변환 $T : R^3 \to R^3$는

$$T(\mathbf{x}) = \begin{bmatrix} \cos\theta & -\sin\theta & 0 \\ \sin\theta & \cos\theta & 0 \\ 0 & 0 & 1 \end{bmatrix} \begin{bmatrix} x \\ y \\ z \end{bmatrix} = \begin{bmatrix} x' \\ y' \\ z' \end{bmatrix}$$

으로 주어진다.

참고

R^2의 임의의 벡터 $\mathbf{x} = \begin{bmatrix} x \\ y \end{bmatrix}$에 대하여

$$T(\mathbf{x}) = \begin{bmatrix} \cos\theta & -\sin\theta \\ \sin\theta & \cos\theta \end{bmatrix} \begin{bmatrix} x \\ y \end{bmatrix}$$

로 정의된 변환 $T : R^2 \to R^2$는 벡터 $\mathbf{x}$를 원점을 중심으로 θ만큼 시계반대방향으로 회전하는 선형변환이다.

(마) 층밀림 (shear)

$$T(\mathbf{x}) = \begin{bmatrix} 1 & k \\ 0 & 1 \end{bmatrix} \begin{bmatrix} x \\ y \end{bmatrix} = \begin{bmatrix} x + ky \\ y \end{bmatrix}, \quad H(\mathbf{x}) = \begin{bmatrix} 1 & 0 \\ k & 1 \end{bmatrix} \begin{bmatrix} x \\ y \end{bmatrix} = \begin{bmatrix} x \\ kx + y \end{bmatrix}$$

로 정의된 두 선형변환 $T, H : R^2 \to R^2$를 각각 x축 방향, y축 방향의 **층밀림 변환**이라 한다.

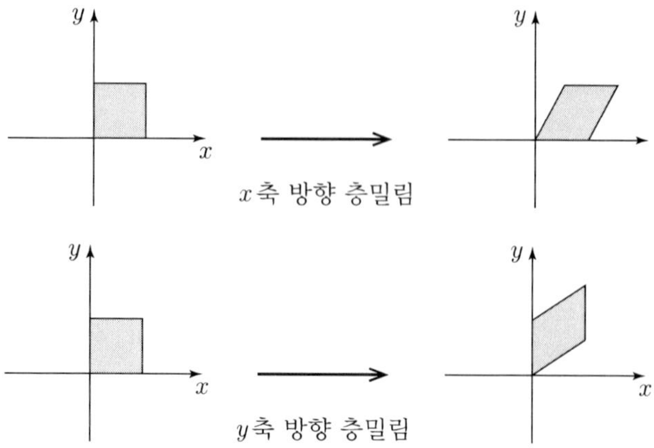

그림 6.4

(바) 평행이동

R^3에서 점 $P(x,\ y,\ z)$를 점 $P'(x+x_0,\ y+y_0,\ z+z_0)$로 평행이동하는 변환(평행이동) T는 선형변환이 아니므로 행렬과의 곱으로 표현되지 않는다. 이때 동차좌표라는 새로운 좌표계를 도입한다.

정의 10 동차좌표

평면 R^2의 점 $(x,\ y)$는 R^3의 xy평면을 1만큼 평행이동한 평면 위의 점 $(x,\ y,\ 1)$과 일대일 대응된다. 이때 $(x,\ y)$는 **동차좌표** (homogeneous coordinate) $(x,\ y,\ 1)$을 갖는다고 한다. R^2와 마찬가지로 R^3의 점 $(x,\ y,\ z)$는 동차좌표 $(x,\ y,\ z,\ 1)$을 갖는다고 한다.

R^2에서 점 $P(x,\ y)$를 점 $P'(x+x_0,\ y+y_0)$로 평행이동하는 변환 T는 $\mathbf{x}=\begin{bmatrix} x \\ y \\ 1 \end{bmatrix}$일 때

$$T(\mathbf{x})=\begin{bmatrix} 1 & 0 & x_0 \\ 0 & 1 & y_0 \\ 0 & 0 & 1 \end{bmatrix}\begin{bmatrix} x \\ y \\ 1 \end{bmatrix}=\begin{bmatrix} x' \\ y' \\ 1 \end{bmatrix}$$

로 주어진다.

예 9

각 성분을 $\frac{1}{3}$로 축소하는 R^2 위의 선형변환의 표준행렬은

$$\begin{bmatrix} \frac{1}{3} & 0 \\ 0 & \frac{1}{3} \end{bmatrix}$$

로 주어지고, y축 방향으로만 $\frac{1}{3}$로 축소하는 R^2 위의 선형변환의 표준행렬은

$$\begin{bmatrix} 1 & 0 \\ 0 & \frac{1}{3} \end{bmatrix}$$

로 주어진다. ■

정리 11 선형변환의 합성

변환 $T: R^n \to R^m$과 $S: R^m \to R^k$가 모두 선형일 때, 합성함수

$$S \circ T: R^n \to R^k$$

도 선형변환이다.

예 10

선형변환 $T_1: R^2 \to R^2$와 $T_2: R^2 \to R^2$가 각각

$$T_1(x, y) = (x+y, x-y), \ T_2(x, y) = (3x, 2x+4y)$$

로 정의될 때, T_1과 T_2의 표준행렬은 각각

$$T_1 = \begin{bmatrix} 1 & 1 \\ 1 & -1 \end{bmatrix}, \ T_2 = \begin{bmatrix} 3 & 0 \\ 2 & 4 \end{bmatrix}$$

이므로, $T_2 \circ T_1$과 $T_1 \circ T_2$의 표준행렬은 각각

$$T_2 \circ T_1 = \begin{bmatrix} 3 & 0 \\ 2 & 4 \end{bmatrix}\begin{bmatrix} 1 & 1 \\ 1 & -1 \end{bmatrix} = \begin{bmatrix} 3 & 3 \\ 6 & -2 \end{bmatrix}$$

$$T_1 \circ T_2 = \begin{bmatrix} 1 & 1 \\ 1 & -1 \end{bmatrix}\begin{bmatrix} 3 & 0 \\ 2 & 4 \end{bmatrix} = \begin{bmatrix} 5 & 4 \\ 1 & -4 \end{bmatrix}$$

가 된다. 따라서

$$(T_2 \circ T_1)(x,\ y) = (3x + 3y,\ 6x - 2y)$$
$$(T_1 \circ T_2)(x,\ y) = (5x + 4y,\ x - 4y)$$

로 주어진다. ■

예제 5

선형변환 $T : R^3 \to R^3$가 xz 평면에 정사영(변환 T_1)한 후, 다시 xy 평면에 정사영(변환 T_2)하는 합성변환($T_2 \circ T_1$)일 때, 이 합성변환에 대응하는 표준행렬을 구하시오.

풀이 T_1과 T_2의 표준행렬은 각각

$$T_1 = \begin{bmatrix} 1 & 0 & 0 \\ 0 & 0 & 0 \\ 0 & 0 & 1 \end{bmatrix},\ T_2 = \begin{bmatrix} 1 & 0 & 0 \\ 0 & 1 & 0 \\ 0 & 0 & 0 \end{bmatrix}$$

이므로, $T_2 \circ T_1$의 표준행렬은

$$T_2 \circ T_1 = \begin{bmatrix} 1 & 0 & 0 \\ 0 & 1 & 0 \\ 0 & 0 & 0 \end{bmatrix}\begin{bmatrix} 1 & 0 & 0 \\ 0 & 0 & 0 \\ 0 & 0 & 1 \end{bmatrix} = \begin{bmatrix} 1 & 0 & 0 \\ 0 & 0 & 0 \\ 0 & 0 & 0 \end{bmatrix}$$

으로 주어진다. ■

2. 벡터공간의 선형변환

R^n 위의 선형변환을 벡터공간 V로 확장하고, 선형변환 중 특히 전단사인 선형변환에 대하여 생각한다.

정의 12 벡터공간의 선형변환

V와 W가 벡터공간일 때, **선형변환** $T : V \to W$는 모든 $\mathbf{u},\ \mathbf{v} \in V$와 모든 스칼라 α에 대하여

$$T(\mathbf{u} + \mathbf{v}) = T(\mathbf{u}) + T(\mathbf{v}),\ T(\alpha\mathbf{v}) = \alpha\, T(\mathbf{v})$$

를 만족하는 함수이다. 특히 $V = W$일 때, 선형변환 T를 **선형연산자**라고 한다.

V가 기저 $\{\mathbf{v}_1,\ \mathbf{v}_2,\ \cdots,\ \mathbf{v}_n\}$을 가진 유한차원 벡터공간이고 W가 벡터 $\mathbf{w}_1,\ \mathbf{w}_2,\ \cdots,\ \mathbf{w}_n$

을 포함한 벡터공간이면

$$T(\mathbf{v}_i) = \mathbf{w}_i \ (\text{단, } i = 1, 2, \cdots, n)$$

를 만족하는 유일한 선형변환 $T: V \to W$가 존재한다.

참고

(영변환과 항등변환)

V, W가 벡터공간일 때, 임의의 $\mathbf{v} \in V$에 대하여 $T(\mathbf{v}) = \mathbf{0}$으로 정의된 함수 $T: V \to W$는 선형이다. 이 변환 T를 **영변환**이라고 한다. 또한 임의의 $\mathbf{v} \in V$에 대하여, $I(\mathbf{v}) = \mathbf{v}$로 정의된 $I: V \to V$도 선형변환, 즉 선형연산자이고 이것을 **항등변환**, 즉 **항등연산자**(identity operator)라고 한다.

예 11

임의의 $A \in M_n$에 대하여, $T(A) = A^T$로 정의된 함수 $T: M_n \to M_n$과 $T(A) = \text{tr}(A)$로 정의된 함수 $T: M_n \to R$은 모두 선형이다. ■

정리 13

V, W가 벡터공간일 때 $T: V \to W$가 선형변환이면, V에서의 모든 벡터 $\mathbf{u}$, $\mathbf{v}$, $\mathbf{v}_1, \mathbf{v}_2, \cdots, \mathbf{v}_n$과 모든 스칼라 $\alpha_1, \alpha_2, \cdots, \alpha_n$에 대하여 다음이 성립한다.

(1) $T(\mathbf{0}) = \mathbf{0}$ (2) $T(\mathbf{u} - \mathbf{v}) = T(\mathbf{u}) - T(\mathbf{v})$

(3) $T(\alpha_1\mathbf{v}_1 + \alpha_2\mathbf{v}_2 + \cdots + \alpha_n\mathbf{v}_n) = \alpha_1 T(\mathbf{v}_1) + \alpha_2 T(\mathbf{v}_2) + \cdots + \alpha_n T(\mathbf{v}_n)$

V로부터 W로의 선형변환 $T: V \to W$에 대하여

$$\ker T = \{\mathbf{v} \in V \mid T(\mathbf{v}) = \mathbf{0}\}$$
$$\text{Im } T = \{T(\mathbf{v}) \in W \mid \mathbf{v} \in V\}$$

를 각각 T의 핵, 치역이라 한다. 이때 $\ker T$와 $\text{Im } T$는 각각 V, W의 부분공간이다.

예 12

영변환 $T: V \to W$에 대하여, $\ker T = V$이고 $\text{Im } T = \{\mathbf{0}\}$이다. 한편 $T: V \to W$가 항등변환이면, $\ker T = \{\mathbf{0}\}$이고 $\text{Im } T = V$이다. ■

참고

V로부터 W로의 선형변환 $T: V \to W$에 대하여, 다음은 서로 동치이다.

(1) T가 단사이다. (2) $\ker T = \{\mathbf{0}\}$ (3) $\operatorname{rank}(T) = \dim V$

정의 14 동형사상

V로부터 W로의 선형변환 $T: V \to W$가 전단사(일대일 대응)이면, 변환 T를 **동형사상**이라 하고, 이때 V는 W와 **동형**이라 한다.

모든 n차원 실벡터공간은 R^n과 동형이고, 모든 n차원 복소벡터공간은 C^n과 동형이다.

정리 15

변환 $T: R^n \to R^n$이 선형이면, 임의의 $\mathbf{x}$, $\mathbf{y} \in R^n$에 대하여 다음은 서로 동치이다.

(1) $\| T(\mathbf{x}) \| = \| \mathbf{x} \|$

(2) $T(\mathbf{x}) \cdot T(\mathbf{y}) = \mathbf{x} \cdot \mathbf{y}$

참고

A가 n차 정사각행렬일 때, 임의의 $\mathbf{x}$, $\mathbf{y} \in R^n$에 대하여 다음은 서로 동치이다.

(1) A가 직교행렬

(2) $\| A(\mathbf{x}) \| = \| \mathbf{x} \|$

(3) $A(\mathbf{x}) \cdot A(\mathbf{y}) = \mathbf{x} \cdot \mathbf{y}$

연습문제 6.1 Exercises

1. 다음 변환 중 선형변환인 것을 찾으시오.

(1) $T: R^2 \to R^2$, $T(x, y) = (x - y, 0)$

(2) $T: R^2 \to R^2$, $T(x, y) = (x + y, y + 1)$

(3) $T: R^2 \to R^2$, $T(x, y) = (x - y, x)$

(4) $T: R^2 \to R^3$, $T(x, y) = (x+y, y, x^2+y)$

2. 변환 $T: R^3 \to R^2$를

$$T\left(\begin{bmatrix} x \\ y \\ z \end{bmatrix}\right) = \begin{bmatrix} 2x + y - z \\ x - 2y + z \end{bmatrix}$$

로 정의할 때, 다음 물음에 답하시오.

(1) 변환 $T: R^3 \to R^2$가 선형임을 보이시오.

(2) $\ker T$의 기저를 구하시오.

(3) $\operatorname{Im} T$의 기저를 구하시오.

(4) $T = T_A$를 만족하는 2×3인 변환행렬 A를 구하시오.

3. 변환 $T: R^2 \to R^2$를

$$T\left(\begin{bmatrix} x \\ y \end{bmatrix}\right) = \begin{bmatrix} a_1 x + b_1 y + c_1 \\ a_2 x + b_2 y + c_2 \end{bmatrix}$$

로 정의할 때, 변환 T가 선형이 되도록 a_1, b_1, c_1, a_2, b_2, c_2 값을 구하시오.

4. 선형변환

$$T(x, y, z) = (3x + 5y - z,\ 4x - y + z,\ 3x + 2y - z)$$

의 표준행렬 A를 구하시오.

5. 선형변환 $T: R^2 \to R^2$가 다음 조건

$$T(1, 0) = (2, 3), \quad T(0, 1) = (-1, 1)$$

을 만족할 때, $T(-1, 1)$을 구하시오.

6. 임의의 $A \in M_n$에 대하여, $T(A) = A^T$로 정의된 선형변환 $T: M_n \to M_n$의 핵과 치역, 즉 $\ker T$와 $\operatorname{Im} T$를 구하시오.

7. 선형변환 $T: R^n \to R^m$이 단사일 필요충분조건은 $\ker T = \{\mathbf{0}\}$임을 보이시오.

8. 선형변환 $T: R^n \to R^m$에 대하여, 다음이 성립함을 보이시오.

(1) $\ker T$는 R^n의 부분공간이다.

(2) $\operatorname{Im} T$는 R^m의 부분공간이다.

9. $\mathbf{x}$, $\mathbf{z} \in R^2$가

$$T_1(\mathbf{x}) = \begin{bmatrix} x+2y \\ y \end{bmatrix}, \quad T_2(\mathbf{z}) = \begin{bmatrix} z \\ -z+w \end{bmatrix}$$

로 정의된 선형변환 $T_1 : R^2 \to R^2$와 $T_2 : R^2 \to R^2$에 의해 이동될 때

$$(T_2 \circ T_1)(\mathbf{x}), \text{ 즉 } T_2(T_1(\mathbf{x}))$$

를 구하시오.

10. 선형변환 $T: R^3 \to R^3$가 먼저 y축을 중심으로 시계반대방향으로 $45°$ 회전(변환 T_1) 한 후, 다시 $\sqrt{2}$배 확대(변환 T_2)하는 합성변환 $(T_2 \circ T_1)$일 때, 이 합성변환에 대응하는 표준행렬을 구하시오.

6.2 행렬의 대각화

1. 고윳값과 고유벡터

고윳값이라는 용어는 힐버트(Hilbert)에 의해 소개되었고, 디랙(Dirac)이 명명했다고 알려져 있다. 고윳값은 선형변환과 관계되어 다양한 경우에 중요한 역할을 한다.

정의 1 고윳값과 고유벡터

n차 정사각행렬 A에 대하여

$$A\mathbf{x} = \lambda\mathbf{x}$$

를 만족하는 $\mathbf{0}$이 아닌 벡터 $\mathbf{x}$와 스칼라 λ가 존재할 때, 스칼라 λ를 A의 **고윳값**(eigenvalue)이라 하고, $\mathbf{x}$를 고윳값 λ에 대응하는 A의 **고유벡터**(eigenvector)라고 한다.

참고

(고유벡터의 기하적 의미)

n차 정사각행렬 A는 보든 $\mathbf{x} \in R^n$에 대하여 $T_A(\mathbf{x}) = A\mathbf{x}$를 만족하는 R^n에서 선형변환 T_A를 유도한다. 따라서 선형변환 T_A는 고유벡터 $\mathbf{x}$를 $\mathbf{x}$와 평행인 벡터 $\lambda\mathbf{x}$로 대응시키는 함수이다. 즉 고유벡터 $\mathbf{x}$는 $A\mathbf{x}$가 $\mathbf{x}$와 평행이 되게 하는 $\mathbf{0}$이 아닌 벡터를 의미한다.

예 1

2차 정사각행렬 $A = \begin{bmatrix} 2 & 2 \\ 2 & -1 \end{bmatrix}$과 R^2의 벡터 $\mathbf{x} = \begin{bmatrix} 2 \\ 1 \end{bmatrix}$에 대하여

$$A\mathbf{x} = \begin{bmatrix} 2 & 2 \\ 2 & -1 \end{bmatrix}\begin{bmatrix} 2 \\ 1 \end{bmatrix} = \begin{bmatrix} 6 \\ 3 \end{bmatrix} = 3\begin{bmatrix} 2 \\ 1 \end{bmatrix} = 3\mathbf{x}$$

이므로, 3은 A의 고윳값이고 $\mathbf{x}$는 고윳값 3에 대응하는 A의 고유벡터이다. ■

$\mathbf{x} \in R^n$가 고윳값 λ에 대응하는 A의 고유벡터일 때, 임의의 스칼라 k에 대하여

$$A(k\mathbf{x}) = kA(\mathbf{x}) = k(\lambda\mathbf{x}) = \lambda(k\mathbf{x})$$

이므로, $k\mathbf{x}$도 λ에 대응하는 A의 고유벡터가 된다. 따라서 정사각행렬 A의 각 고윳값 λ_i에 대응하는 고유벡터 $\mathbf{x}_i$는 무한히 많다. 그러나 $\mathbf{x}_i$의 성분 중에서 어느 하나를 1로 놓음으로써 단순한 고유벡터를 임의로 선택할 수 있다.

정리 2

두 벡터 $\mathbf{x}_1$과 $\mathbf{x}_2$가 동일한 고윳값 λ에 대응되는 정사각행렬 A의 고유벡터이면

$$\mathbf{x} = c_1\mathbf{x}_1 + c_2\mathbf{x}_2 \quad (\text{단, } \mathbf{x} \neq \mathbf{0})$$

도 λ에 대응되는 A의 고유벡터가 된다. 여기서 c_1, c_2는 임의의 스칼라이다.

증명

$$\begin{aligned} A\mathbf{x} &= A(c_1\mathbf{x}_1 + c_2\mathbf{x}_2) = c_1A\mathbf{x}_1 + c_2A\mathbf{x}_2 = c_1\lambda\mathbf{x}_1 + c_2\lambda\mathbf{x}_2 \\ &= \lambda(c_1\mathbf{x}_1 + c_2\mathbf{x}_2) = \lambda\mathbf{x} \end{aligned}$$

■

예 2

2차 정사각행렬 $A = \begin{bmatrix} 10 & -18 \\ 6 & -11 \end{bmatrix}$에 대하여, A의 고윳값과 각 고윳값에 대응하는 고유벡터를 구해보자. $\mathbf{0}$이 아닌 임의의 벡터 $\mathbf{x} = \begin{bmatrix} x_1 \\ x_2 \end{bmatrix}$에 대하여 $A\mathbf{x} = \lambda\mathbf{x}$라 하면

$$\begin{bmatrix} 10 & -18 \\ 6 & -11 \end{bmatrix}\begin{bmatrix} x_1 \\ x_2 \end{bmatrix} = \lambda\begin{bmatrix} x_1 \\ x_2 \end{bmatrix}$$

이므로, 동차연립방정식

$$(\lambda - 10)x_1 + 18x_2 = 0, \quad 6x_1 - (\lambda + 11)x_2 = 0 \qquad (*)$$

을 얻는다. (*)가 0이 아닌 해를 가질 필요충분조건이 계수행렬의 행렬식의 값이 0, 즉

$$\begin{vmatrix} \lambda - 10 & 18 \\ 6 & -(\lambda - 11) \end{vmatrix} = 0$$

이므로, A의 고윳값은 $\lambda_1 = 1$, $\lambda_2 = -2$이다. 이때

$$A\begin{bmatrix} 2 \\ 1 \end{bmatrix} = \begin{bmatrix} 10 & -18 \\ 6 & -11 \end{bmatrix}\begin{bmatrix} 2 \\ 1 \end{bmatrix} = \begin{bmatrix} 2 \\ 1 \end{bmatrix}$$

이므로, $\mathbf{x}_1 = \begin{bmatrix} 2 \\ 1 \end{bmatrix}$은 고윳값 $\lambda_1 = 1$에 대응되는 고유벡터이고

$$A\begin{bmatrix} 3 \\ 2 \end{bmatrix} = \begin{bmatrix} 10 & -18 \\ 6 & -11 \end{bmatrix}\begin{bmatrix} 3 \\ 2 \end{bmatrix} = -2\begin{bmatrix} 3 \\ 2 \end{bmatrix}$$

이므로, $\mathbf{x}_2 = \begin{bmatrix} 3 \\ 2 \end{bmatrix}$는 고윳값 $\lambda_2 = -2$에 대응되는 고유벡터이다. ■

고윳값과 고유벡터는 고윳값과 고유벡터의 대수적 성질을 이용하여 구한다. 이때 n차 정사각행렬 A의 n개의 고윳값은 복소수 범위에서는 항상 존재한다. 그러나 3차 이상의 행렬의 고윳값을 손으로 직접 구하기는 쉽지 않다. 이 경우는 컴퓨터 프로그램을 이용하여 고윳값을 구한다.

정리 3

A가 n차 정사각행렬일 때, λ가 A의 고윳값일 필요충분조건은

$$\det(\lambda I_n - A) = 0 \tag{1}$$

이다. 이때 식 (1)을 A의 **특성방정식**(characteristic equation) 또는 **고유방정식**이라 하고

$$p(\lambda) = \det(\lambda I_n - A)$$

를 A의 **특성다항식**(characteristic polynomial)이라 한다.

증명 λ가 n차 정사각행렬 A의 고윳값이면, $A\mathbf{x} = \lambda\mathbf{x} = \lambda I_n \mathbf{x}$를 만족하는 $\mathbf{0}$이 아닌 벡터 $\mathbf{x}$가 존재한다. 즉

$$(\lambda I_n - A)\mathbf{x} = \mathbf{0} \tag{2}$$

이 성립한다. 그런데 (2)가 n차 동차연립방정식이므로

$$\det(\lambda I_n - A) = 0$$

을 얻는다. 역으로 $\det(\lambda I_n - A) = 0$이면, (2)는 자명한 해를 가지고 λ는 A의 고윳값이다. 한편 $\det(\lambda I_n - A) \neq 0$이면 (2)는 유일한 해 $\mathbf{x} = \mathbf{0}$을 가지므로 λ는 A의 고윳값이 아니다. ■

n차 정사각행렬

$$A = \begin{bmatrix} a_{11} & a_{12} & \cdots & a_{1n} \\ a_{21} & a_{22} & \cdots & a_{2n} \\ \vdots & \vdots & \vdots & \vdots \\ a_{n1} & a_{n2} & \cdots & a_{nn} \end{bmatrix}$$

에 대하여, A의 특성다항식은

$$p(\lambda)=\det(\lambda I_n - A)=\begin{vmatrix} \lambda-a_{11} & -a_{12} & \cdots & -a_{1n} \\ -a_{21} & \lambda-a_{22} & \cdots & -a_{2n} \\ \vdots & \vdots & & \vdots \\ -a_{n1} & -a_{n2} & \cdots & \lambda-a_{nn} \end{vmatrix} \qquad (*)$$

으로 주어진다. 따라서

$$p(\lambda)=\lambda^n+b_{n-1}\lambda^{n-1}+\cdots+b_1\lambda+b_0$$

로 표현할 수 있고, (*)가 $p(\lambda)=(\lambda-\lambda_1)^{n_1}(\lambda-\lambda_2)^{n_2}\cdots(\lambda-\lambda_m)^{n_m}$으로 인수분해되면 인수의 순서 외에는 유일하다. 한편 $i=1,\ 2,\ \cdots,\ m$에 대하여

$$p(\lambda_i)=0$$

이므로 각 λ_i는 A의 고윳값이 된다. 이때 n_i를 λ_i의 **대수적 중복도**(algebraic multiplicity), 간단히 **중복도**라고 한다. λ_i의 중복도가 1일 때 λ_i를 **단순고윳값**(simple eigenvalue), 중복도가 k일 때 λ_i를 **중복도 k인 고윳값**(eigenvalue of multiplicity k)이라 한다.

예 3

3차 정사각행렬 $A=\begin{bmatrix} -1 & -1 & 1 \\ 0 & 1 & 0 \\ 2 & 1 & 0 \end{bmatrix}$의 고윳값은 $\lambda=1,\ -2$로 주어진다. 이때 고윳값 $\lambda=1$의 중복도는 2이고, 고윳값 -2의 중복도는 1이다. ■

다음 정리는 수학적 귀납법을 이용하여 증명한다. 여기서는 증명없이 서술한다.

정리 4

$\mathbf{x}_1,\ \mathbf{x}_2,\ \cdots,\ \mathbf{x}_m$을 행렬 $A\in M_n$의 서로 다른 고윳값 $\lambda_1,\ \lambda_2,\ \cdots,\ \lambda_m$에 대응되는 고유벡터라 하면

$$\{\mathbf{x}_1,\ \mathbf{x}_2,\ \cdots,\ \mathbf{x}_m\}$$

은 일차독립이다.

예 4

3차 정사각행렬 $A = \begin{bmatrix} 1 & -1 & 4 \\ 3 & 2 & -1 \\ 2 & 1 & -1 \end{bmatrix}$에 대하여, A의 특성방정식이

$$\det(\lambda I_3 - A) = \begin{vmatrix} \lambda - 1 & 1 & -4 \\ -3 & \lambda - 2 & 1 \\ -2 & -1 & \lambda + 1 \end{vmatrix} = \lambda^3 - 2\lambda^2 - 5\lambda + 6 = 0$$

이므로, A의 고윳값은 $\lambda_1 = 1$, $\lambda_2 = -2$, $\lambda_3 = 3$이다. 이제 $\lambda_1 = 1$, $\lambda_2 = -2$, $\lambda_3 = 3$에 대응하는 A의 고유벡터를 구해보자.

$\lambda_1 - 1$일 때, 즉

$$(I_3 - A)\mathbf{x} = \begin{bmatrix} 0 & 1 & -4 \\ -3 & -1 & 1 \\ -2 & -1 & 2 \end{bmatrix} \begin{bmatrix} x_1 \\ x_2 \\ x_3 \end{bmatrix} = \begin{bmatrix} 0 \\ 0 \\ 0 \end{bmatrix}$$

을 풀면 $x_1 = -x_3$, $x_2 = 4x_3$이므로, 고윳값 $\lambda_1 = 1$에 대응되는 고유벡터는

$$\mathbf{x}_1 = \begin{bmatrix} -1 \\ 4 \\ 1 \end{bmatrix}$$

로 주어진다. 마찬가지로 $\lambda_2 = -2$일 때, 즉

$$(-2I_3 - A)\mathbf{x} = \begin{bmatrix} -3 & 1 & -4 \\ -3 & -4 & 1 \\ -2 & -1 & -1 \end{bmatrix} \begin{bmatrix} x_1 \\ x_2 \\ x_3 \end{bmatrix} = \begin{bmatrix} 0 \\ 0 \\ 0 \end{bmatrix}$$

을 풀면 $x_2 = -x_1$, $x_3 = -x_1$이므로, 고윳값 $\lambda_2 = -2$에 대응되는 고유벡터는

$$\mathbf{x}_2 = \begin{bmatrix} 1 \\ -1 \\ -1 \end{bmatrix}$$

로 주어진다. 끝으로 $\lambda_3 = 3$일 때, 즉

$$(3I_3 - A)\mathbf{x} = \begin{bmatrix} 2 & 1 & -4 \\ -3 & 1 & 1 \\ -2 & -1 & 4 \end{bmatrix} \begin{bmatrix} x_1 \\ x_2 \\ x_3 \end{bmatrix} = \begin{bmatrix} 0 \\ 0 \\ 0 \end{bmatrix}$$

을 풀면 $x_3 = x_1$, $x_2 = 2x_1$이므로, 고윳값 $\lambda_3 = 3$에 대응되는 고유벡터는

$$\mathbf{x}_3 = \begin{bmatrix} 1 \\ 2 \\ 1 \end{bmatrix}$$

로 주어진다. ■

예제 1

특성방정식을 이용하여, 3차 정사각행렬 $A=\begin{bmatrix}0&0&-2\\1&2&1\\1&0&3\end{bmatrix}$의 고윳값과 각 고윳값에 대응하는 고유벡터를 구하시오.

풀이 A의 특성방정식이

$$\det(\lambda I_3-A)=(\lambda-1)(\lambda-2)^2=0$$

이므로, A의 서로 다른 고윳값은 $\lambda_1=1$, $\lambda_2=2$ (중복도 2)이다. 이때 $\lambda_1=1$에 대응하는 고유벡터를 $\mathbf{x}=\begin{bmatrix}x_1\\x_2\\x_3\end{bmatrix}$라 하면 $(I_3-A)\mathbf{x}=\mathbf{0}$으로부터 고윳값 $\lambda_1=1$에 대응되는 고유벡터는

$$\mathbf{x}_1=\begin{bmatrix}-2t\\t\\t\end{bmatrix}=t\begin{bmatrix}-2\\1\\1\end{bmatrix}\ (\text{단, } t\in R-\{0\})$$

로 주어진다. 마찬가지로 고윳값 $\lambda_2=2$에 대응하는 A의 고유벡터는

$$\mathbf{x}_2=\begin{bmatrix}-s\\t\\s\end{bmatrix}=s\begin{bmatrix}-1\\0\\1\end{bmatrix}+t\begin{bmatrix}0\\1\\0\end{bmatrix}\ (\text{단, } s,\ t\in R-\{0\})$$

으로 주어진다. ■

정의 5 고유공간

λ가 n차 정사각행렬 A의 고윳값일 때, 동차연립방정식

$$(\lambda I_n-A)\mathbf{x}=\mathbf{0}$$

의 해공간을 λ에 대응하는 A의 **고유공간**(eigenspace)이라고 하고, $E(\lambda)$로 표기한다.

λ에 대응하는 n차 정사각행렬 A의 고유공간은 λ에 대응하는 A의 고유벡터 전체와 영벡터로 이루어진 집합이다.

예 5

$\lambda_1 = 0,\ \lambda_2 = 1$은 3차 정사각행렬 $A = \begin{bmatrix} 2 & -3 & 1 \\ 1 & -2 & 1 \\ 1 & -3 & 2 \end{bmatrix}$의 고윳값이다. 이때 고윳값 $\lambda_1 = 0$에 대응하는 A의 고유공간은

$$\left\{ s\begin{bmatrix} 1 \\ 1 \\ 1 \end{bmatrix} : s \in R \right\}$$

이고, 고윳값 $\lambda_2 = 1$에 대응하는 A의 고유공간은

$$\left\{ s\begin{bmatrix} 3 \\ 1 \\ 0 \end{bmatrix} + t\begin{bmatrix} -1 \\ 0 \\ 1 \end{bmatrix} : s,\ t \in R \right\}$$

이다. ■

정리 6

n차 정사각행렬 A에 대하여, $\lambda_1,\ \lambda_2$가 A의 서로 다른 고윳값이면

$$E(\lambda_1) \cap E(\lambda_2) = \{\mathbf{0}\}$$

이다.

증명 $\mathbf{x} \in E(\lambda_1) \cap E(\lambda_2)$라 놓으면 $\mathbf{x} \in E(\lambda_1)$이므로 $A\mathbf{x} = \lambda_1\mathbf{x}$이고, $\mathbf{x} \in E(\lambda_2)$이므로 $A\mathbf{x} = \lambda_2\mathbf{x}$가 된다. 그러므로 $\lambda_1\mathbf{x} = \lambda_2\mathbf{x}$이다. 즉 $(\lambda_1 - \lambda_2)\mathbf{x} = \mathbf{0}$이다. 그런데 $\lambda_1 \neq \lambda_2$이므로 $\mathbf{x} = \mathbf{0}$이다. ■

정리 7

n차 정사각행렬 A의 각 고윳값에 대응하는 고유공간은 R^n의 부분공간이다.

증명 $E(\lambda_i)$를 A의 임의의 고윳값 λ_i에 대응하는 고유공간, 즉

$$E(\lambda_i) = \left\{ \mathbf{x} \in R^n \mid A\mathbf{x} = \lambda_i\mathbf{x} \right\}$$

라 하자. 이때 $E(\lambda_i) \subset R^n$이고, 임의의 $\mathbf{x},\ \mathbf{y} \in E(\lambda_i)$와 임의의 $k \in R^n$에 대하여

(1) $A\mathbf{x} = \lambda_i\mathbf{x},\ A\mathbf{y} = \lambda_i\mathbf{y}$이면 $A(\mathbf{x}+\mathbf{y}) = A\mathbf{x} + A\mathbf{y} = \lambda_i\mathbf{x} + \lambda_i\mathbf{y} = \lambda_i(\mathbf{x}+\mathbf{y})$

(2) $A(k\mathbf{x}) = kA\mathbf{x} = k\lambda_i\mathbf{x} = \lambda_i(k\mathbf{x})$

를 만족하므로, $E(\lambda_i)$는 R^n의 부분공간이다. ■

실수의 행렬이 복소수의 고윳값과 고유벡터를 가질 수 있음에 유의한다.

예 6

2차 정사각행렬 $A = \begin{bmatrix} 3 & -5 \\ 1 & -1 \end{bmatrix}$에 대하여, A의 특성방정식이

$$\det(\lambda I_2 - A) = \begin{vmatrix} \lambda - 3 & 5 \\ -1 & \lambda + 1 \end{vmatrix} = \lambda^2 - 2\lambda + 2 = 0$$

이므로, A의 고윳값은 $\lambda_1 = 1 + i$, $\lambda_2 = 1 - i$이다.

$\lambda_1 = 1 + i$일 때 $[(1+i)I_2 - A]\mathbf{x} = \mathbf{0}$, 즉

$$\begin{bmatrix} -2+i & 5 \\ -1 & 2+i \end{bmatrix} \begin{bmatrix} x_1 \\ x_2 \end{bmatrix} = \begin{bmatrix} 0 \\ 0 \end{bmatrix}$$

을 풀면 $x_1 = (2+i)x_2$이므로, 고윳값 $\lambda_1 = 1 + i$에 대응되는 고유벡터는

$$\mathbf{x}_1 = \begin{bmatrix} 2+i \\ 1 \end{bmatrix}$$

로 주어진다. 마찬가지로 $\lambda_2 = 1 - i$일 때 $[(1-i)I_2 - A]\mathbf{x} = \mathbf{0}$, 즉

$$\begin{bmatrix} -2-i & 5 \\ -1 & 2-i \end{bmatrix} \begin{bmatrix} x_1 \\ x_2 \end{bmatrix} = \begin{bmatrix} 0 \\ 0 \end{bmatrix}$$

을 풀면 $x_1 = (2-i)x_2$이므로

$$\mathbf{x}_2 = \begin{bmatrix} 2-i \\ 1 \end{bmatrix}$$

은 고윳값 $\lambda_2 = 1 - i$에 대응되는 고유벡터이다. ■

n차 정사각행렬 A의 고윳값이 0일 필요충분조건은

$$p(0) = \det(0I - A) = \det(-A) = (-1)^n \det(A) = 0$$

이다. 따라서 특이행렬만이 고윳값 0을 가질 수 있다.

참고

(가역행렬의 동치정리)

n차 정사각행렬 A에 대하여, 다음은 서로 동치이다.

(1) 행렬 A는 가역이다.

(2) A의 모든 행(열)벡터는 R^n에서 일차독립이다.

(3) $\det(A) \neq 0$이다.

(4) $\lambda = 0$은 A의 고윳값이 아니다.

(5) 선형변환 T_A는 단사(전사)이다.

(6) $\text{rank}(A) = n$, 즉 $\text{nullity}(A) = 0$이다.

2. 선형변환의 행렬표현

일반적으로 R^n과 R^m의 임의의 순서기저에 대하여 R^n에서 R^m으로의 선형변환도 행렬변환으로 나타낼 수 있음을 좌표벡터를 이용하여 알아본다.

선형변환 $T : R^n \to R^m$에 대하여, R^n과 R^m의 임의의 순서기저를 각각

$$\alpha = \{\mathbf{x}_1, \mathbf{x}_2, \cdots, \mathbf{x}_n\}, \quad \beta = \{\mathbf{y}_1, \mathbf{y}_2, \cdots, \mathbf{y}_m\}$$

라 하자. 그러면 각 $\mathbf{x}_j \in R^n$ (단, $j = 1, 2, \cdots, n$)에 대하여 $T(\mathbf{x}_j) \in R^m$는

$$T(\mathbf{x}_j) = a_{1j}\mathbf{y}_1 + a_{2j}\mathbf{y}_2 + \cdots + a_{mj}\mathbf{y}_m \quad (\text{단, } 1 \leq j \leq n)$$

으로 유일하게 표현된다. 따라서 β에 관한 $T(\mathbf{x}_j)$의 좌표벡터는

$$[T(\mathbf{x}_j)]_\beta = \begin{bmatrix} a_{1j} \\ a_{2j} \\ \vdots \\ a_{mj} \end{bmatrix}$$

이다. 여기서 $[T(\mathbf{x}_1)]_\beta, [T(\mathbf{x}_2)]_\beta, \cdots, [T(\mathbf{x}_n)]_\beta$를 열벡터로 갖는 $m \times n$ 행렬을 A', 즉

$$A' = [[T(\mathbf{x}_1)]_\beta : [T(\mathbf{x}_2)]_\beta : \cdots : [T(\mathbf{x}_n)]_\beta] = \begin{bmatrix} a_{11} & a_{12} & \cdots & a_{1n} \\ a_{21} & a_{22} & \cdots & a_{2n} \\ \vdots & \vdots & \vdots & \vdots \\ a_{m1} & a_{m2} & \cdots & a_{mn} \end{bmatrix}$$

이라 하자. 이때 행렬 $A' = [a_{ij}]_{m \times n}$를 기저 α와 β에 관한 선형변환 T의 **변환행렬**이라 하고, 간단히

$$A' = [T]_\alpha^\beta$$

로 표시한다. 특히 $R^n = R^m$이고 순서기저가 $\alpha = \beta$이면, $A' = [T]_\alpha$로 나타낸다.

정리 8

$y = T(\mathbf{x})$ (단, $\mathbf{x} \in R^n$)로 정의된 선형변환 $T : R^n \to R^m$에 대하여

$$\alpha = \{\mathbf{x}_1, \mathbf{x}_2, \cdots, \mathbf{x}_n\}, \quad \beta = \{\mathbf{y}_1, \mathbf{y}_2, \cdots, \mathbf{y}_m\}$$

를 각각 R^n과 R^m의 순서기저라 하면

$$[\mathbf{y}]_\beta = A'[\mathbf{x}]_\alpha = [T]_\alpha^\beta [\mathbf{x}]_\alpha$$

이고, 이때 행렬 A'은

$$A' = [[T(\mathbf{x}_1)]_\beta : [T(\mathbf{x}_2)]_\beta : \cdots : [T(\mathbf{x}_n)]_\beta]$$

로 주어진다.

증명 임의의 벡터 $\mathbf{x} \in R^n$는 R^n의 기저 $\alpha = \{\mathbf{x}_1, \mathbf{x}_2, \cdots, \mathbf{x}_n\}$에 의하여

$$\mathbf{x} = c_1\mathbf{x}_1 + c_2\mathbf{x}_2 + \cdots + c_n\mathbf{x}_n$$

으로 유일하게 표시되며, α에 관한 $\mathbf{x}$의 좌표벡터는

$$[\mathbf{x}]_\alpha = \begin{bmatrix} c_1 \\ c_2 \\ \vdots \\ c_n \end{bmatrix}$$

으로 주어진다. 변환 T의 선형성에 의하여

$$y = T(\mathbf{x}) = c_1 T(\mathbf{x}_1) + c_2 T(\mathbf{x}_2) + \cdots + c_n T(\mathbf{x}_n)$$

이므로, 기저 β에 관하여

$$\begin{aligned} [\mathbf{y}]_\beta &= c_1[T(\mathbf{x}_1)]_\beta + c_2[T(\mathbf{x}_2)]_\beta + \cdots + c_n[T(\mathbf{x}_n)]_\beta \\ &= [[T(\mathbf{x}_1)]_\beta : [T(\mathbf{x}_2)]_\beta : \cdots : [T(\mathbf{x}_n)]_\beta] \begin{bmatrix} c_1 \\ c_2 \\ \vdots \\ c_n \end{bmatrix} \\ &= A'[\mathbf{x}]_\alpha \end{aligned}$$

가 성립한다. ■

정리 8의 유용성은 $T(\mathbf{x})$의 값을 행렬의 곱, 즉

$$[T(\mathbf{x})]_\beta = [T]_\alpha^\beta [\mathbf{x}]_\alpha = A'[\mathbf{x}]_\alpha$$

로 계산할 수 있음을 의미한다.

예제 2

$T\left(\begin{bmatrix} x \\ y \end{bmatrix}\right) = \begin{bmatrix} x + 2y \\ -x + y \\ 5x - y \end{bmatrix}$로 정의된 선형변환 $T: R^2 \to R^3$에 대하여, 다음 물음에 답하시오.

(1) R^2와 R^3의 표준기저 $\epsilon_1 = \{\mathbf{e}_1, \mathbf{e}_2\}$, $\epsilon_2 = \{\mathbf{e}_1, \mathbf{e}_2, \mathbf{e}_3\}$에 대하여, T의 변환행렬 $[T]_{\epsilon_1}^{\epsilon_2}$를 구하시오.

(2) R^2와 R^3의 순서기저 $\alpha = \{\mathbf{x}_1, \mathbf{x}_2\}$, $\beta = \{\mathbf{y}_1, \mathbf{y}_2, \mathbf{y}_3\}$가 각각

$$\mathbf{x}_1 = \begin{bmatrix} 1 \\ 2 \end{bmatrix}, \mathbf{x}_2 = \begin{bmatrix} 3 \\ 4 \end{bmatrix} \text{과} \quad \mathbf{y}_1 = \begin{bmatrix} 1 \\ 0 \\ 0 \end{bmatrix}, \mathbf{y}_2 = \begin{bmatrix} 1 \\ 1 \\ 0 \end{bmatrix}, \mathbf{y}_3 = \begin{bmatrix} 1 \\ 1 \\ 1 \end{bmatrix}$$

로 주어질 때, T의 변환행렬 $[T]_\alpha^\beta$를 구하시오.

풀이 (1) $T(\mathbf{e}_1) = T\left(\begin{bmatrix} 1 \\ 0 \end{bmatrix}\right) = \begin{bmatrix} 1 \\ -1 \\ 5 \end{bmatrix}$, $T(\mathbf{e}_2) = T\left(\begin{bmatrix} 0 \\ 1 \end{bmatrix}\right) = \begin{bmatrix} 2 \\ 1 \\ -1 \end{bmatrix}$이므로, T의 변환행렬 $[T]_{\epsilon_1}^{\epsilon_2}$는

$$[T]_{\epsilon_2}^{\epsilon_1} = \begin{bmatrix} 1 & 2 \\ -1 & 1 \\ 5 & -1 \end{bmatrix}$$

로 주어신다.

(2) $[T]_\alpha^\beta$를 구하기 위해 $T(\mathbf{x}_1)$, $T(\mathbf{x}_2)$를 $\mathbf{y}_1$, $\mathbf{y}_2$, $\mathbf{y}_3$들의 일차결합으로 표현하여, 기저 β에 관한 좌표벡터를 구한다. 이때

$$T(\mathbf{x}_1) = T\left(\begin{bmatrix} 1 \\ 2 \end{bmatrix}\right) = \begin{bmatrix} 5 \\ 1 \\ 3 \end{bmatrix} = a_1\mathbf{y}_1 + a_2\mathbf{y}_2 + a_3\mathbf{y}_3 = \begin{bmatrix} a_1 + a_2 + a_3 \\ a_2 + a_3 \\ a_3 \end{bmatrix}$$

로부터 $a_1 = 4$, $a_2 = -2$, $a_3 = 3$을 얻고, 같은 방법으로

$$T(\mathbf{x}_2) = T\left(\begin{bmatrix} 3 \\ 4 \end{bmatrix}\right) = \begin{bmatrix} 11 \\ 1 \\ 11 \end{bmatrix} = b_1\mathbf{y}_1 + b_2\mathbf{y}_2 + b_3\mathbf{y}_3 = \begin{bmatrix} b_1 + b_2 + b_3 \\ b_2 + b_3 \\ b_3 \end{bmatrix}$$

로부터 $b_1 = 10$, $b_2 = -10$, $b_3 = 11$을 얻는다. 그러므로 T의 변환행렬 $[T]_\alpha^\beta$는

$$[T]_\alpha^\beta = [\,[T(\mathbf{x}_1)]_\beta : [T(\mathbf{x}_2)]_\beta\,] = \begin{bmatrix} 4 & 10 \\ -2 & -10 \\ 3 & 11 \end{bmatrix}$$

로 주어진다. ■

예제 3

$T\left(\begin{bmatrix} x \\ y \\ z \end{bmatrix}\right) = \begin{bmatrix} 2x - z \\ y - z \end{bmatrix}$로 정의된 선형변환 $T : R^3 \to R^2$에 대하여, R^3와 R^2의 순서기저 $\alpha = \{\mathbf{x}_1, \mathbf{x}_2, \mathbf{x}_3\}$, $\beta = \{\mathbf{y}_1, \mathbf{y}_2\}$가 각각

$$\mathbf{x}_1 = \begin{bmatrix} 1 \\ 0 \\ 1 \end{bmatrix},\ \mathbf{x}_2 = \begin{bmatrix} 0 \\ 1 \\ 1 \end{bmatrix},\ \mathbf{x}_3 = \begin{bmatrix} 1 \\ 1 \\ 0 \end{bmatrix} \text{과} \quad \mathbf{y}_1 = \begin{bmatrix} 1 \\ 1 \end{bmatrix},\ \mathbf{y}_2 = \begin{bmatrix} -1 \\ 1 \end{bmatrix}$$

로 주어질 때, $A' = [T]_\alpha^\beta$ 를 구하시오.

풀이 $$A' = [T]_\alpha^\beta = [[T(\mathbf{x}_1)]_\beta : [T(\mathbf{x}_2)]_\beta : [T(\mathbf{x}_3)]_\beta]$$

이므로, 먼저 $T(\mathbf{x}_1)$, $T(\mathbf{x}_2)$, $T(\mathbf{x}_3)$를 구한다. 이때

$$T(\mathbf{x}_1) = \begin{bmatrix} 1 \\ -1 \end{bmatrix},\ T(\mathbf{x}_2) = \begin{bmatrix} -1 \\ 0 \end{bmatrix},\ T(\mathbf{x}_3) = \begin{bmatrix} 2 \\ 1 \end{bmatrix}$$

이므로, 기저 β에 관한 좌표벡터를 구하면

$$T(\mathbf{x}_1) = \begin{bmatrix} 1 \\ -1 \end{bmatrix} = a_1\mathbf{y}_1 + a_2\mathbf{y}_2 = a_1\begin{bmatrix} 1 \\ 1 \end{bmatrix} + a_2\begin{bmatrix} -1 \\ 1 \end{bmatrix}$$

$$T(\mathbf{x}_2) = \begin{bmatrix} -1 \\ 0 \end{bmatrix} = b_1\mathbf{y}_1 + b_2\mathbf{y}_2 = b_1\begin{bmatrix} 1 \\ 1 \end{bmatrix} + b_2\begin{bmatrix} -1 \\ 1 \end{bmatrix}$$

$$T(\mathbf{x}_3) = \begin{bmatrix} 2 \\ 1 \end{bmatrix} = c_1\mathbf{y}_1 + c_2\mathbf{y}_2 = c_1\begin{bmatrix} 1 \\ 1 \end{bmatrix} + c_2\begin{bmatrix} -1 \\ 1 \end{bmatrix}$$

이다. 이때 3개의 연립방정식의 계수행렬이 모두

$$\begin{bmatrix} 1 & -1 \\ 1 & 1 \end{bmatrix}$$

이므로, 첨가행렬의 형태를 확장한 행렬

$$\begin{bmatrix} 1 & -1 & : & 1 & : & -1 & : & 2 \\ 1 & 1 & : & -1 & : & 0 & : & 1 \end{bmatrix}$$

을 기약행사다리꼴로 변환하면

$$\begin{bmatrix} 1 & 0 & : & 0 & : & -\frac{1}{2} & : & \frac{3}{2} \\ 0 & 1 & : & -1 & : & \frac{1}{2} & : & -\frac{1}{2} \end{bmatrix} = \begin{bmatrix} 1 & 0 & : & a_1 & : & b_1 & : & c_1 \\ 0 & 1 & : & a_2 & : & b_2 & : & c_2 \end{bmatrix}$$

를 얻는다. 따라서 $A' = [T]_\alpha^\beta$ 는

$$\begin{bmatrix} 0 & -\frac{1}{2} & \frac{3}{2} \\ -1 & \frac{1}{2} & -\frac{1}{2} \end{bmatrix}$$

로 주어진다. ■

참고

선형변환 $T: R^n \to R^m$ 에 대하여

$$\alpha = \{\mathbf{x}_1, \mathbf{x}_2, \cdots, \mathbf{x}_n\},\ \beta = \{\mathbf{y}_1, \mathbf{y}_2, \cdots, \mathbf{y}_m\}$$

가 각각 R^n과 R^m 의 임의의 순서기저이면, 행렬

$$[\,\mathbf{y}_1\ \mathbf{y}_2 \cdots\ \mathbf{y}_m : T(\mathbf{x}_1) : T(\mathbf{x}_2) : \cdots : T(\mathbf{x}_n)\,]$$

을

$$[\,I_m : A'_{m\times n}\,] = [\,I_m : [T(\mathbf{x}_1)]_\beta : [T(\mathbf{x}_2)]_\beta : \cdots : [T(\mathbf{x}_n)]_\beta\,]$$

로 변환하여 쉽게 $A' = [T]_\alpha^\beta$ 를 구할 수 있다.

예제 4

$T\left(\begin{bmatrix} x \\ y \end{bmatrix}\right) = \begin{bmatrix} x + y \\ x - 3y \\ -2x + y \end{bmatrix}$ 로 정의된 선형변환 $T: R^2 \to R^3$에 대하여, R^2와 R^3의 순서기저 $\alpha = \{\mathbf{x}_1, \mathbf{x}_2\}$, $\beta = \{\mathbf{y}_1, \mathbf{y}_2, \mathbf{y}_3\}$가 각각

$$\mathbf{x}_1 = \begin{bmatrix} 1 \\ 1 \end{bmatrix},\ \mathbf{x}_2 = \begin{bmatrix} 2 \\ 1 \end{bmatrix} \text{과} \quad \mathbf{y}_1 = \begin{bmatrix} 1 \\ 0 \\ -1 \end{bmatrix},\ \mathbf{y}_2 = \begin{bmatrix} -1 \\ 2 \\ 1 \end{bmatrix},\ \mathbf{y}_3 = \begin{bmatrix} 0 \\ 1 \\ 1 \end{bmatrix}$$

로 주어질 때, $A' = [T]_\alpha^\beta$ 를 구하시오.

풀이

$$T(\mathbf{x}_1) = \begin{bmatrix} 2 \\ -2 \\ -1 \end{bmatrix},\ T(\mathbf{x}_2) = \begin{bmatrix} 3 \\ -1 \\ -3 \end{bmatrix}$$

이므로

$$[\,\mathbf{y}_1\ \mathbf{y}_2\ \mathbf{y}_3 : T(\mathbf{x}_1) : T(\mathbf{x}_2)\,] = \begin{bmatrix} 1 & -1 & 0 & : & 2 & : & 3 \\ 0 & 2 & 1 & : & -2 & : & -1 \\ -1 & 1 & 1 & : & -1 & : & -3 \end{bmatrix}$$

이다. 이것을 기약행사다리꼴로 변형하면

$$\left[\begin{array}{ccc:c:c} 1 & 0 & 0 & \frac{1}{2} & \frac{5}{2} \\ 0 & 1 & 0 & -\frac{3}{2} & -\frac{1}{2} \\ 0 & 0 & 1 & 1 & 0 \end{array}\right]$$

이므로, A'은

$$A' = [T]_{\alpha}^{\beta} = \begin{bmatrix} \frac{1}{2} & \frac{5}{2} \\ -\frac{3}{2} & -\frac{1}{2} \\ 1 & 0 \end{bmatrix}$$

으로 주어진다. ■

정리 9

세 유클리드 공간 R^n, R^m과 R^k에 대하여, α, β, γ가 각각 R^n, R^m, R^k의 고정된 기저일 때 다음이 성립한다.

(1) 두 선형변환 $T_1 : R^n \to R^m$, $T_2 : R^m \to R^k$에 대하여

$$[T_2 \circ T_1]_{\alpha}^{\gamma} = [T_2]_{\beta}^{\gamma} [T_1]_{\alpha}^{\beta}$$

(2) 역함수를 갖는 선형변환 $T_1 : R^n \to R^m$에 대하여

$$[T_1^{-1}]_{\beta}^{\alpha} = ([T_1]_{\alpha}^{\beta})^{-1}$$

증명 여기서는 (2)만 증명하고, (1)은 독자에게 남긴다. (1)에 의해

$$[T_1^{-1} \circ T_1]_{\alpha} = [T_1^{-1}]_{\beta}^{\alpha} [T_1]_{\alpha}^{\beta}$$

이다. 이때 $T_1^{-1} \circ T_1 = I$이고 $[I]_{\alpha} = I_n$이므로

$$[T_1^{-1}]_{\beta}^{\alpha} = ([T_1]_{\alpha}^{\beta})^{-1}$$

가 성립한다. ■

따름정리

유클리드 공간 R^n, R^m에 대하여 α, α'이 R^n의 기저, β, β'이 R^m의 기저라 하자. 이때 변환 $T : R^n \to R^m$이 선형이면

$$[T]_{\alpha'}^{\beta'} = Q\,[T]_{\alpha}^{\beta}\,P$$

가 성립한다. 여기서 P는 기저 α'에서 α로의 R^n의 전이행렬이고, Q는 기저 β에서 β'으로의 R^m의 전이행렬이다.

선형연산자 $T: R^n \to R^n$의 행렬의 모양, 즉 변환행렬은 R^n의 기저에 따라 변한다. 그러나 서로 다른 기저에 대한 T의 행렬표현 사이에는 적당한 관계가 존재한다. 이제 R^n 사이의 선형변환 T의 다양한 기저에 대한 변환행렬 사이의 관계를 알아보자.

정리 10

$T: R^n \to R^n$이 선형변환이고 α, β가 R^n의 두 기저일 때

$$A = [T]_{\alpha},\ A' = [T]_{\beta}$$

이면, 기저 β에서 기저 α로의 전이행렬 $P = [I]_{\beta}^{\alpha}$에 대하여

$$A' = P^{-1}AP$$

가 성립한다.

예제 5

$T\left(\begin{bmatrix} x \\ y \end{bmatrix}\right) = \begin{bmatrix} 2x & y \\ x+3y \end{bmatrix}$로 정의된 선형변환 $T: R^2 \to R^2$에 대하여, R^2의 기저 α를 표준기저 $\epsilon = \{\mathbf{e}_1, \mathbf{e}_2\}$이라 하고, 또 다른 기저를

$$\mathbf{y}_1 = \begin{bmatrix} 0 \\ 1 \end{bmatrix},\ \mathbf{y}_2 = \begin{bmatrix} -1 \\ 1 \end{bmatrix}$$

로 주어진 $\beta = \{\mathbf{y}_1, \mathbf{y}_2\}$라 할 때, 전이행렬 $P = [I]_{\beta}^{\alpha}$를 이용하여 $A' = [T]_{\beta}$를 구하시오.

풀이 표준기저 $\alpha = \epsilon$에 관한 T의 표준행렬을 A라 하면

$$A = \begin{bmatrix} 2 & -1 \\ 1 & 3 \end{bmatrix}$$

이다. 또한 기저 β에서 표준기저 α로의 전이행렬을 $P = [I]_{\beta}^{\alpha}$라 하면

$$P = [[\mathbf{y}_1]_{\alpha} : [\mathbf{y}_2]_{\alpha}] = \begin{bmatrix} 0 & -1 \\ 1 & 1 \end{bmatrix}$$

이므로 $P^{-1}=\begin{bmatrix} 1 & 1 \\ -1 & 0 \end{bmatrix}$이다. 따라서 A'은

$$\begin{aligned} A' &= P^{-1}AP \\ &= \begin{bmatrix} 1 & 1 \\ -1 & 0 \end{bmatrix}\begin{bmatrix} 2 & -1 \\ 1 & 3 \end{bmatrix}\begin{bmatrix} 0 & -1 \\ 1 & 1 \end{bmatrix} \\ &= \begin{bmatrix} 2 & -1 \\ 1 & 3 \end{bmatrix} \end{aligned}$$

으로 주어진다. ■

3. 행렬의 대각화

변환행렬이 간단한 형태의 대각행렬로 표현되는 경우의 대각화에 대하여 알아본다.

(1) 닮은행렬과 대각화

여기서는 대부분의 행렬이 대각행렬과 닮음을 보인다.

정의 11 닮은행렬과 닮은변환

n차 정사각행렬 A, B에 대하여

$$B=P^{-1}AP$$

를 만족하는 n차 가역행렬 P가 존재할 때, 두 행렬 A, B는 **상사**(similar) 또는 B는 A와 **닮은행렬**(similar matrix)이라고 한다. 이때 행렬 A에서 행렬 B로 대응하는 함수를 **닮은변환**(similarity transformation)이라 한다. 특히

$$C=P^{T}AP$$

를 만족하는 직교행렬 P가 존재하면, C는 A와 **직교닮음행렬**(orthogonal similar matrix)이라고 한다.

예제 6

n차 정사각행렬 A, B에 대하여

$$B=P^{-1}AP$$

를 만족하면, 다음이 성립한다.

(1) $\det(A) = \det(B)$

(2) $\text{rank}(A) = \text{rank}(B)$

(3) 두 동차연립방정식 $A\mathbf{x} = \mathbf{0}$과 $B\mathbf{x} = \mathbf{0}$의 해공간의 차원은 같다.

증명 여기서는 (3)만 증명하고, 나머지는 독자에게 남긴다. 동차연립방정식 $A\mathbf{x} = \mathbf{0}$의 해공간의 차원은 $n - \text{rank}(A)$이므로, (2)에 의해 두 해공간의 차원은 같다. ■

'닮음'이라는 관계는 동치관계이다. 따라서 동치류의 행렬들은 비슷한 성질을 가지고 있는 것이다.

예 7

3차 정사각행렬 $A = \begin{bmatrix} 1 & 0 & 0 \\ 0 & 1 & 0 \\ 0 & 0 & -1 \end{bmatrix}$, $B = \begin{bmatrix} 1 & 0 & 0 \\ 0 & -1 & 0 \\ 0 & 0 & 1 \end{bmatrix}$, $P = \begin{bmatrix} 1 & 0 & 0 \\ 0 & 0 & 1 \\ 0 & 1 & 0 \end{bmatrix}$에 대하여

$$B = P^{-1}AP$$

이므로, B는 A와 닮은행렬이다. ■

n차 정사각행렬 A와 B 사이에 $AP = PB$가 성립할 때, A와 B가 닮았음을 보이기 위해서는 P^{-1}를 구할 필요 없이, P가 정칙임을 보이면 된다.

예 8

2차 정사각행렬 $A = \begin{bmatrix} 2 & 1 \\ 0 & -1 \end{bmatrix}$, $B = \begin{bmatrix} 4 & -2 \\ 5 & -3 \end{bmatrix}$, $P = \begin{bmatrix} 2 & -1 \\ -1 & 1 \end{bmatrix}$에 대하여 $PB = AP$이고 P가 정칙이므로, A와 B는 닮은행렬이다. ■

정리 12

A와 B가 닮은 n차 정사각행렬이면 A와 B는 같은 특성방정식을 가진다. 따라서 A와 B는 같은 고윳값을 가진다.

증명 A와 B가 닮은 n차 정사각행렬이면, $B = P^{-1}AP$를 만족하는 가역행렬 P가 존재한다. 그러므로

$$\begin{aligned}\det(\lambda I_n - B) &= \det(P^{-1}\lambda I_n P - P^{-1}AP) \\ &= \det[P^{-1}(\lambda I_n - A)P] \\ &= \det(P^{-1})\det(\lambda I_n - A)\det(P) \\ &= \det(\lambda I_n - A)\end{aligned}$$

이다. 그러므로 A, B는 같은 특성방정식을 갖는다. ■

예 9

닮은 2차 정사각행렬 $A = \begin{bmatrix} 2 & 1 \\ 0 & -1 \end{bmatrix}$, $B = \begin{bmatrix} 4 & -2 \\ 5 & -3 \end{bmatrix}$은 같은 고윳값 2와 -1을 가진다.

■

참고

n차 정사각행렬 A가 중근을 허용하여 n개의 실수인 고윳값 $\lambda_1, \lambda_2, \cdots, \lambda_n$을 가지면

$$\det(A) = \lambda_1 \lambda_2 \cdots \lambda_n, \quad \mathrm{tr}(A) = \lambda_1 + \lambda_2 + \cdots + \lambda_n$$

이 된다. 이때 실수인 고윳값을 가진다는 가정 대신 λ_i가 특성방정식의 근이라 해도 성립함에 유의한다. 여기서 $\mathrm{tr}(A)$는 행렬 A의 대각합이다.

예 10

n차 정사각행렬 A가 가역행렬일 필요충분조건은 0이 A의 고윳값이 아닌 것이다. ■

A와 B가 n차 정사각행렬이면 AB와 BA는 같은 고윳값을 가진다.

정의 13 대각화 가능한 행렬

n차 정사각행렬 A에 대하여 적당한 가역행렬 P가 존재하여

$$P^{-1}AP$$

가 대각행렬(A와 닮은 대각행렬)일 때, A를 **대각화 가능한 행렬**(diagonalizable matrix)이라 하고, 행렬 P를 'A를 **대각화하는 행렬**(diagonalizing matrix)'이라고 한다.

참고

n차 정사각행렬 A에 대하여

$$P^{-1}AP=\begin{bmatrix} \lambda_1 & 0 & \cdots & 0 \\ 0 & \lambda_2 & \cdots & 0 \\ \vdots & \vdots & & \vdots \\ 0 & 0 & \cdots & \lambda_n \end{bmatrix}$$

을 만족하는 가역행렬 P가 존재하면 A는 **대각화 가능**(diagonalizable)하다고 하고, 이러한 P와 λ를 구하는 과정을 **대각화한다**(diagonalize)고 한다.

예 11

2차 정사각행렬 $A=\begin{bmatrix} 1 & 1 \\ -2 & 4 \end{bmatrix}$는 대각화 가능하다. 왜냐하면

$$P^{-1}AP=\begin{bmatrix} -1 & 1 \\ 2 & -1 \end{bmatrix}\begin{bmatrix} 1 & 1 \\ -2 & 4 \end{bmatrix}\begin{bmatrix} 1 & 1 \\ 2 & 1 \end{bmatrix}=\begin{bmatrix} 3 & 0 \\ 0 & 2 \end{bmatrix}$$

를 만족하는 $P=\begin{bmatrix} 1 & 1 \\ 2 & 1 \end{bmatrix}$이 존재하기 때문이다. 또한 D가 대각행렬이면, $I^{-1}DI=D$이므로 D는 대각화 가능하다. ■

예 12

2차 정사각행렬 $A=\begin{bmatrix} 0 & 1 \\ 0 & 0 \end{bmatrix}$은 대각화 가능하지 않다. 왜냐하면 $P^{-1}AP$가 대각행렬이 되는 가역행렬 P가 존재하지 않기 때문이다. ■

D가 대각행렬이면 고윳값은 대각선상의 성분이 되고, A가 D와 닮으면 A와 D는 같은 고윳값을 가진다. 따라서 A가 대각화 가능하면 A는 대각선 성분들이 A의 고윳값이 되는 대각행렬과 닮게 된다.

정리 14

n차 정사각행렬 A가 대각화 가능할 필요충분조건은 A가 n개의 일차독립인 고유벡터를 가지는 것이다. 이 경우에 A와 닮은 대각행렬 D는 $\lambda_1, \lambda_2, \cdots, \lambda_n$이 A의 고윳값일 때

$$\begin{bmatrix} \lambda_1 & 0 & \cdots & 0 \\ 0 & \lambda_2 & \cdots & 0 \\ \vdots & \vdots & & \vdots \\ 0 & 0 & \cdots & \lambda_n \end{bmatrix}$$

으로 주어진다. P가 A의 일차독립인 고유벡터를 열로 가진 행렬이면

$$D = P^{-1}AP$$

가 된다.

예 13

2차 정사각행렬 $A = \begin{bmatrix} 5 & -6 \\ 2 & -2 \end{bmatrix}$의 고윳값은 $\lambda_1 = 2$, $\lambda_2 = 1$이고

$$\mathbf{v}_1 = \begin{bmatrix} 2 \\ 1 \end{bmatrix}, \ \mathbf{v}_2 = \begin{bmatrix} 3 \\ 2 \end{bmatrix}$$

가 고윳값 $\lambda_1 = 2$, $\lambda_2 = 1$에 각각 대응하는 일차독립인 A의 고유벡터이므로, A는 대각화 가능하다.

이때 $P = \begin{bmatrix} 2 & 3 \\ 1 & 2 \end{bmatrix}$로 두면, $P^{-1} = \begin{bmatrix} 2 & -3 \\ -1 & 2 \end{bmatrix}$이므로

$$P^{-1}AP = \begin{bmatrix} 2 & -3 \\ -1 & 2 \end{bmatrix} \begin{bmatrix} 5 & -6 \\ 2 & -2 \end{bmatrix} \begin{bmatrix} 2 & 3 \\ 1 & 2 \end{bmatrix} = \begin{bmatrix} 2 & 0 \\ 0 & 1 \end{bmatrix}$$

로 주어진다. ■

참고

주어진 n차 정사각행렬 A를 대각화하는 과정은 다음과 같다.

1단계 : A의 고윳값을 모두 구한다.

2단계 : A의 각 고윳값에 대응하는 n개의 일차독립인 고유벡터

$$\mathbf{p}^{(1)}, \mathbf{p}^{(2)}, \cdots, \mathbf{p}^{(n)}$$

을 구한다.

3단계 : $\mathbf{p}^{(1)}, \mathbf{p}^{(2)}, \cdots, \mathbf{p}^{(n)}$을 열벡터로 갖는 행렬 P를 구한다.

4단계 : P가 A를 대각화하는 행렬이다. 이때 $P^{-1}AP$는 A에 대응하는 고윳값 λ_1, λ_2, $\cdots$, λ_n을 순서대로 주대각선 성분으로 갖는 대각행렬

$$D = \mathrm{diag}\,[\lambda_1, \lambda_2, \cdots, \lambda_n]$$

이다.

예 14

2차 정사각행렬 $A=\begin{bmatrix}4 & 2\\ 3 & 3\end{bmatrix}$은 2개의 일차독립인 고유벡터 $\mathbf{v}_1=\begin{bmatrix}2\\ -3\end{bmatrix}$과 $\mathbf{v}_2=\begin{bmatrix}1\\ 1\end{bmatrix}$을 가진다. 이때 $P=\begin{bmatrix}2 & 1\\ -3 & 1\end{bmatrix}$로 두면

$$P^{-1}AP=\begin{bmatrix}1 & 0\\ 0 & 6\end{bmatrix}$$

이 되는데, 이것은 대각성분이 A의 고윳값이 되는 행렬이다. ■

따름정리

n차 정사각행렬 A에 대하여, A가 n개의 서로 다른 고윳값을 가지면, A는 대각화 가능하다. 그러나 대각화 가능한 행렬이라 하더라도 A의 고윳값 $\lambda_1, \lambda_2, \cdots, \lambda_n$ 중에는 같은 값이 존재할 수 있기 때문에 역은 성립하지 않는다.

예 15

2차 정사각행렬 $A=\begin{bmatrix}5 & -6\\ 2 & -2\end{bmatrix}$는 서로 다른 2개의 고윳값 $\lambda_1=2$, $\lambda_2=1$을 가지므로, A는 대각화 가능하다. ■

참고

고유벡터를 선택하는 방법이 무한히 많으므로, 대각화시키는 행렬 P를 선택하는 방법도 무한히 많다. 따라서 계산하기 가장 쉬운 고유벡터와 행렬 P를 선택하면 된다. 이것은 가능한 한 많은 0과 1을 택하는 것을 의미한다.

예제 7

3차 정사각행렬 $A=\begin{bmatrix}0 & 0 & -2\\ 1 & 2 & 1\\ 1 & 0 & 3\end{bmatrix}$이 대각화 가능함을 보이고, A를 대각화하는 행렬 P를 구하시오.

풀이 A의 특성방정식으로부터, A의 서로 다른 고윳값은 $\lambda_1=1$, $\lambda_2=2$이다. 이때 서로 다른 고윳값 $\lambda_1=1$, $\lambda_2=2$로부터 일차독립인 고유벡터

$$\mathbf{x}_1 = \begin{bmatrix} -2 \\ 1 \\ 1 \end{bmatrix}, \quad \mathbf{x}_2 = \begin{bmatrix} -1 \\ 0 \\ 1 \end{bmatrix}, \quad \mathbf{x}_3 = \begin{bmatrix} 0 \\ 1 \\ 0 \end{bmatrix}$$

을 얻는다. 따라서 A는 대각화 가능하고, 대각화하는 행렬은

$$P = [\,\mathbf{x}_1,\ \mathbf{x}_2,\ \mathbf{x}_3\,] = \begin{bmatrix} -2 & -1 & 0 \\ 1 & 0 & 1 \\ 1 & 1 & 0 \end{bmatrix}$$

으로 주어진다. ■

참고

n차 정사각행렬 A가 대각화 가능한 경우, $\lambda_1,\ \lambda_2,\ \cdots,\ \lambda_n$을 A의 고윳값이라 하면

$$P^{-1}AP = D = \operatorname{diag}[\lambda_1,\ \lambda_2,\ \cdots,\ \lambda_n]$$

이므로 $A = PDP^{-1}$가 된다. 그러므로

$$A^k = (PDP^{-1})^k = (PDP^{-1})\cdots(PDP^{-1}) = PD^kP^{-1}$$

임을 알 수 있다.

(2) 대칭행렬과 직교대각화

A가 실대칭행렬이면, A의 고윳값들은 모두 실수로 주어진다(정리 28 참조). 이때 서로 다른 고윳값에 대응되는 실대칭행렬의 고유벡터는 일차독립이 된다. 따라서 모든 실대칭행렬은 대각화 가능하다.

정리 15

A가 n차 대칭행렬일 때, λ_1과 λ_2가 대응되는 고유벡터 $\mathbf{v}_1$과 $\mathbf{v}_2$를 가진 서로 다른 고윳값이면 $\mathbf{v}_1$과 $\mathbf{v}_2$는 직교한다. 따라서 A가 대칭행렬이면 A의 서로 다른 고윳값에 대응하는 고유벡터들은 직교한다.

증명

$$A\mathbf{v}_1 = \lambda_1\mathbf{v}_1,\ \ A\mathbf{v}_2 = \lambda_2\mathbf{v}_2$$

로부터 $\mathbf{v}_1 \cdot \mathbf{v}_2 = \mathbf{v}_2^T\mathbf{v}_1 = 0$임을 보이면 된다. 먼저 A가 대칭행렬이라는 사실로부터

$$(A\mathbf{v}_2)^T = (\lambda_2\mathbf{v}_2)^T$$

이므로

$$\mathbf{v}_2^T A^T = \lambda_2 \mathbf{v}_2^T, \quad 즉\ \mathbf{v}_2^T A \mathbf{v}_1 = \lambda_2 \mathbf{v}_2^T \mathbf{v}_1$$

을 얻는다. 같은 방법으로

$$\mathbf{v}_2^T A \mathbf{v}_1 = \lambda_1 \mathbf{v}_2^T \mathbf{v}_1$$

을 얻는다. 따라서

$$\lambda_1 \mathbf{v}_2^T \mathbf{v}_1 = \lambda_2 \mathbf{v}_2^T \mathbf{v}_1, \ 즉\ (\lambda_1 - \lambda_2) \mathbf{v}_2^T \mathbf{v}_1 = 0$$

이 성립한다. 그런데 $\lambda_1 \neq \lambda_2$이므로, $\mathbf{v}_1 \cdot \mathbf{v}_2 = \mathbf{v}_2^T \mathbf{v}_1 = 0$이 된다. ■

참고

A가 n차 대칭행렬일 필요충분조건은 A가 n개의 고유벡터들의 정규직교집합을 갖는 경우이다.

다음 정리는 n차 정사각행렬이 직교행렬임을 보일 때 매우 필요하다.

정리 16

n차 정사각행렬 Q가 직교행렬일 필요충분조건은 Q의 열들이 R^n에 대한 정규직교기저를 이루는 것이다.

예 16

세 벡터 $\begin{bmatrix} 1/\sqrt{2} \\ 1/\sqrt{2} \\ 0 \end{bmatrix}, \begin{bmatrix} -1/\sqrt{6} \\ 1/\sqrt{6} \\ 2/\sqrt{6} \end{bmatrix}, \begin{bmatrix} 1/\sqrt{3} \\ -1/\sqrt{3} \\ 1/\sqrt{3} \end{bmatrix}$은 R^3의 정규직교기저이다. 따라서 3차 정사각행렬 $Q = \begin{bmatrix} 1/\sqrt{2} & -1/\sqrt{6} & 1/\sqrt{3} \\ 1/\sqrt{2} & 1/\sqrt{6} & -1/\sqrt{3} \\ 0 & 2/\sqrt{6} & 1/\sqrt{3} \end{bmatrix}$은 직교행렬이고, 이것은

$$Q^T Q = \begin{bmatrix} 1 & 0 & 0 \\ 0 & 1 & 0 \\ 0 & 0 & 1 \end{bmatrix}$$

을 유도한다. ■

정의 17 직교대각화 가능

n차 정사각행렬 A에 대하여 $D = \mathrm{diag}[\lambda_1, \lambda_2, \cdots, \lambda_n]$이고 $\lambda_1, \lambda_2, \cdots, \lambda_n$이 A의 고윳값일 때

$$Q^T A Q = D \text{ 또는 } Q^{-1} A Q = D$$

를 만족하는 직교행렬 Q가 존재하면, A를 **직교대각화 가능**(orthogonally diagonalizable)하다고 한다.

참고

주어진 n차 정사각행렬 A에 대하여

$$P^{-1}AP = D$$

를 만족하는 직교행렬 P와 대각행렬 D가 존재하면, A를 직교대각화 가능하다고 한다.

정리 18

n차 정사각행렬 A에 대하여, A가 직교대각화 가능할 필요충분조건은 A의 고유벡터들로 구성된 R^n의 정규직교기저가 존재하는 것이다.

n차 정사각행렬 A가 직교대각화 가능할 필요충분조건은 A가 실대칭행렬인 경우이다. 따라서 모든 실대칭행렬 A는 직교대각화 가능하다. 이때 직교대각화하는 행렬 P는 A의 n개의 일차독립인 정규직교 고유벡터들을 열벡터로 갖는다.

참고

실대칭행렬 A를 대각화한 직교행렬 Q를 구하기 위하여 다음 3단계 과정이 주어진다.

1단계 : A의 각 고유공간의 기저를 구한다.

2단계 : 그람 - 슈미트 정규직교화 과정을 사용해서 A의 각 고유공간에 대한 정규직교기저를 구한다.

3단계 : 2단계에서 얻은 정규직교 고유벡터를 열로 준 행렬을 Q로 한다.

예 17

3차 대칭행렬 $A = \begin{bmatrix} -1 & -1 & 1 \\ -1 & 2 & 4 \\ 1 & 4 & 2 \end{bmatrix}$에 대하여, A의 특성방정식은

$$\det(\lambda I_3 - A) = \lambda(\lambda + 3)(\lambda - 6) = 0$$

이므로, 대칭행렬 A의 서로 다른 고윳값은

$$\lambda_1 = -3, \ \lambda_2 = 0, \ \lambda_3 = 6$$

이고, 각 고윳값에 대응하는 일차독립인 3개의 고유벡터

$$\mathbf{v}_1 = \begin{bmatrix} -1 \\ -1 \\ 1 \end{bmatrix}, \quad \mathbf{v}_2 = \begin{bmatrix} 2 \\ -1 \\ 1 \end{bmatrix}, \quad \mathbf{v}_3 = \begin{bmatrix} 0 \\ 1 \\ 1 \end{bmatrix}$$

을 얻는다. 이때 $\{\mathbf{v}_1, \mathbf{v}_2, \mathbf{v}_3\}$는 직교집합이고, $\mathbf{v}_1, \mathbf{v}_2, \mathbf{v}_3$를 정규화하면

$$\mathbf{u}_1 = \begin{bmatrix} -\frac{1}{\sqrt{3}} \\ -\frac{1}{\sqrt{3}} \\ \frac{1}{\sqrt{3}} \end{bmatrix}, \quad \mathbf{u}_2 = \begin{bmatrix} -\frac{2}{\sqrt{6}} \\ -\frac{1}{\sqrt{6}} \\ \frac{1}{\sqrt{6}} \end{bmatrix}, \quad \mathbf{u}_3 = \begin{bmatrix} 0 \\ \frac{1}{\sqrt{2}} \\ \frac{1}{\sqrt{2}} \end{bmatrix}$$

이다. 따라서 P는

$$P = \begin{bmatrix} -\frac{1}{\sqrt{3}} & -\frac{2}{\sqrt{6}} & 0 \\ -\frac{1}{\sqrt{3}} & -\frac{1}{\sqrt{6}} & \frac{1}{\sqrt{2}} \\ \frac{1}{\sqrt{3}} & \frac{1}{\sqrt{6}} & \frac{1}{\sqrt{2}} \end{bmatrix}$$

로 주어지고

$$P^T A P = \begin{bmatrix} -3 & 0 & 0 \\ 0 & 0 & 0 \\ 0 & 0 & 6 \end{bmatrix}$$

이 성립한다. ■

예제 8

3차 대칭행렬 $A = \begin{bmatrix} 0 & 3 & 3 \\ 3 & 0 & 3 \\ 3 & 3 & 0 \end{bmatrix}$을 직교대각화하는 행렬 P를 구하시오.

풀이 대칭행렬 A의 고윳값은 $\lambda_1 = \lambda_2 = -3$ (중복도 2), $\lambda_3 = 6$이다. 고윳값 $\lambda_1 = -3$에 대응하는 2개의 일차독립인 고유벡터는

$$\mathbf{v}_1 = \begin{bmatrix} -1 \\ 1 \\ 0 \end{bmatrix},\ \mathbf{v}_2 = \begin{bmatrix} -1 \\ 0 \\ 1 \end{bmatrix}$$

이므로, 그람 - 슈미트 정규직교화 과정을 이용하여 정규화하면

$$\mathbf{u}_1 = \mathbf{v}_1 = \begin{bmatrix} -1 \\ 1 \\ 0 \end{bmatrix}$$

$$\mathbf{u}_2 = \mathbf{v}_2 - \frac{\mathbf{v}_2 \cdot \mathbf{u}_1}{\|\mathbf{u}_1\|^2}\mathbf{u}_1 = \begin{bmatrix} -1 \\ 1 \\ 0 \end{bmatrix} - \frac{1}{2}\begin{bmatrix} -1 \\ 1 \\ 0 \end{bmatrix} = \begin{bmatrix} -\frac{1}{2} \\ -\frac{1}{2} \\ 1 \end{bmatrix}$$

로부터

$$\mathbf{z}_1 = \frac{\mathbf{u}_1}{\|\mathbf{u}_1\|} = \begin{bmatrix} -\frac{1}{\sqrt{2}} \\ \frac{1}{\sqrt{2}} \\ 0 \end{bmatrix},\quad \mathbf{z}_2 = \frac{\mathbf{u}_2}{\|\mathbf{u}_2\|} = \begin{bmatrix} -\frac{1}{\sqrt{6}} \\ -\frac{1}{\sqrt{6}} \\ \frac{2}{\sqrt{6}} \end{bmatrix}$$

를 얻는다. 한편 $\lambda_3 = 6$에 대응하는 고유벡터는 $\mathbf{v}_3 = \begin{bmatrix} 1 \\ 1 \\ 1 \end{bmatrix}$이므로, 정규화하면

$$\mathbf{z}_3 = \begin{bmatrix} \frac{1}{\sqrt{3}} \\ \frac{1}{\sqrt{3}} \\ \frac{1}{\sqrt{3}} \end{bmatrix}$$

이 된다. 따라서 직교행렬 P는

$$P = \begin{bmatrix} -\frac{1}{\sqrt{2}} & -\frac{1}{\sqrt{6}} & \frac{1}{\sqrt{3}} \\ \frac{1}{\sqrt{2}} & -\frac{1}{\sqrt{6}} & \frac{1}{\sqrt{3}} \\ 0 & \frac{2}{\sqrt{6}} & \frac{1}{\sqrt{3}} \end{bmatrix}$$

로 주어진다. ■

참고

정사각행렬 A가 직교대각화 가능한 경우, $A = P^T DP$일 때

$$A^k = (P^T DP)^k = (P^T DP) \cdots (P^T DP) = P^T D^k P$$

임을 알 수 있다.

4. 이차형식

이차형식은 각 항이 2차인 다항식으로, 다양한 분야에서 응용된다. 이차형식의 연구에 있어서 행렬, 특히 대칭행렬은 매우 중요한 역할을 한다. 이차형식의 연구에 대칭행렬의 대각화가 필요하기 때문이다.

(1) 이차형식

일반적으로, 두 변수 x, y를 갖는 이차방정식, 즉 이차곡선의 방정식은

$$ax^2 + 2bxy + cy^2 + dx + ey + f = 0$$

의 형태로 나타내어지며, 이것은 행렬을 이용하여

$$\begin{bmatrix} x & y \end{bmatrix} \begin{bmatrix} a & b \\ b & c \end{bmatrix} \begin{bmatrix} x \\ y \end{bmatrix} + \begin{bmatrix} d & e \end{bmatrix} \begin{bmatrix} x \\ y \end{bmatrix} + f = 0$$

으로 표현할 수 있다. 이때 각 항이 2차인 식 $ax^2 + 2bxy + cy^2$, 즉 이차형식은 행렬곱의 형태

$$\mathbf{x}^T A \mathbf{x}$$

로 표현할 수 있다.

이제부터 이차형식을 행렬곱의 형태로 표현할 때, 정사각행렬을 대칭행렬로 택할 것이다. 대칭행렬로 택하는 이유는 대칭행렬은 언제나 직교대각화가 가능하기 때문이다.

정의 19 **이차형식**

$$\begin{bmatrix} x & y \end{bmatrix} \begin{bmatrix} a & b \\ b & c \end{bmatrix} \begin{bmatrix} x \\ y \end{bmatrix} = ax^2 + 2bxy + cy^2$$

을 이차방정식

$$ax^2 + 2bxy + cy^2 + dx + ey + f = 0$$

에 관한 **이차형식** (quadratic form)이라고 한다.

$2x^2+6xy+y^2$은 이차형식이고, $x^2-4xy+y^2-3x$는 $-3x$가 2차항이 아니므로 이차형식이 아니다.

정의 20 R^n **위의 이차형식**

$A=[a_{ij}]$가 n차 대칭행렬일 때, n개의 변수 $x_1, x_2, \cdots, x_n$을 성분으로 갖는 R^n의 벡터 $\mathbf{x}=\begin{bmatrix} x_1 \\ x_2 \\ \vdots \\ x_n \end{bmatrix}$에 대하여 이차다항식

$$q(\mathbf{x}) = < A\mathbf{x}, \mathbf{x} > = \mathbf{x}^T A\mathbf{x} = \sum_{i,\ j=1}^{n} a_{ij}\, x_i\, x_j$$

를 $\boldsymbol{R^n}$ **위의 이차형식**이라 한다.

(2) 원뿔곡선

두 변수 x, y를 갖는 이차방정식

$$ax^2+2bxy+cy^2+dx+ey+f=0 \qquad (*)$$

의 그래프는 **원뿔곡선**(conic)이다. 원뿔곡선이란 평면이 원뿔과 교차할 때 생기는 곡선에서 유래된 용어이다. **정상적인 원뿔곡선**(nondegenerate conic)의 그래프는 원, 타원, 쌍곡선, 또는 포물선이 된다. 특히 (*)를 만족하는 점이 없을 때는 **허 원뿔곡선**(imaginary conic)이라 하고, (*)의 그래프가 한 점, 한 직선, 또는 한 쌍의 직선으로 이루어지거나 존재하지 않을 때는 **퇴화 원뿔곡선**(degenerate conic)이라 한다.

참고

원뿔곡선인 원, 포물선, 타원, 쌍곡선의 표준형은

(1) 원 : $x^2+y^2=r^2$

(2) 타원 : $\dfrac{x^2}{a^2}+\dfrac{y^2}{b^2}=1$

(3) 포물선 : $y^2=4px$

(4) 쌍곡선 : $\dfrac{x^2}{a^2}-\dfrac{y^2}{b^2}=1$

등으로 주어지고, 이 원뿔곡선은 **표준위치**(standard position)에 있다고 한다. 이때 x^2항과 x항, 그리고 y^2항과 y항을 동시에 포함하지 않음에 유의한다. 이차방정식에서 x^2항과 x항, y^2항과 y항을 갖는 이차방정식의 그래프는 표준위치로부터 평행이동한 원뿔곡선이다.

예 18

이차방정식 $3x^2-2y^2-18x+4y+19=0$은 완전제곱 형태로 고치면

$$3(x-3)^2-2(y-1)^2=6$$

이 된다. 이때 $x'=x-3$, $y'=y-1$로 치환하면 새로운 O-$x'y'$ 좌표계에서

$$\frac{(x')^2}{2}-\frac{(y')^2}{3}=1$$

로 나타내어진다. 이 식은 O-$x'y'$ 좌표계에서 표준위치에 있는 쌍곡선의 방정식이다. 따라서 이 방정식의 그래프는 O-$x'y'$ 좌표계에서 표준위치에 있는 쌍곡선을 x축으로 3만큼, y축으로 1만큼 평행이동한 그래프이다. ■

(3) 이차형식의 대각화

참고

이차방정식에서 xy항을 **교차항**이라 한다. 교차항을 갖는 이차방정식은 좌표계를 직교변환에 의해 회전하여 교차항을 제거할 수 있다. 교차항을 제거하기 위한 좌표계의 변환과 관계되는 것이 대각화이다.

이차형식

$$q(\mathbf{x})=\mathbf{x}^TA\mathbf{x}=ax^2+2bxy+cy^2$$

은 $b\neq 0$이면 교차항을 갖는다. 이때 2차 대칭행렬 $A=\begin{bmatrix} a & b \\ b & c \end{bmatrix}$의 고윳값 λ_1, λ_2에 대응하는 A의 정규직교인 고유벡터 $\mathbf{v}_1$, $\mathbf{v}_2$에 대하여 $P=[\mathbf{v}_1 : \mathbf{v}_2]$라 하자. 그러면 A가 대칭행렬이므로, P에 의하여 A는 대각화 가능하고

$$P^TAP=\begin{bmatrix} \lambda_1 & 0 \\ 0 & \lambda_2 \end{bmatrix}$$

가 된다. 여기서 일반성을 잃지 않고 $\det(P)=1$이라 할 수 있다. 이때 직교행렬 P는 $P=\begin{bmatrix} \cos\theta & -\sin\theta \\ \sin\theta & \cos\theta \end{bmatrix}$ 형태의 행렬이다.

이제 이러한 행렬 P에 의하여 얻어진 새로운 좌표계를 O-$x'y'$ 좌표계라 하고 $\mathbf{x}'=\begin{bmatrix} x' \\ y' \end{bmatrix}$이라 하자. 그러면 $\mathbf{x}=P\mathbf{x}'$이고

$$q(\mathbf{x})=\mathbf{x}^TA\mathbf{x}=(P\mathbf{x}')^TA(P\mathbf{x}')=(\mathbf{x}')^T(P^TAP)\mathbf{x}'$$

$$= [\,x'\ y'\,]\begin{bmatrix}\lambda_1 & 0\\ 0 & \lambda_2\end{bmatrix}\begin{bmatrix}x'\\ y'\end{bmatrix} = \lambda_1(x')^2 + \lambda_2(y')^2$$

이므로, 이차형식 $q(\mathbf{x})$는 O-$x'y'$ 좌표계에서는 교차항이 없이 표현된다. 따라서 다음 정리를 얻는다.

정리 21 R^2의 주축정리

2차 대칭행렬 A의 고윳값이 λ_1, λ_2일 때, 이차형식

$$q(\mathbf{x}) = \mathbf{x}^T A\mathbf{x} = ax^2 + 2bxy + cy^2 \tag{1}$$

은 좌표축의 회전에 의하여 주어진 새로운 O-$x'y'$ 좌표계에서

$$q(\mathbf{x}) = \lambda_1(x')^2 + \lambda_2(y')^2 \tag{2}$$

으로 표현된다. 이 회전은 A를 대각화하는 직교행렬을 P라 할 때

$$\mathbf{x} = P\mathbf{x}'$$

이라는 치환에 의하여 얻어진다. 여기서 $\det(P) = 1$이다.

이차형식 (1)을 간단히 (2)와 같이 제곱항의 합으로만 나타내는 것을 이차형식의 대각화라 한다.

예 19

이차형식의 대각화를 이용하여, 두 변수 x, y의 이차방정식

$$3x^2 + 2xy + 3y^2 = 8 \tag{*}$$

은 좌표축의 회전에 의하여 주어진 새로운 O-$x'y'$ 좌표계에서 타원이 됨을 보이자. 이차방정식 (*)는

$$\mathbf{x}^T A\mathbf{x} = [\,x\ \ y\,]\begin{bmatrix}3 & 1\\ 1 & 3\end{bmatrix}\begin{bmatrix}x\\ y\end{bmatrix} = 8$$

로 나타낼 수 있고, A의 고윳값 $\lambda_1 = 2$, $\lambda_2 = 4$로부터

$$q(\mathbf{x}) = 2(x')^2 + 4(y')^2$$

을 얻는다. 따라서 새로운 O-$x'y'$ 좌표계에서 이차곡선의 방정식은

$$2(x')^2 + 4(y')^2 = 8$$

이므로, $x'y'$ 축에서의 타원이다. 그런데 고윳값 $\lambda_1 = 2$, $\lambda_2 = 4$에 대응하는 정규직교인 고유벡터들은

$$\mathbf{v}_1 = \begin{bmatrix} \dfrac{1}{\sqrt{2}} \\ -\dfrac{1}{\sqrt{2}} \end{bmatrix}, \quad \mathbf{v}_2 = \begin{bmatrix} \dfrac{1}{\sqrt{2}} \\ \dfrac{1}{\sqrt{2}} \end{bmatrix}$$

이므로, 직교행렬 P는

$$P = \begin{bmatrix} \dfrac{1}{\sqrt{2}} & \dfrac{1}{\sqrt{2}} \\ -\dfrac{1}{\sqrt{2}} & \dfrac{1}{\sqrt{2}} \end{bmatrix} = \begin{bmatrix} \cos(-45°) & -\sin(-45°) \\ \sin(-45°) & \cos(-45°) \end{bmatrix}$$

로 주어진다. 따라서 $x'y'$ 축은 xy 축을 시계반대방향으로 $-45°$ 만큼 회전한 축이다.

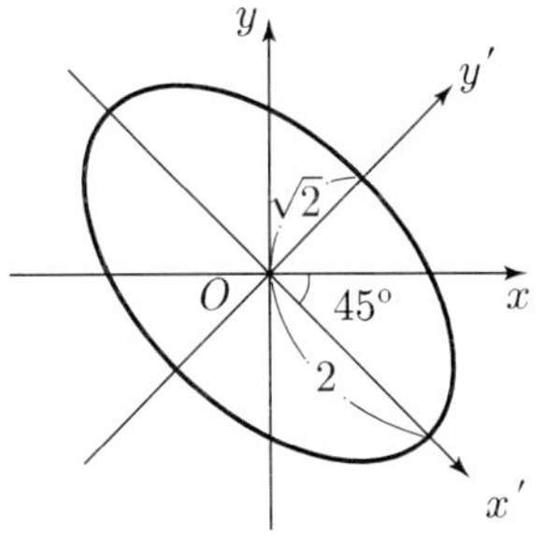

그림 6.5

■

이제 이차형식의 대각화를 이용하여, 이차방정식

$$ax^2 + 2bxy + cy^2 + dx + ey + f = 0$$

이 어떤 곡선이 되는지 알아보자. $B = [d \quad e]$라 하면

$$\mathbf{x}^T A\mathbf{x} + B\mathbf{x} + f = 0$$

으로 표현되고, 직교행렬 P를 이용하여 $\mathbf{x} = P\mathbf{x}'$으로 치환하면

$$(\mathbf{x}')^T(P^T A P)\mathbf{x}' + BP\mathbf{x}' + f = 0$$

으로 나타낼 수 있다. 여기서 $[d' \quad e'] = BP = [d \quad e][\mathbf{v}_1 \vdots \mathbf{v}_2]$라 하면, 교차항이 소거되어

$$\lambda_1(x')^2 + \lambda_2(y')^2 + d'x' + e'y' + f = 0$$

이 된다. 이때 $\mathbf{x} = P\mathbf{x}'$에서, 변환행렬 P는 주어진 벡터를 시계반대방향으로 각 θ만큼 회

전시키므로 변환행렬은

$$P = \begin{bmatrix} p_1 & p_2 \\ p_3 & p_4 \end{bmatrix} = \begin{bmatrix} \cos\theta & -\sin\theta \\ \sin\theta & \cos\theta \end{bmatrix}$$

로 주어진다.

예제 9

두 변수 x, y의 이차방정식

$$34x^2 - 24xy + 41y^2 - 40x - 30y - 25 = 0 \tag{1}$$

으로 주어진 원뿔곡선을 분류하시오.

풀이 $A = \begin{bmatrix} 34 & -12 \\ -12 & 41 \end{bmatrix}$, $B = [-40 \;\; -30]$, $\mathbf{x} = \begin{bmatrix} x \\ y \end{bmatrix}$라 하면, 식 (1)의 행렬표현은

$$\mathbf{x}^T A\mathbf{x} + B\mathbf{x} - 25 = 0 \tag{2}$$

이다. 먼저 회전이동하여 교차항을 소거한다. A의 고윳값은 $\lambda_1 = 25$, $\lambda_2 = 50$이고, 이에 대응하는 정규직교인 고유벡터는 각각

$$\mathbf{v}_1 = \frac{1}{5}\begin{bmatrix} 4 \\ 3 \end{bmatrix}, \quad \mathbf{v}_2 = \frac{1}{5}\begin{bmatrix} -3 \\ 4 \end{bmatrix}$$

이므로

$$P = [\mathbf{v}_1 : \mathbf{v}_2] = \frac{1}{5}\begin{bmatrix} 4 & -3 \\ 3 & 4 \end{bmatrix}$$

이다. R^2의 주축정리에서 $\mathbf{x} = P\mathbf{x}'$이므로

$$\mathbf{x}^T A\mathbf{x} = 25(x')^2 + 50(y')^2, \quad B\mathbf{x} = BP\mathbf{x}' = -50x'$$

이고, 따라서 식 (2)로부터

$$25(x')^2 + 50(y')^2 - 50x' - 25 = 0 \tag{3}$$

을 얻는다. 이제 평행이동하여 식 (3)의 x'을 소거한다. 식 (3)을 완전제곱 형태로 변형하면

$$25(x' - 1)^2 + 50(y')^2 = 50$$

이므로, 식 (2)는 $x'y'$ 좌표축을 x'축 방향으로 1만큼 평행이동한 $x''y''$ 축에서의 타원의 방정식이다. ■

참고

두 변수 x, y의 이차방정식 $ax^2 + 2bxy + cy^2 = d$로 주어진 원뿔곡선은 다음으로 분류된다. 여기서 $A = \begin{bmatrix} a & b \\ b & c \end{bmatrix}$이다.

(1) $d \neq 0$일 때

① $\det(A) < 0$이면, 쌍곡선이다.

② $\det(A) > 0$이면, 타원, 원, 또는 퇴화된 원뿔곡선이다.

③ $\det(A) = 0$이면, 포물선, 한 쌍의 직선, 또는 퇴화된 원뿔곡선이다.

(2) $d = 0$일 때

④ $\det(A) \neq 0$이면, 2개의 직선이다.

⑤ $\det(A) = 0$이면, 하나의 직선이다.

이차형식의 대각화는 3차원 곡면으로 확장된다.

5. 케일리-해밀턴 정리와 역행렬

다항식 $P(x) = x^n + a_{n-1}x^{n-1} + \cdots + a_1 x + a_0$에 대하여, A가 n차 정사각행렬일 때

$$P(A) = A^n + a_{n-1}A^{n-1} + \cdots + a_1 A + a_0 I_n$$

는 스칼라 계수 a_i (단, $i = 0, 1, \cdots, n-1$)와 행렬변수 A를 갖는 다항식이 된다. 또한 정사각행렬 B_i (단, $i = 0, 1, \cdots, n-1$)를 계수로 가지는 스칼라 변수 λ의 다항식

$$Q(\lambda) = B_0 + B_1\lambda + B_2\lambda^2 + \cdots + B_n\lambda^n$$

을 정의할 수 있다. 한편 A와 B_i (단, $i = 0, 1, \cdots, n-1$)가 같은 크기의 행렬일 때

$$Q(A) = B_0 + B_1 A + B_2 A^2 + \cdots + B_n A^n$$

이 정의된다.

보조정리 22

$P(\lambda)$와 $Q(\lambda)$가 정사각행렬을 계수로 가지는 스칼라 변수 λ의 다항식일 때

$$P(\lambda) = Q(\lambda)(A - \lambda I)$$

이면, $P(A) = O$가 성립한다. 여기서 O는 영행렬이다.

증명 $Q(\lambda)$가 $Q(\lambda) = B_0 + B_1\lambda + B_2\lambda^2 + \cdots + B_n\lambda^n$으로 주어지면

$$\begin{aligned} P(\lambda) &= (B_0 + B_1\lambda + B_2\lambda^2 + \cdots + B_n\lambda^n)(A - \lambda I) \\ &= B_0A + B_1A\lambda + B_2A\lambda^2 + \cdots + B_nA\lambda^n \\ &\quad - B_0\lambda - B_1\lambda^2 - B_2\lambda^3 + \cdots - B_n\lambda^{n+1} \end{aligned}$$

이므로, λ에 A를 대입하면

$$\begin{aligned} P(A) &= B_0A + B_1A^2 + B_2A^3 + \cdots + B_nA^{n+1} \\ &\quad - B_0A - B_1A^2 - B_2A^3 + \cdots - B_nA^{n+1} = O \end{aligned}$$

가 된다. ■

행렬의 거듭제곱과 다항식과의 관계를 보여주는 다음 케일리 - 해밀턴 정리는 보조정리 22로부터 유도된다(참고문헌 5 참조). 케일리 - 해밀턴 정리는 다양하게 이용될 수 있는 매우 유용한 정리이다.

정리 23 케일리 - 해밀턴 (Cayley - Hamilton) 정리

모든 정사각행렬은 자신의 특성방정식을 만족한다. 즉 $p(\lambda) = 0$이 A의 특성방정식이면, $p(A) = O$가 성립한다. 여기서 O는 영행렬이다.

예 20

3차 정사각행렬 $A = \begin{bmatrix} 1 & -1 & 4 \\ 3 & 2 & -1 \\ 2 & 1 & -1 \end{bmatrix}$에 대하여, A의 특성방정식은

$$\lambda^3 - 2\lambda^2 - 5\lambda + 6 = 0$$

으로 주어진다. 이때

$$A^2 = \begin{bmatrix} 6 & 1 & 1 \\ 7 & 0 & 11 \\ 3 & -1 & 8 \end{bmatrix}, \quad A^3 = \begin{bmatrix} 11 & -3 & 22 \\ 29 & 4 & 17 \\ 16 & 3 & 5 \end{bmatrix}$$

이므로

$$A^3 - 2A^2 - 5A + 6I_3 = O \ (\text{단, } O\text{는 3차 영행렬})$$

을 만족한다. 즉 케일리 - 해밀턴 정리가 성립함을 보여준다. ■

케일리 - 해밀턴 정리는 일반행렬의 거듭제곱과 역행렬을 구하는 방법을 제공한다.

예 21

2차 정사각행렬 $A = \begin{bmatrix} -2 & 4 \\ -1 & 3 \end{bmatrix}$의 특성방정식 $\lambda^2 - \lambda - 2 = 0$으로부터

$$A^2 - A - 2I_2 = O \text{ (단, } O\text{는 2차 영행렬)}$$

를 얻는다.

[거듭제곱]

$$A^2 = A + 2I_2 = \begin{bmatrix} -2 & 4 \\ -1 & 3 \end{bmatrix} + 2\begin{bmatrix} 1 & 0 \\ 0 & 1 \end{bmatrix} = \begin{bmatrix} 0 & 4 \\ -1 & 5 \end{bmatrix}$$

가 성립한다. 또 A^3을 계산하면

$$\begin{aligned} A^3 &= AA^2 = A(A + 2I_2) = A^2 + 2A \\ &= A + 2I_2 + 2A = 3A + 2I_2 = \begin{bmatrix} -4 & 12 \\ -3 & 11 \end{bmatrix} \end{aligned}$$

이 된다. 마찬가지로

$$\begin{aligned} A^4 &= AA^3 = A(3A + 2I_2) = 3A^2 + 2A \\ &= 3(A + 2I_2) + 2A = 5A + 6I_2 = \begin{bmatrix} -4 & 20 \\ -5 & 21 \end{bmatrix} \end{aligned}$$

로 주어진다.

[역행렬]

행렬 A는 가역이므로, $A^2 - A - 2I_2 = O$의 양변에 역행렬 A^{-1}를 곱하면

$$A - I_2 - 2A^{-1} = O$$

가 된다. 따라서

$$\begin{aligned} A^{-1} &= \frac{1}{2}(A - I_2) = \frac{1}{2}\begin{bmatrix} -2 & 4 \\ -1 & 3 \end{bmatrix} - \frac{1}{2}\begin{bmatrix} 1 & 0 \\ 0 & 1 \end{bmatrix} \\ &= \begin{bmatrix} -\frac{3}{2} & 2 \\ -\frac{1}{2} & 1 \end{bmatrix} \end{aligned}$$

을 얻는다.

[음의 거듭제곱]

$$A^{-2} = A^{-1}A^{-1} = \frac{1}{2}(A-I)\frac{1}{2}(A-I) = \frac{1}{4}(A^2 - 2A + I)$$
$$= \frac{1}{4}(A + 2I - 2A + I) = \frac{1}{4}(-A + 3I)$$
$$= \frac{1}{4}\begin{bmatrix} 2 & -4 \\ 1 & -3 \end{bmatrix} + \frac{1}{4}\begin{bmatrix} 3 & 0 \\ 0 & 3 \end{bmatrix} = \begin{bmatrix} \frac{5}{4} & -1 \\ \frac{1}{4} & 0 \end{bmatrix}$$

이 성립한다. ■

예 22

2차 정사각행렬 $A = \begin{bmatrix} 1 & 1 \\ 1 & 1 \end{bmatrix}$의 특성방정식 $\lambda^2 - 2\lambda = 0$으로부터

$$A^2 - 2A = O \text{ (단, } O\text{는 2차 영행렬)}$$

를 얻는다. 따라서

$$A^2 = 2A,\ A^3 = 4A,\ A^4 = 8A,\ A^5 = 16A,\ \cdots,\ A^{k+1} = 2^k A$$

이므로

$$\begin{bmatrix} 1 & 1 \\ 1 & 1 \end{bmatrix}^{k+1} = \begin{bmatrix} 2^k & 2^k \\ 2^k & 2^k \end{bmatrix}$$

이 성립한다. ■

n차 정사각행렬 A가 정칙일 때, 케일리 - 해밀턴 정리를 사용해서 A의 역행렬 A^{-1}를 구할 수 있다.

정리 24

n차 정사각행렬 A의 특성방정식이

$$p(\lambda) = \lambda^n + a_{n-1}\lambda^{n-1} + \cdots + a_1\lambda + a_0 = 0$$

일 때, A의 역행렬 A^{-1}는 다음으로 주어진다.

$$A^{-1} = \frac{1}{a_0}\left(-A^{n-1} - a_{n-1}A^{n-2} - \cdots - a_1 I_n\right)$$

증명 $$p(\lambda) = \lambda^n + a_{n-1}\lambda^{n-1} + \cdots + a_1\lambda + a_0 = 0$$

이 A의 특성방정식이면, 케일리-해밀턴 정리에 의해서

$$p(A) = A^n + a_{n-1}A^{n-1} + \cdots + a_1 A + a_0 I_n = O$$

이므로

$$A^{-1}p(A) = A^{n-1} + a_{n-1}A^{n-2} + \cdots + a_1 I_n + a_0 A^{-1} = O$$

가 성립한다. 따라서 A의 역행렬 A^{-1}는

$$A^{-1} = \frac{1}{a_0}\left(-A^{n-1} - a_{n-1}A^{n-2} - \cdots - a_1 I_n\right)$$

으로 주어진다. 여기서 $a_0 = \det(A)$이다. ■

예 23

3차 정사각행렬 $A = \begin{bmatrix} 1 & -1 & 4 \\ 3 & 2 & -1 \\ 2 & 1 & -1 \end{bmatrix}$에 대하여, A의 특성방정식은

$$p(\lambda) = \lambda^3 - 2\lambda^2 - 5\lambda + 6 = 0$$

으로 주어진다. 그러므로 케일리-해밀턴 정리에 의해 A의 역행렬 A^{-1}은

$$A^{-1} = \frac{1}{6}\left(-A^2 + 2A + 5I_3\right) = \frac{1}{6}\begin{bmatrix} 1 & -3 & 7 \\ -1 & 9 & -13 \\ 1 & 3 & -5 \end{bmatrix}$$

로 주어진다. ■

예제 10

케일리-해밀턴 정리를 이용하여, 3차 정사각행렬 $A = \begin{bmatrix} 0 & 1 & 1 \\ 1 & 0 & 1 \\ 1 & 1 & 0 \end{bmatrix}$의 역행렬을 구하시오.

풀이 A의 특성방정식이 $p(\lambda) = \lambda^3 - 3\lambda - 2 = 0$이므로, 케일리-해밀턴 정리에 의해

$$A^3 - 3A - 2I_3 = O$$

이다. 따라서

$$I_3 = \frac{1}{2}(A^2 - 3I_3)A, \quad \frac{1}{2}(A^2 - 3I_3) = A^{-1}$$

가 된다. 따라서 간단한 계산에 의해 A의 역행렬 A^{-1}는

$$A^{-1} = \frac{1}{2}\begin{bmatrix} -1 & 1 & 1 \\ 1 & -1 & 1 \\ 1 & 1 & -1 \end{bmatrix}$$

로 주어진다. ■

5. 복소행렬의 대각화

(1) 복소고윳값과 고유벡터

때때로 실수행렬도 복소고윳값과 복소고유벡터를 갖는다.

예 24

2차 실수행렬 $A = \begin{bmatrix} a & -b \\ b & a \end{bmatrix}$의 고윳값은 $\lambda = a \pm bi$이다. 이때 a, b가 모두 0이 아니라면 A는

$$\begin{bmatrix} a & -b \\ b & a \end{bmatrix} = \begin{bmatrix} |\lambda| & 0 \\ 0 & |\lambda| \end{bmatrix}\begin{bmatrix} \cos\theta & -\sin\theta \\ \sin\theta & \cos\theta \end{bmatrix}$$

로 분해된다. 여기서 θ는 원점과 점 (a, b)를 잇는 선분과 양의 x축과의 사이각이다. ■

복소수 $z = a + bi$에 대하여, $\bar{z} = a - bi$를 z의 **켤레복소수**라고 한다.

정의 25 복소수 n - 공간

n개의 복소수 성분을 갖는 벡터들의 집합

$$C^n = \{(z_1, z_2, \cdots, z_n) \mid z_k \in C,\ k = 1, 2, \cdots, n\}$$

에서 덧셈과 스칼라배를 통상적인 벡터의 합과 스칼라배 (5.1절 예 46 참조)로 정의하면, C^n은 벡터공간이 된다. 이때 C^n을 **n차원 복소벡터공간** 또는 **복소수 n - 공간**이라 한다.

C^n에서 n개의 일차독립인 단위벡터를

$$\mathbf{e}_1 = (1, 0, \cdots, 0),\ \mathbf{e}_2 = (0, 1, \cdots, 0),\ \cdots,\ \mathbf{e}_n = (0, \cdots, 0, 1)$$

이라 하면, $\{\mathbf{e}_1, \mathbf{e}_2, \cdots, \mathbf{e}_n\}$은 C^n의 기저가 된다. 이 기저를 C^n에 대한 **표준기저**라고 한다.

참고

C^n의 두 벡터 $\mathbf{u} = (u_1, u_2, \cdots, u_n)$과 $\mathbf{v} = (v_1, v_2, \cdots, v_n)$에 대하여, 유클리드 내적 $\mathbf{u} \cdot \mathbf{v}$ 또는 내적 $< \mathbf{u}, \mathbf{v} >$, $\mathbf{u}$의 노름 $\|\mathbf{u}\|$, $\mathbf{u}$와 $\mathbf{v}$ 사이의 유클리드 거리 $d(\mathbf{u}, \mathbf{v})$는

$$\mathbf{u} \cdot \mathbf{v} = < \mathbf{u}, \mathbf{v} > = \overline{v}_1 u_1 + \overline{v}_2 u_2 + \cdots + \overline{v}_n u_n$$

$$\|\mathbf{u}\| = \sqrt{\mathbf{u} \cdot \mathbf{u}} = \sqrt{|u_1|^2 + |u_2|^2 + \cdots + |u_n|^2}$$

$$d(\mathbf{u}, \mathbf{v}) = \|\mathbf{u} - \mathbf{v}\| = \sqrt{|u_1 - v_1|^2 + |u_2 - v_2|^2 + \cdots + |u_n - v_n|^2}$$

으로 각각 정의된다.

정리 26

C^n의 두 벡터 $\mathbf{u}, \mathbf{v}$의 유클리드 내적 $< \mathbf{u}, \mathbf{v} >$는 다음 성질을 만족한다.

(1) $< \mathbf{u}, \mathbf{v} > = \overline{< \mathbf{v}, \mathbf{u} >}$

(2) $< \mathbf{u} + \mathbf{v}, \mathbf{w} > = < \mathbf{u}, \mathbf{w} > + < \mathbf{v}, \mathbf{w} >$

(3) $< \alpha\mathbf{u}, \mathbf{v} > = \alpha < \mathbf{u}, \mathbf{v} >$ (단, $\alpha \in C$)

(4) $< \mathbf{v}, \mathbf{v} > \geq 0$. 특히 $< \mathbf{v}, \mathbf{v} > = 0 \Leftrightarrow \mathbf{v} = \mathbf{0}$

C^n의 두 벡터 $\mathbf{u}, \mathbf{v}$에 대하여 $\mathbf{u} \cdot \mathbf{v} = 0$인 경우, $\mathbf{u}$와 $\mathbf{v}$는 **수직**이라고 한다.

정리 27

n차 정사각행렬 A가 실수행렬일 때, λ가 A의 고윳값이고 $\mathbf{x}$가 그에 대응하는 고유벡터라면, $\overline{\lambda}$도 A의 고윳값이고 $\overline{\mathbf{x}}$는 그에 대응하는 고유벡터가 된다.

증명 고유벡터는 $\mathbf{x} \neq \mathbf{0}$이므로 $\overline{\mathbf{x}} \neq \mathbf{0}$이다. 이때 $A\mathbf{x} = \lambda\mathbf{x}$이고 $\overline{A} = A$이므로

$$A\overline{\mathbf{x}} = \overline{A\mathbf{x}} = \overline{\lambda\mathbf{x}} = \overline{\lambda}\,\overline{\mathbf{x}}$$

가 성립한다. ■

> **정리 28**
>
> n차 정사각행렬 A가 실대칭행렬이면, A는 실수인 고윳값만을 갖는다.

증명 λ를 n차 실대칭행렬 A의 고윳값이라 하면

$$A\mathbf{x} = \lambda\mathbf{x} \ (\text{단, } \overline{\mathbf{x}} \neq \mathbf{0})$$

를 만족한다. 양변에 $\overline{\mathbf{x}^T}$를 곱하면

$$\overline{\mathbf{x}^T}A\mathbf{x} = \overline{\mathbf{x}^T}(\lambda\mathbf{x}) = \lambda\overline{\mathbf{x}^T}\mathbf{x} = \lambda(\mathbf{x}\cdot\mathbf{x}) = \lambda\|\mathbf{x}\|^2$$

이 된다. 그러므로 $\lambda = \dfrac{\overline{\mathbf{x}^T}A\mathbf{x}}{\|\mathbf{x}\|^2}$이다. 이제 $\|\mathbf{x}\|^2$은 0이 아닌 실수이므로, 스칼라 $\overline{\mathbf{x}^T}A\mathbf{x}$가 실수임을 보이면 된다. 그런데

$$\overline{\overline{\mathbf{x}^T}A\mathbf{x}} = \overline{\overline{\mathbf{x}^T}}\,\overline{A\mathbf{x}} = \mathbf{x}^T\overline{(A\mathbf{x})} = \overline{(A\mathbf{x})^T}\mathbf{x} = \overline{\mathbf{x}^T A^T}\mathbf{x} = \overline{\mathbf{x}^T}A\mathbf{x}$$

이므로, $\overline{\mathbf{x}^T}A\mathbf{x}$는 실수이다. ■

참고

2차 복소대칭행렬 $A = \begin{bmatrix} 1 & 4i \\ 4i & 3 \end{bmatrix}$의 고윳값은 실수가 아니다. 이때 A의 고윳값은

$$\lambda = 2 \pm \sqrt{15}\,i$$

로 주어진다.

---

(2) 복소행렬의 대각화

보통 실수 성분을 갖는 n차 정사각행렬 전체의 집합을 M_n, 복소수 성분을 갖는 n차 정사각행렬 전체의 집합을 $M_n(C)$로 나타낸다. M_n에서의 대칭행렬과 직교행렬의 정의는 $M_n(C)$에서 각각 에르미트 행렬과 유니타리 행렬로 일반화된다. 이제 에르미트 행렬과 유니타리 행렬을 정의하고, 복소행렬의 대각화에 대하여 서술한다.

> **정의 29 켤레전치행렬**
>
> $m\times n$ 복소행렬 $A = [a_{ij}] \in M_{m\times n}(C)$에 대하여 $\overline{A}$를
>
> $$\overline{A} = [\overline{a_{ij}}] \in M_{m\times n}(C)$$

라 정의하고, $\overline{A}^T$를 A의 **켤레전치행렬**(conjugate transposed matrix)이라 하며, A^*로 나타낸다. 즉 $m\times n$ 복소행렬 $A=[a_{ij}]$에 대하여, A^*로 표기된 A의 켤레전치행렬은 A^*의 ij 원소를 $\overline{a_{ji}}$로 정의한다.

예 25

3×2 복소행렬 $A=\begin{bmatrix} 2i & 1-i \\ 2 & 2+i \\ 5-i & 1 \end{bmatrix}$의 켤레전치행렬 A^*는

$$A^*=\begin{bmatrix} -2i & 2 & 5+i \\ 1+i & 2-i & 1 \end{bmatrix}$$

로 주어진다. ■

C^n에서의 복소벡터 $\mathbf{u}$, $\mathbf{v}$에 대하여, 유클리드 내적은

$$\mathbf{u}\cdot\mathbf{v}=\mathbf{v}^*\mathbf{u},\ \|\mathbf{u}\|^2=\mathbf{u}^*\mathbf{u}$$

로 정의된다. 한편 켤레전치행렬의 성질은 전치행렬의 성질과 유사하다.

예 26

모든 실수행렬 A에 대하여, $A^*=A^T$가 성립한다. ■

참고

복소행렬 A, B가 주어진 연산을 정의할 수 있는 크기이고 α가 임의의 복소수일 때, 다음이 성립한다.

(1) $(A^*)^*=A$ (2) $(A+B)^*=A^*+B^*$

(3) $(\alpha A)^*=\overline{\alpha}A^*$ (4) $(AB)^*=B^*A^*$

정의 30 에르미트 행렬

복소행렬 A에 대하여, $A^*=A$를 만족할 때 A를 **에르미트 행렬**(hermitian matrix)이라 하고, $A^*=-A$를 만족할 때 A를 **반-에르미트 행렬**(hermitian matrix)이라고 한다.

예 27

두 복소행렬

$$A = \begin{bmatrix} 1+i & -i & 0 \\ 2 & 3-2i & i \end{bmatrix},\ B = \begin{bmatrix} 1 & 1+2i \\ 1-2i & 0 \end{bmatrix}$$

에 대하여, A는 $A^* \neq A$이므로 에르미트 행렬이 아니고, B는 $B^* = B$이므로 에르미트 행렬이다. 한편

$$A = \begin{bmatrix} -i & -5i \\ -5i & 3i \end{bmatrix},\ B = \begin{bmatrix} 0 & 0 & i \\ 0 & i & 0 \\ i & 0 & 0 \end{bmatrix}$$

은 모두 반-에르미트 행렬이다. ■

예제 11

임의의 n차 복소정사각행렬 $A \in M_n(C)$에 대하여, A^*A는 에르미트 행렬이다.

증명 임의의 $A \in M_n(C)$에 대하여, A^*A가

$$(A^*A)^* = A^*A$$

를 만족하기 때문에 A^*A는 에르미르 행렬이다. ■

참고

모든 n차 복소정사각행렬 $A \in M_n(C)$는 에르미트 행렬 H와 반-에르미트 행렬 K에 의하여

$$A = H + K$$

로 표현할 수 있다.

정리 31

n차 복소정사각행렬 $A \in M_n(C)$가 에르미트 행렬일 때, 다음이 성립한다.

(1) 임의의 복소벡터 $\mathbf{x} \in C^n$에 대하여, $\mathbf{x}^* A \mathbf{x}$는 실수이다.

(2) A의 고윳값은 모두 실수이다.

(3) A의 서로 다른 2개의 고윳값에 대응하는 각 고유벡터는 직교한다.

증명 여기서는 (1), (2)만 증명하고, 나머지는 연습문제로 남긴다.

(1) $\overline{\mathbf{x}^* A\mathbf{x}} = \overline{(\mathbf{x}^* A\mathbf{x})}^T = (\mathbf{x}^* A\mathbf{x})^* = \mathbf{x}^* A^* (\mathbf{x}^*)^* = \mathbf{x}^* A^* \mathbf{x} = \mathbf{x}^* A\mathbf{x}$이므로, $\mathbf{x}^* A\mathbf{x}$는 실수이다.

(2) $\mathbf{x}$를 A의 임의의 고윳값 λ에 대응하는 고유벡터라 하면 $\mathbf{x} \neq \mathbf{0}$이므로

$$\mathbf{x}^* A\mathbf{x} = \mathbf{x}^* \lambda \mathbf{x} = \lambda \mathbf{x}^* \mathbf{x} = \lambda \|\mathbf{x}\|^2$$

이다. 그런데 $\mathbf{x}^* A\mathbf{x}$는 실수이고 $\|\mathbf{x}\|^2 \neq 0$이므로, λ는 실수가 된다. ■

예 28

3차 복소정사각행렬

$$A = \begin{bmatrix} 1 & 0 & 0 \\ 0 & 2 & 1-i \\ 0 & 1+i & 0 \end{bmatrix}$$

은 $A = A^*$이므로 에르미트 행렬이다. 이때 A의 특성방정식은

$$\det(\lambda I_3 - A) = (\lambda - 1)(\lambda - 2\lambda - 2) = 0$$

이므로, A의 서로 다른 고윳값은 $\lambda = 1,\ 1+\sqrt{3},\ 1-\sqrt{3}$이고, 각 고윳값에 대응하는 고유벡터는 각각

$$\mathbf{x} = \begin{bmatrix} 1 \\ 0 \\ 0 \end{bmatrix},\quad \mathbf{y} = \begin{bmatrix} 0 \\ \left(-\dfrac{1}{2} + \dfrac{i}{2}\right)(-1+\sqrt{3}) \\ 1 \end{bmatrix},\quad \mathbf{z} = \begin{bmatrix} 0 \\ \left(\dfrac{1}{2} - \dfrac{i}{2}\right)(1+\sqrt{3}) \\ 1 \end{bmatrix}$$

로 주어진다. 이때 세 벡터는 서로 수직임을 확인할 수 있다. ■

실대칭행렬은 직교대각화가 가능하다. 이제 $M_n(C)$에서 이와 유사한 성질을 갖는 행렬에 대하여 알아보고, 실대칭행렬과 유사한 성질을 갖는 에르미트 행렬의 대각화에 대하여 설명한다.

정의 32 유니타리 행렬

n차 복소정사각행렬 $U \in M_n(C)$가

$$U^* U = I_n,\ \text{즉}\ U^* = U^{-1}$$

를 만족할 때, U를 **유니타리 행렬**(uitary matrix)이라고 한다.

예 29

다음 두 2차 복소정사각행렬

$$A = \begin{bmatrix} \frac{1}{2} & \frac{\sqrt{3}}{2}i \\ -\frac{\sqrt{3}}{2}i & \frac{1}{2} \end{bmatrix}, \ B = \begin{bmatrix} \frac{1}{\sqrt{2}} & \frac{1}{\sqrt{2}} \\ -\frac{i}{\sqrt{2}} & \frac{i}{\sqrt{2}} \end{bmatrix}$$

는 유니타리 행렬이다. 왜냐하면 $A^*A = I_2$와 $B^*B = I_2$가 각각 성립하기 때문이다. ■

복소정사각행렬 U가 유니타리 행렬이면, U의 j번째 열벡터를 $\mathbf{u}_j$라 할 때

$$\mathbf{u}_i \cdot \mathbf{u}_j = < \mathbf{u}_i, \mathbf{u}_j > = \mathbf{u}_j^* \mathbf{u}_i = \begin{cases} 1, & i = j \\ 0, & i \neq j \end{cases}$$

이므로, U가 유니타리 행렬일 필요충분조건은 U의 열들이 C^n에서 정규집합을 이루는 것이다.

예 30

2차 복소정사각행렬 $A = \frac{1}{2}\begin{bmatrix} 1+i & 1+i \\ 1-i & -1+i \end{bmatrix}$는 유니타리 행렬이다. 왜냐하면

$$A^* = \frac{1}{2}\begin{bmatrix} 1-i & 1+i \\ 1-i & -1-i \end{bmatrix}$$

로부터 $A^*A = I_2$가 성립하기 때문이다. ■

정리 33

복소수 n-공간 C^n에 유클리드 내적이 정의되어 있고 $U \in M_n(C)$가 유니타리 행렬일 때, 다음이 성립한다.

(1) 모든 $\mathbf{x}, \mathbf{y} \in C^n$에 대하여

$$(U\mathbf{x}) \cdot (U\mathbf{y}) = \mathbf{x} \cdot \mathbf{y}$$

이다. 특히 $\| U\mathbf{x} \| = \| \mathbf{x} \|$이므로, 유니타리 행렬변환은 크기를 보전한다.

(2) λ가 U의 고윳값이면, $|\lambda| = 1$이다.

(3) U의 서로 다른 2개의 고윳값에 대응하는 각 고유벡터는 직교한다.

증명 여기서는 (1), (2)만 증명하고, 나머지는 연습문제로 남긴다.

(1) $$(U\mathbf{x})\cdot(U\mathbf{y})=(U\mathbf{y})^*(U\mathbf{x})=\mathbf{y}^*(U^*U)\mathbf{x}=\mathbf{y}^*\mathbf{x}=\mathbf{x}\cdot\mathbf{y}$$

이다. 특히

$$\|U\mathbf{x}\|^2=(U\mathbf{x})\cdot(U\mathbf{x})=\mathbf{x}\cdot\mathbf{x}=\|\mathbf{x}\|^2$$

이므로, $\|U\mathbf{x}\|=\|\mathbf{x}\|$이다.

(2) U의 고윳값 λ에 대응하는 고유벡터를 $\mathbf{x}$라 하면, $U\mathbf{x}=\lambda\mathbf{x}$이므로

$$\begin{aligned}\mathbf{x}\cdot\mathbf{x}&=(U\mathbf{x})\cdot(U\mathbf{x})=(\lambda\mathbf{x})(\lambda\mathbf{x})\\&=(\lambda\mathbf{x})^*(\lambda\mathbf{x})=\overline{\lambda}\lambda(\mathbf{x}^*\mathbf{x})=|\lambda|^2\|\mathbf{x}\|^2\end{aligned}$$

이 성립한다. 따라서 $|\lambda|^2=1$, 즉 $|\lambda|=1$이다. ■

이제 $M_n(C)$에서 주어진 n차 복소정사각행렬의 유니타리 닮음과 유니타리 대각화 가능성에 대하여 알아본다.

정의 34 유니타리 닮음과 유니타리 대각화 가능

n차 복소정사각행렬 A, $B\in M_n(C)$에 대하여

$$U^*AU=B$$

를 만족하는 유니타리 행렬 U가 존재하면, 두 행렬 A와 B는 **유니타리 닮음**(unitarily similar)이라 하고, 특히 $A\in M_n(C)$가 대각행렬과 유니타리 닮음이면 A는 **유니타리 대각화 가능**(unitarily diagonalizable)하다고 한다.

예 31

두 2차 복소정사각행렬 A와 U를 각각

$$A=\begin{bmatrix}2 & i\\ -i & 2\end{bmatrix},\ B=\frac{1}{\sqrt{2}}\begin{bmatrix}i & -1\\ 1 & -i\end{bmatrix}$$

라 하면, U는 유니타리 행렬이다. 이때

$$U^*AU=\frac{1}{2}\begin{bmatrix}-i & 1\\ -1 & i\end{bmatrix}\begin{bmatrix}2 & i\\ -i & 2\end{bmatrix}\begin{bmatrix}i & -1\\ 1 & -i\end{bmatrix}=\begin{bmatrix}3 & 0\\ 0 & 1\end{bmatrix}$$

이므로, A는 유니타리 대각화 가능하다. ■

n차 복소정사각행렬 $A \in M_n(C)$의 고윳값이 $\lambda_1, \lambda_2, \cdots, \lambda_n$이고, $D = \text{diag}[\lambda_1, \lambda_2, \cdots, \lambda_n]$일 때

$$U^* AU = D$$

를 만족하는 유니타리 행렬 U가 존재하면, A는 유니타리 대각화 가능하다. 이때 유니타리 행렬 U의 각 열벡터 $U^{(i)}$는 A의 고윳값 λ에 대응하는 크기가 1인 고유벡터이다.

예 32

2차 복소정사각행렬

$$A = \begin{bmatrix} 2 & 1-i \\ 1+i & 1 \end{bmatrix}$$

을 대각화하는 유니타리 행렬 U를 구해보자. A의 서로 다른 고윳값 $\lambda_1 = 0$, $\lambda_2 = 3$에 대응하는 고유벡터는 각각

$$\mathbf{x}_1 = \begin{bmatrix} -1 \\ 1+i \end{bmatrix}, \quad \mathbf{x}_2 = \begin{bmatrix} 1-i \\ 1 \end{bmatrix}$$

로 주어진다. 이때

$$\mathbf{u}_1 = \frac{\mathbf{x}_1}{\|\mathbf{x}_1\|} = \frac{1}{\sqrt{3}}\begin{bmatrix} -1 \\ 1+i \end{bmatrix}, \quad \mathbf{u}_2 = \frac{\mathbf{x}_2}{\|\mathbf{x}_2\|} = \frac{1}{\sqrt{3}}\begin{bmatrix} 1-i \\ 1 \end{bmatrix}$$

이라 하고

$$U = \{\mathbf{u}_1 : \mathbf{u}_2\} = \frac{1}{\sqrt{3}}\begin{bmatrix} -1 & 1-i \\ 1+i & 1 \end{bmatrix}$$

이라 하면, U는 유니타리 행렬이고

$$U^* AU = \frac{1}{3}\begin{bmatrix} -1 & 1-i \\ 1+i & 1 \end{bmatrix}\begin{bmatrix} 2 & 1-i \\ 1+i & 1 \end{bmatrix}\begin{bmatrix} -1 & 1-i \\ 1+i & 1 \end{bmatrix} = \begin{bmatrix} 0 & 0 \\ 0 & 3 \end{bmatrix}$$

을 만족한다. ■

이제 유니타리 행렬에 관한 가장 중요한 정리인 **슈어 정리**를 증명없이 소개한다. 이 정리는 임의의 복소행렬에 관한 연구를 삼각행렬의 연구로 바꾸어 주는 역할을 한다.

정리 35 슈어(Schur) 정리

모든 n차 복소정사각행렬은 자신의 고윳값을 대각성분으로 하는 상삼각행렬과 유니타

리 닮음이다.

슈어 정리로부터, 에르미트 행렬은 유니타리 대각화 가능함을 알 수 있다. 그러나 에르미트 행렬이 아니더라도 유니타리 대각화 가능한 행렬은 존재한다.

정의 36 정규행렬

n차 복소정사각행렬 $A \in M_n(C)$가

$$AA^* = A^*A$$

를 만족할 때, A를 **정규행렬**(normal matrix)이라고 한다.

임의의 에르미트 행렬 A는 $AA^* = AA = A^*A$를 만족하므로 정규행렬이다. 또한 유니타리 행렬 B도 $BB^* = I_n = B^*B$를 만족하므로 정규행렬이다.

예 33

2차 복소정사각행렬 $A = \begin{bmatrix} \frac{-1+i}{2} & \frac{1+i}{2} \\ \frac{1-i}{2} & \frac{1+i}{2} \end{bmatrix}$는 정규행렬이다. 왜냐하면 $AA^* = A^*A$를 만족하기 때문이다. ■

이제 복소행렬의 유니타리 대각화에 대한 정리를 증명없이 소개한다.

정리 37

n차 복소정사각행렬 $A \in M_n(C)$에 대하여, 다음은 서로 동치이다.

(1) A는 유니타리 대각화 가능하다.

(2) A는 정규행렬이다.

(3) A는 n개의 정규직교인 고유벡터를 갖는다.

예제 12

2차 복소정사각행렬 $A=\begin{bmatrix} 2 & i \\ -i & 2 \end{bmatrix}$를 대각화하시오.

풀이 $A=\begin{bmatrix} 2 & i \\ -i & 2 \end{bmatrix}=A^*$이므로, $AA^*=A^*A$이다. 따라서 A는 정규행렬이고, 행렬 A의 고윳값은 $\lambda_1=3$, $\lambda_2=1$이다. 이때 고윳값 $\lambda_1=3$에 대응하는 고유벡터는

$$\mathbf{x}_1=\begin{bmatrix} i \\ 1 \end{bmatrix}$$

이므로, 정규화하면

$$\mathbf{u}_1=\begin{bmatrix} \dfrac{i}{\sqrt{2}} \\ \dfrac{1}{\sqrt{2}} \end{bmatrix}$$

이고, 같은 방법으로 고윳값 $\lambda_2=1$에 대응하는 고유벡터는

$$\mathbf{x}_2=\begin{bmatrix} -1 \\ -i \end{bmatrix}$$

이므로, 정규화하면

$$\mathbf{u}_2=\begin{bmatrix} -\dfrac{1}{\sqrt{2}} \\ -\dfrac{i}{\sqrt{2}} \end{bmatrix}$$

가 된다. 따라서 $U=\dfrac{1}{\sqrt{2}}\begin{bmatrix} i & -1 \\ 1 & -i \end{bmatrix}$로 택하면

$$U^*AU=\begin{bmatrix} 3 & 0 \\ 0 & 1 \end{bmatrix}$$

을 얻는다. ■

A가 정규행렬일 때 U^*AU가 대각행렬이 되는 유니타리 행렬 U를 구하는 방법은 실수 대칭행렬의 직교대각화하는 행렬을 구하는 방법과 같다.

연습문제 6.2

Exercises

1. λ가 직교행렬 A의 고윳값일 때, $|\lambda| = 1$임을 보이시오.

2. 2차 정사각행렬 $A = \begin{bmatrix} a & b \\ c & d \end{bmatrix}$가 $\det(A) = \text{tr}(A) = 4$를 만족할 때, 행렬 A의 고윳값을 구하시오.

3. 3차 정사각행렬 A의 특성다항식이 $p(\lambda) = (\lambda - 1)(\lambda - 3)^2$으로 주어질 때, 행렬 A^2의 고윳값을 구하시오.

4. 특성방정식을 이용하여, 다음에 주어진 행렬의 고윳값과 각 고윳값에 대응하는 고유벡터를 구하시오.

(1) $A = \begin{bmatrix} 3 & 2 \\ 3 & -2 \end{bmatrix}$ (2) $B = \begin{bmatrix} 1 & -3 \\ -3 & 1 \end{bmatrix}$ (3) $C = \begin{bmatrix} 2 & -3 & 1 \\ 1 & -2 & 1 \\ 1 & -3 & 2 \end{bmatrix}$

5. 3차 정사각행렬 $A = \begin{bmatrix} 2 & 1 & 1 \\ 1 & 2 & 1 \\ 1 & 1 & 2 \end{bmatrix}$에 대하여, 변환 $T: R^3 \to R^3$를 $T(\mathbf{x}) = A\mathbf{x}$로 정의할 때

$$W = \{ \mathbf{x} \in R^3 \mid T(\mathbf{x}) = \mathbf{x} \}$$

의 기저를 구하시오.

6. $T: R^n \to R^n$이 선형변환이고 α, β가 R^n의 두 기저일 때

$$A = [T]_\alpha, \ A' = [T]_\beta$$

이면, 기저 β에서 기저 α로의 전이행렬 $P = [I]_\beta^\alpha$에 대하여

$$A' = P^{-1}AP$$

가 성립함을 보이시오.

7. $T\left(\begin{bmatrix} x \\ y \end{bmatrix}\right) = \begin{bmatrix} x - y \\ x + y \end{bmatrix}$로 정의된 선형변환 $T: R^2 \to R^2$에 대하여, 기저가

$$\alpha = \left\{ \begin{bmatrix} 1 \\ 1 \end{bmatrix}, \begin{bmatrix} -1 \\ 0 \end{bmatrix} \right\}$$

일 때, α에 관한 T의 변환행렬 $[T]_\alpha$를 구하시오.

8. $T\left(\begin{bmatrix} x \\ y \end{bmatrix}\right) = \begin{bmatrix} -5x+6y \\ -3x+4y \end{bmatrix}$로 정의된 선형변환 $T: R^2 \to R^2$에 대하여, R^2의 순서기저 $\alpha = \{\mathbf{x}_1, \mathbf{x}_2\}$, $\beta = \{\mathbf{y}_1, \mathbf{y}_2\}$가 각각

$$\mathbf{x}_1 = \begin{bmatrix} 1 \\ 0 \end{bmatrix}, \mathbf{x}_2 = \begin{bmatrix} 0 \\ 1 \end{bmatrix} \text{과} \quad \mathbf{y}_1 = \begin{bmatrix} 1 \\ 1 \end{bmatrix}, \mathbf{y}_2 = \begin{bmatrix} 2 \\ 1 \end{bmatrix}$$

로 주어질 때, β에서 α로의 전이행렬 $P = [I]_\beta^\alpha$를 구하시오.

9. 다음에 주어진 행렬의 대각화 가능 여부를 결정하시오.

(1) $A = \begin{bmatrix} 4 & -2 & 1 \\ 2 & 0 & 1 \\ 2 & -2 & 3 \end{bmatrix}$ (2) $B = \begin{bmatrix} -1 & 4 \\ 0 & 3 \end{bmatrix}$ (3) $C = \begin{bmatrix} 2 & 0 & 0 \\ 1 & 3 & 0 \\ -3 & 5 & 3 \end{bmatrix}$

10. 3차 대칭행렬 $A = \begin{bmatrix} 5 & 4 & 2 \\ 4 & 5 & 2 \\ 2 & 2 & 2 \end{bmatrix}$를 직교대각화하는 행렬 P를 구하시오.

11. 3차 정사각행렬

$$A = \begin{bmatrix} 3 & -2 & 1 \\ 2 & -2 & 2 \\ 3 & -6 & 5 \end{bmatrix}$$

에 대하여, A의 역행렬 A^{-1}를 A^2, A, I를 이용하여 표시하시오.

12. 3차 정사각행렬 $A = \begin{bmatrix} 2 & 1 & -1 \\ 1 & 2 & 1 \\ -1 & 1 & 2 \end{bmatrix}$에 대하여, 다음 물음에 답하시오.

(1) $P^{-1}AP$가 대각행렬이 되는 가역행렬 P를 구하시오.

(2) $Q^{-1}AQ$가 대각행렬이 되는 직교행렬 Q를 구하시오.

(3) 임의의 자연수 n에 대하여, A^n을 구하시오.

13. 이차형식의 대각화를 이용하여, 두 변수 x, y의 이차방정식

$$5x^2 - 2xy + 5y^2 = 4$$

로 주어진 원뿔곡선을 분류하시오.

14. 3차 정사각행렬 $A=\begin{bmatrix} 4 & -2 & 1 \\ 2 & 0 & 1 \\ 2 & -2 & 3 \end{bmatrix}$에 대하여, A의 거듭제곱 A^5을 구하시오.

15. 2차 정규행렬 $A=\begin{bmatrix} 2 & i \\ -i & 2 \end{bmatrix}$에 대하여, A의 정규직교인 고유벡터가

$$\mathbf{u}_1=\begin{bmatrix} \dfrac{i}{\sqrt{2}} \\ \dfrac{1}{\sqrt{2}} \end{bmatrix}, \quad \mathbf{u}_2=\begin{bmatrix} -\dfrac{1}{\sqrt{2}} \\ -\dfrac{i}{\sqrt{2}} \end{bmatrix}$$

로 주어짐을 보이시오.

16. n차 복소정사각행렬 $A\in M_n(C)$가 에르미트 행렬이면, A의 서로 다른 2개의 고윳값에 대응하는 각각의 고유벡터는 서로 직교함을 보이시오.

17. 복소수 n-공간 C^n에 유클리드 내적이 정의되어 있고 n차 복소정사각행렬 $U\in M_n(C)$가 유니타리 행렬이면, U의 서로 다른 2개의 고윳값에 대응하는 각각의 고유벡터는 서로 직교함을 보이시오.

연습문제 해답

1장 연습문제 1.1

1. a, b와 c를 크기로 갖는 세 벡터 **a**, **b**와 **c**가 삼각형의 세 변을 나타내면, $\mathbf{b}+\mathbf{c}=\mathbf{a}$, 즉 $\mathbf{c}=\mathbf{a}-\mathbf{b}$ 이므로

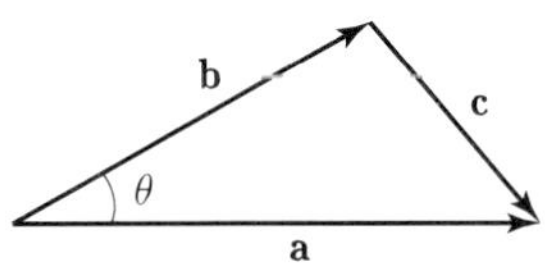

$$\mathbf{c}\cdot\mathbf{c}=(\mathbf{a}-\mathbf{b})\cdot(\mathbf{a}-\mathbf{b})=\mathbf{a}\cdot\mathbf{a}+\mathbf{b}\cdot\mathbf{b}-2\mathbf{a}\cdot\mathbf{b}$$

를 얻는다. 이제 두 벡터 **a**, **b** 사이의 각을 θ라 하면

$$c^2=a^2+b^2-2ab\cos\theta$$

가 성립한다.

2. $\|\mathbf{b}-\mathbf{a}\|^2=\|\mathbf{a}\|^2+\|\mathbf{b}\|^2-2\sum_{i=1}^{n}a_ib_i,\ \|\mathbf{b}-\mathbf{a}\|^2=\|\mathbf{a}\|^2+\|\mathbf{b}\|^2+2\sum_{i=1}^{n}a_ib_i$

이고, 두 벡터 **b**가 **a**와 수직일 필요충분조건은 $\mathbf{a}\cdot\mathbf{b}=0$이다. 따라서 벡터 **b**가 **a**와 수직일 필요충분조건은 $\|\mathbf{b}-\mathbf{a}\|=\|\mathbf{b}-(-\mathbf{a})\|$으로 주어진다.

3.

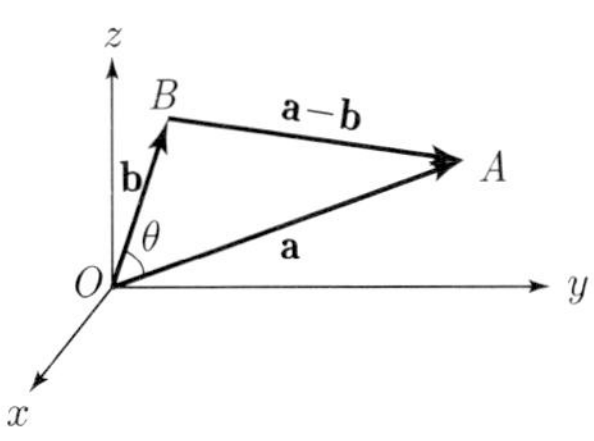

그림에서 삼각형 OAB에 코사인 법칙을 적용하면

$$|\overline{AB}|^2 = |\overline{OA}|^2 + |\overline{OB}|^2 - 2|\overline{OA}||\overline{OB}|\cos\theta$$

가 된다. 그런데 $|\overline{OA}| = \|\mathbf{a}\|$, $|\overline{OB}| = \|\mathbf{b}\|$, $|\overline{AB}| = \|\mathbf{a}-\mathbf{b}\|$ 이므로

$$\|\mathbf{a}-\mathbf{b}\|^2 = \|\mathbf{a}\|^2 + \|\mathbf{b}\|^2 - 2\|\mathbf{a}\|\|\mathbf{b}\|\cos\theta$$

가 성립한다. 내적의 성질을 이용하면

$$\|\mathbf{a}-\mathbf{b}\|^2 = (\mathbf{a}-\mathbf{b})\cdot(\mathbf{a}-\mathbf{b}) = \|\mathbf{a}\|^2 - 2\mathbf{a}\cdot\mathbf{b} + \|\mathbf{b}\|^2$$

으로 변형되므로,

$$\|\mathbf{a}\|^2 - 2\mathbf{a}\cdot\mathbf{b} + \|\mathbf{b}\|^2 = \|\mathbf{a}\|^2 + \|\mathbf{b}\|^2 - 2\|\mathbf{a}\|\|\mathbf{b}\|\cos\theta$$

를 얻는다. 따라서 $\mathbf{a}\cdot\mathbf{b} = \|\mathbf{a}\|\|\mathbf{b}\|\cos\theta$를 만족한다.

4. $\dfrac{\pi}{3}$

5. $\cos\theta = -\dfrac{1}{\sqrt{14}}$

6. $\|\mathbf{a}\| = \sqrt{14}$ 이고 $\mathbf{a}\cdot\mathbf{b} = 3$이므로, $\mathbf{a}$ 위로의 $\mathbf{b}$의 스칼라사영은

$$\|\mathbf{b}\|\cos\theta = \frac{\mathbf{a}\cdot\mathbf{a}}{\|\mathbf{a}\|} = \frac{3}{\sqrt{14}}$$

이고, 벡터사영은 이 스칼라사영을 $\mathbf{a}$ 방향의 단위벡터에 곱한 것이므로

$$\left(\frac{\mathbf{a}\cdot\mathbf{b}}{\|\mathbf{a}\|}\right)\frac{\mathbf{a}}{\|\mathbf{a}\|} = \frac{3}{\sqrt{14}}\frac{\mathbf{a}}{\|\mathbf{a}\|} = \left(\frac{3}{7}, \frac{9}{14}, \frac{3}{14}\right)$$

이 된다.

7.

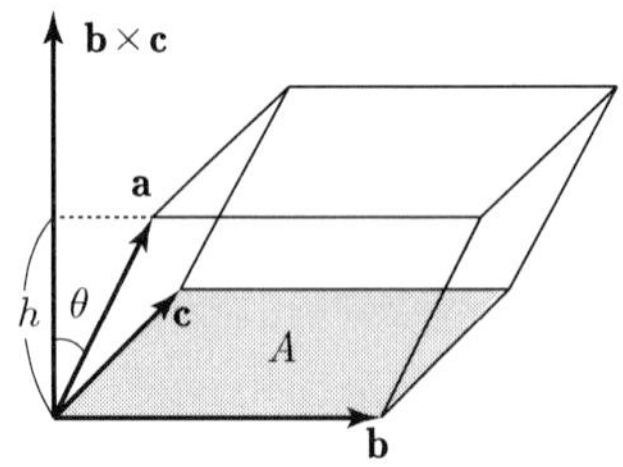

평행육면체의 밑면은 평행사변형이므로, 밑면의 넓이 A는 $A = \|\mathbf{b}\times\mathbf{c}\|$ 이다. 또한 θ를 $\mathbf{a}$와 $\mathbf{b}\times\mathbf{c}$ 사이의 각이라 하면 평행육면체의 높이 h는

$$h = \|\mathbf{a}\||\cos\theta|$$

가 된다. 따라서 평행육면체의 부피 V는

$$V = Ah = \|\mathbf{b}\times\mathbf{c}\|\|\mathbf{a}\||\cos\theta| = |\mathbf{a}\cdot(\mathbf{b}\times\mathbf{c})|$$

으로 주어진다.

8. $\pm\dfrac{1}{\sqrt{6}}(-1, 2, 1)$

9. $\dfrac{8}{3}$

1장 연습문제 1.2

1. $x=5+t,\ y=1+2t,\ z=3-t$ (단, $t \in R$)

2. $l=\pm\dfrac{21}{20},\ m=\pm\dfrac{5}{21},\ n=\pm\dfrac{4}{21}$ (단, $t \in R$)

3. $5x-9y-z+26=0$

4. $x-y-2z=0$

5. $\dfrac{2}{3}\pi$

6. $\dfrac{26}{7}$

7. 평면 위의 임의의 점 $P(x, y, z)$의 위치벡터를 $\mathbf{r}$이라 하고, Q를 벡터 $\mathbf{b}$의 종점이라 하면, $\overrightarrow{PQ}=\mathbf{b}-\mathbf{r}$이 $\mathbf{a}$에 수직이므로

$$(\mathbf{b}-\mathbf{r})\cdot\mathbf{a}=0 \quad \text{또는} \quad \mathbf{r}\cdot\mathbf{a}=\mathbf{b}\cdot\mathbf{a}$$

가 구하는 평면의 방정식이 된다. 그러므로 $2x+3y+6z=35$를 얻는다. 따라서 원점으로부터 평면에 이르는 거리 D는 $\mathbf{a}$ 위로의 $\mathbf{b}$의 스칼라사영의 절대값과 같으므로

$$D=\left|\mathbf{b}\cdot\frac{\mathbf{a}}{\|\mathbf{a}\|}\right|=\left|(\mathbf{i}+5\mathbf{j}+3\mathbf{k})\cdot\left(\frac{2}{7}\mathbf{i}+\frac{3}{7}\mathbf{j}+\frac{6}{7}\mathbf{k}\right)\right|=5$$

가 된다.

8. $l=\pm\dfrac{3}{5},\ m=\pm\dfrac{4}{5},\ -p=\pm\dfrac{12}{5}$가 된다. 그러나 $p>0$이므로 $\pm$ 가운데 $-$를 선택하면

$$\frac{3}{5}x+\frac{4}{5}y=-\frac{12}{5}$$

로 주어진다.

2장 연습문제 2.1

2. $A=\begin{bmatrix}0&0\\t&0\end{bmatrix},\ B=\begin{bmatrix}0&0\\0&k\end{bmatrix}$ (단, $t, k \in R$)와 $A=\begin{bmatrix}3&3\\4&4\end{bmatrix},\ B=\begin{bmatrix}1&-1\\1&1\end{bmatrix}$

3. 대각행렬의 주대각성분 중 하나라도 0인 것이 있으면 행사다리꼴에는 모든 성분이 0인 행이 존재한다.

4. $a=3,\ b=-6,\ c=-5$

5. $\operatorname{tr}(AB)=\sum_{i=1}^{n}\left(\sum_{k=1}^{n}a_{ik}b_{ki}\right)=\sum_{k=1}^{n}\sum_{i=1}^{n}b_{ki}a_{ik}=\sum_{k=1}^{n}\left(\sum_{k=1}^{n}b_{ki}a_{ik}\right)=\operatorname{tr}(BA)$

6. 만일 $AB-BA=I_n$을 만족하는 n차 정사각행렬 A, B가 존재하면

$$\mathrm{tr}(AB-BA)=\mathrm{tr}(I_n)$$

이어야 한다. 그러나

$$\mathrm{tr}(AB-BA)=\mathrm{tr}(AB)-\mathrm{tr}(BA)=0\text{이고}\quad \mathrm{tr}(I_n)=n$$

이므로 모순이다. 따라서 $AB-BA=I_n$을 만족하는 n차 정사각행렬 A, B는 존재하지 않는다.

7. $a^2+b^2=\dfrac{1}{2}$

8. 정사각행렬 A가 $A^2=A$를 만족하면

$$(I-2A)(I-2A)=(I-2A)^2=I-4A+4A^2=I-4A+4A=I$$

이므로, $(I-2A)^{-1}=I-2A$가 성립한다.

9. $A^{19}=\begin{bmatrix}1&0&0\\0&-1&0\\0&0&1\end{bmatrix}$

2장 연습문제 2.2

1. (1) $\det\begin{bmatrix}3&-9\\2&6\end{bmatrix}=3(6)-(-9)(2)=36\neq 0$이므로, A는 가역행렬이다.

(2) $\det\begin{bmatrix}6&-9\\-4&6\end{bmatrix}=6(6)-(-9)(-4)=0$이므로, B는 비가역행렬이다.

(3) $\det\begin{bmatrix}4&-9\\0&5\end{bmatrix}=4(5)-(-9)(0)=20$이므로, C는 가역행렬이다.

2. $\dfrac{1}{7}\begin{bmatrix}7&2\\4&1\end{bmatrix}$

3. 1행과 2행을 교환한다.

$$\begin{bmatrix}2&4&-10&6&12&28\\0&0&-2&0&7&12\\2&4&-5&6&-5&-1\end{bmatrix}$$

1행에 $\dfrac{1}{2}$배한다.

$$\begin{bmatrix}1&2&-5&3&6&14\\0&0&-2&0&7&12\\2&4&-5&6&-5&-1\end{bmatrix}$$

1행에 -2배하여 3행에 더한다.

$$\begin{bmatrix}1&2&-5&3&6&14\\0&0&-2&0&7&12\\0&0&5&0&-17&-29\end{bmatrix}$$

2행에 $-\frac{1}{2}$배한다.

$$\begin{bmatrix} 1 & 2 & -5 & 3 & 6 & 14 \\ 0 & 0 & 1 & 0 & -\frac{7}{2} & -6 \\ 0 & 0 & 5 & 0 & -17 & -29 \end{bmatrix}$$

2행에 -5배하여 3행에 더한다.

$$\begin{bmatrix} 1 & 2 & -5 & 3 & 6 & 14 \\ 0 & 0 & 1 & 0 & -\frac{7}{2} & -6 \\ 0 & 0 & 0 & 0 & \frac{1}{2} & 1 \end{bmatrix}$$

3행에 2배한다.

$$\begin{bmatrix} 1 & 2 & -5 & 3 & 6 & 14 \\ 0 & 0 & 1 & 0 & -\frac{7}{2} & -6 \\ 0 & 0 & 0 & 0 & 1 & 2 \end{bmatrix}$$

를 얻고, 이것이 행사다리꼴이다.

4. 1행에 -3배하여 2행에 더한다.

$$\begin{bmatrix} 1 & 1 & 0 & 0 & 0 \\ 0 & 0 & 1 & 0 & -1 \\ -2 & -2 & 1 & 1 & 0 \end{bmatrix}$$

1행에 2배하여 3행에 더한다.

$$\begin{bmatrix} 1 & 1 & 0 & 0 & 0 \\ 0 & 0 & 1 & 0 & -1 \\ 0 & 0 & 1 & 1 & 0 \end{bmatrix}$$

2행에 -1배하여 3행에 더한다.

$$\begin{bmatrix} 1 & 1 & 0 & 0 & 0 \\ 0 & 0 & 1 & 0 & -1 \\ 0 & 0 & 0 & 1 & 1 \end{bmatrix}$$

을 얻고, 이것이 기약행사다리꼴이다.

5. $A^T = \begin{bmatrix} \frac{2}{3} & \frac{2}{3} & \frac{1}{3} \\ -\frac{2}{3} & \frac{1}{3} & \frac{2}{3} \\ \frac{1}{3} & -\frac{2}{3} & \frac{2}{3} \end{bmatrix}$이므로, $A^TA = \begin{bmatrix} \frac{2}{3} & \frac{2}{3} & \frac{1}{3} \\ -\frac{2}{3} & \frac{1}{3} & \frac{2}{3} \\ \frac{1}{3} & -\frac{2}{3} & \frac{2}{3} \end{bmatrix}\begin{bmatrix} \frac{2}{3} & -\frac{2}{3} & \frac{1}{3} \\ \frac{2}{3} & \frac{1}{3} & -\frac{2}{3} \\ \frac{1}{3} & \frac{2}{3} & \frac{2}{3} \end{bmatrix} = I_3$이다.

따라서 A는 직교행렬이다. 그러므로 A의 역행렬 A^{-1}는

$$A^T = \begin{bmatrix} \frac{2}{3} & \frac{2}{3} & \frac{1}{3} \\ -\frac{2}{3} & \frac{1}{3} & \frac{2}{3} \\ \frac{1}{3} & -\frac{2}{3} & \frac{2}{3} \end{bmatrix}$$

로 주어진다.

6. 첨가행렬 $[A : I_3] = \begin{bmatrix} 1 & 2 & 3 & : & 1 & 0 & 0 \\ 2 & 5 & 3 & : & 0 & 1 & 0 \\ 1 & 0 & 8 & : & 0 & 0 & 1 \end{bmatrix}$에 대하여 기본행연산을 실시한다.

1행에 -2배하여 2행에 더하고, 1행에 -1배하여 3행에 더한다.

$$\begin{bmatrix} 1 & 2 & 3 & : & 1 & 0 & 0 \\ 0 & 1 & -3 & : & -2 & 1 & 0 \\ 0 & -2 & 5 & : & -1 & 0 & 1 \end{bmatrix}$$

2행에 2배하여 3행에 더한다.

$$\begin{bmatrix} 1 & 2 & 3 & : & 1 & 0 & 0 \\ 0 & 1 & -3 & : & -2 & 1 & 0 \\ 0 & 0 & -1 & : & -5 & 2 & 1 \end{bmatrix}$$

3행에 -1배한다.

$$\begin{bmatrix} 1 & 2 & 3 & : & 1 & 0 & 0 \\ 0 & 1 & -3 & : & -2 & 1 & 0 \\ 0 & 0 & 1 & : & 5 & -2 & -1 \end{bmatrix}$$

3행에 -3배하여 1행에 더하고, 3행에 3배하여 2행에 더한다.

$$\begin{bmatrix} 1 & 2 & 0 & : & -14 & 6 & 3 \\ 0 & 1 & 0 & : & 13 & -5 & -3 \\ 0 & 0 & 1 & : & 5 & -2 & -1 \end{bmatrix}$$

2행에 -2배하여 1행에 더한다.

$$\begin{bmatrix} 1 & 0 & 0 & : & -40 & 16 & 9 \\ 0 & 1 & 0 & : & 13 & -5 & -3 \\ 0 & 0 & 1 & : & 5 & -2 & -1 \end{bmatrix} = [C : D]$$

이다. $C = I_3$이므로 A의 역행렬이 존재하고 $D = A^{-1}$이 된다. 따라서 A의 역행렬 A^{-1}는

$$A^{-1} = \begin{bmatrix} -40 & 16 & 9 \\ 13 & 5 & -3 \\ 5 & -2 & -1 \end{bmatrix}$$

로 주어진다.

7. $\begin{bmatrix} \frac{1}{3} & \frac{1}{3} & 0 \\ 0 & \frac{1}{3} & \frac{1}{3} \\ 0 & \frac{1}{3} & \frac{2}{3} \end{bmatrix}$

8. (1) A가 가역이므로, E_i (단, $1 \le i \le k$)가 기본행렬일 때 $E_k \cdots E_1 A = I_n$이 된다. 그런데 A가 하삼각행렬이므로 행을 교환하는 기본행연산은 필요하지 않다. 그러므로 E_i (단, $1 \le i \le k$)는 I_n에서 기본행연산을 할 때 행연산 kR_i와 $kR_i + R_j$ (단, $i < j$)만 시행하면 되므로 각각의

$$E_i \ (\text{단, } 1 \le i \le k)$$

는 하삼각행렬이다. 따라서 $E_k \cdots E_1 A = I_n$에 의하여 $A^{-1} = E_k \cdots E_1$이고, A^{-1}는 하삼각행렬 E_i (단, $1 \le i \le k$)의 곱이므로 A^{-1}는 하삼각행렬이 된다.

(2) A가 가역이므로, E_i (단, $1 \le i \le k$)가 기본행렬일 때 $E_k \cdots E_1 A = I_n$으로부터 $A^{-1} = E_k \cdots E_1$을 얻는다. 그런데 A가 가역이고 주대각성분이 모두 1이므로 두 행을 교환하거나 한 행에 상수배하는 기본행연산은 필요하지 않다. 그러므로 각각의 E_i (단, $1 \le i \le k$)의

대각성분은 모두 1이다. 따라서 대각성분이 모두 1인 하삼각행렬

$$E_i \ (\text{단, } 1 \le i \le k)$$

의 곱인 $E_k \cdots E_1$의 대각성분도 모두 1이 된다.

9. $A^{-1} = \begin{bmatrix} -2 & \frac{3}{2} \\ 1 & -\frac{1}{2} \end{bmatrix} = \begin{bmatrix} 1 & -3 \\ 0 & 1 \end{bmatrix} \begin{bmatrix} 1 & 0 \\ 0 & -\frac{1}{2} \end{bmatrix} \begin{bmatrix} 1 & 0 \\ -2 & 0 \end{bmatrix}$

3장 연습문제 3.1

1. $\begin{cases} x_1 - 2x_2 + 2x_3 = -2 \\ \qquad\ \ x_2 - \ \ x_3 = \ \ 3 \\ \qquad\qquad\quad\ x_3 = \ \ 2 \end{cases}$

2. (1) $x_1 = 11,\ x_2 = 4,\ x_3 = -3$ (2) $x_1 = \frac{34}{7},\ x_2 = -\frac{36}{7},\ x_3 = \frac{8}{7}$

(3) $x_1 = 1,\ x_2 = -1,\ x_3 = -2$

3. 2개

4. (1) 무수히 많다. (2) 1개

5. $\left(-\frac{13}{7}, -\frac{5}{7}\right)$

6. (1) $a \ne 0,\ b \ne 2$ (2) $a \ne 0,\ b = 2$ (3) $a = 0,\ b \ne 2$

3장 연습문제 3.2

1. 첨가행렬

$$\begin{bmatrix} 2 & 4 & 6 & : & 18 \\ 2 & -1 & 1 & : & 8 \\ 3 & 0 & -1 & : & 3 \end{bmatrix}$$

을 행사다리꼴로 변형하여 해를 구한다.

1행에 $\frac{1}{2}$배한다.

$$\begin{bmatrix} 1 & 2 & 3 & : & 9 \\ 2 & -1 & 1 & : & 8 \\ 3 & 0 & -1 & : & 3 \end{bmatrix}$$

1행에 -2배하여 2행에 더하고, 다시 1행에 -3배하여 3행에 더한다.

$$\left[\begin{array}{cccc} 1 & 2 & 3 & \vdots & 9 \\ 0 & -5 & -5 & \vdots & -10 \\ 0 & -6 & -10 & \vdots & -24 \end{array}\right]$$

2행에 $-\dfrac{1}{5}$배한다.

$$\left[\begin{array}{cccc} 1 & 2 & 3 & \vdots & 9 \\ 0 & 1 & 1 & \vdots & 2 \\ 0 & -6 & -10 & \vdots & -24 \end{array}\right]$$

2행에 6배하여 3행에 더한다.

$$\left[\begin{array}{cccc} 1 & 2 & 3 & \vdots & 9 \\ 0 & 1 & 1 & \vdots & 2 \\ 0 & 0 & -4 & \vdots & -12 \end{array}\right]$$

3행에 $-\dfrac{1}{4}$배한다.

$$\left[\begin{array}{cccc} 1 & 2 & 3 & \vdots & 9 \\ 0 & 1 & 1 & \vdots & 2 \\ 0 & 0 & 1 & \vdots & 3 \end{array}\right]$$

이 행사다리꼴을 첨가행렬로 갖는 선형연립방정식은

$$\begin{cases} x+2y+3z=9 \\ \quad\;\; y+\;\, z=2 \\ \qquad\quad\; z=3 \end{cases}$$

이 된다. 따라서 역대입법을 이용하여 풀면, 구하는 해는 $x=2,\ y=-1,\ z=3$이다.

2. (1) 연립방정식의 첨가행렬

$$\left[\begin{array}{ccccccc} 1 & 3 & -2 & 0 & 2 & 0 & \vdots & 0 \\ 2 & 6 & -5 & -2 & 4 & -3 & \vdots & 0 \\ 0 & 0 & 5 & 10 & 0 & 15 & \vdots & 0 \\ 2 & 6 & 0 & 8 & 4 & 18 & \vdots & 0 \end{array}\right]$$

으로부터 기약행사다리꼴

$$\left[\begin{array}{ccccccc} 1 & 3 & 0 & 4 & 2 & 0 & \vdots & 0 \\ 0 & 0 & 1 & 2 & 0 & 0 & \vdots & 0 \\ 0 & 0 & 0 & 0 & 0 & 1 & \vdots & 0 \\ 0 & 0 & 0 & 0 & 0 & 0 & \vdots & 0 \end{array}\right]$$

을 얻는다. 이때 선행변수 x_1, x_3, x_6를 나머지 변수로 표현하면

$$x_1=-3x_2-4x_4-2x_5,\ x_3=-2x_4,\ x_6=0$$

이 된다. 따라서 자유변수

$$x_2=r,\ x_4=s,\ x_5=t$$

를 각각 지정하면, 연립방정식의 해는

$$x_1=-3r-4s-2t,\ x_2=r,\ x_3=-2s,\ x_4=s,\ x_5=t,\ x_6=0$$

으로 주어진다.

(2) 연립방정식의 첨가행렬

$$\left[\begin{array}{cccccc} 0 & 0 & -2 & 0 & 7 & \vdots & 12 \\ 2 & 4 & -10 & 6 & 12 & \vdots & 28 \\ 2 & 4 & -5 & 6 & -5 & \vdots & -1 \end{array}\right]$$

로부터 기약행사다리꼴

$$\begin{bmatrix} 1 & 2 & 0 & 3 & 0 & : & 7 \\ 0 & 0 & 1 & 0 & 0 & : & 1 \\ 0 & 0 & 0 & 0 & 1 & : & 2 \end{bmatrix}$$

를 얻는다. 따라서 이 첨가행렬에 대응하는 연립방정식은

$$\begin{cases} x_1 + 2x_2 + \quad 3x_4 \quad = 7 \\ \qquad\qquad x_3 \qquad\quad = 1 \\ \qquad\qquad\qquad\quad x_5 = 2 \end{cases}$$

이다. 이때 자유변수 $x_2 = r$, $x_4 = s$를 각각 지정하면, 연립방정식의 해는

$$x_1 = 7 - 2r - 3s,\ x_2 = r,\ x_3 = 1,\ x_4 = s,\ x_5 = 2$$

로 주어진다.

3. 동차선형연립방정식을 $A\mathbf{x} = \mathbf{0}$이라 하고, 행렬 C를 계수행렬 A의 기약행사다리꼴이라 하자. 그러면 연립방정식 $A\mathbf{x} = \mathbf{0}$과 $C\mathbf{x} = \mathbf{0}$는 동치이고, C의 영이 아닌 행의 개수를 k라 하면 $k \leq m$이다.

만일 $m < n$이라면 $k < n$이고 $n-k$개의 미지수를 임의의 실수로 놓아 $C\mathbf{x} = \mathbf{0}$의 해를 구할 수 있다. 그런데 이 해는 임의의 실수를 포함하므로 자명하지 않은 해가 존재하고, $A\mathbf{x} = \mathbf{0}$과 $C\mathbf{x} = \mathbf{0}$이 동치이므로 동차선형연립방정식 $A\mathbf{x} = \mathbf{0}$은 자명하지 않는 해를 갖는다.

4. 연립방정식의 첨가행렬은

$$\begin{bmatrix} 1 & -2 & -1 & 3 & : & 0 \\ -2 & 4 & 5 & -5 & : & 3 \\ 3 & -6 & -6 & 8 & : & 2 \end{bmatrix}$$

이므로, 연산 $R_2 + 2R_1$, $R_3 + (-3)R_1$에 의해

$$\begin{bmatrix} 1 & 2 & 1 & 3 & : & 0 \\ 0 & 0 & 3 & 1 & : & 3 \\ 0 & 0 & -3 & -1 & : & 2 \end{bmatrix}$$

이고, $R_3 + R_2$에 의해

$$\begin{bmatrix} 1 & -2 & -1 & 3 & : & 0 \\ 0 & 0 & 3 & 1 & : & 3 \\ 0 & 0 & 0 & 0 & : & 5 \end{bmatrix}$$

가 된다. 이 사다리꼴 행렬은 연립방정식이 해를 갖지 않음을 보여준다.

5. (1) 기약사다리꼴

$$\begin{bmatrix} 1 & 0 & -2 & : & 9 \\ 0 & 1 & 1 & : & 3 \end{bmatrix}$$

에 대응하는 선형연립방정식이

$$\begin{cases} x_1 \qquad - 2x_3 = 9 \\ \qquad x_2 + \ x_3 = 3 \end{cases}$$

이므로, 기본변수는 x_1, x_2이고 자유변수를 $x_3 = c$로 놓으면 해는

$$x_1 = 9 + 2c,\ x_2 = 3 - c,\ x_3 = c$$

로 주어진다.

(2) 비록 순서가 잘못되었고 행 선행원소가 1이 아니기 때문에 이 행렬은 행사다리꼴이 아니지만 대응하는 연립방정식은 여전히 풀기 쉽다. 관련된 연립방정식은

$$\begin{cases} 2x_1 - \ \ x_2 + 3x_3 = \ \ 0 \\ \qquad\qquad\quad 2x_3 = \ \ 4 \\ \qquad 5x_2 + \ \ x_3 = 17 \end{cases}$$

이고 둘째 방정식에서 $x_3 = 2$를 얻는다. 이 값을 셋째 방정식에 대입하면 $5x_2 + 2 = 17$이므로 $x_2 = 3$이다. 마지막으로 이 값들을 첫째 방정식에 대입하면 $x_1 = -\dfrac{3}{2}$을 얻는다.

6. (1) 2 (2) 3 (3) 3 (4) 2

7. $b_1 - 2b_2 + 5b_3 \neq 0$

8. $L = \begin{bmatrix} 1 & 0 & 0 \\ 4 & 1 & 0 \\ 3 & 2 & 1 \end{bmatrix}$, $U = \begin{bmatrix} 1 & 4 & 5 \\ 0 & 2 & 6 \\ 0 & 0 & 3 \end{bmatrix}$

9. 행렬 A의 가우스 소거법에 대응하는 기본행렬은

$$E_1 = \begin{bmatrix} \frac{1}{2} & 0 & 0 \\ 0 & 1 & 0 \\ 0 & 0 & 1 \end{bmatrix},\ E_2 = \begin{bmatrix} 1 & 0 & 0 \\ 3 & 1 & 0 \\ 0 & 0 & 1 \end{bmatrix},\ E_3 = \begin{bmatrix} 1 & 0 & 0 \\ 0 & 1 & 0 \\ -4 & 0 & 1 \end{bmatrix},$$

$$E_4 = \begin{bmatrix} 1 & 0 & 0 \\ 0 & 1 & 0 \\ 0 & 3 & 1 \end{bmatrix},\ E_5 = \begin{bmatrix} 1 & 0 & 0 \\ 0 & 1 & 0 \\ 0 & 0 & \frac{1}{7} \end{bmatrix}$$

이므로

$$E_5 \cdots E_1 A = \begin{bmatrix} 1 & 3 & 1 \\ 0 & 1 & 3 \\ 0 & 0 & 1 \end{bmatrix} = U$$

를 얻는다. 이때

$$E_1^{-1} = \begin{bmatrix} 2 & 0 & 0 \\ 0 & 1 & 0 \\ 0 & 0 & 1 \end{bmatrix},\ E_2^{-1} = \begin{bmatrix} 1 & 0 & 0 \\ -3 & 1 & 0 \\ 0 & 0 & 1 \end{bmatrix},\ E_3^{-1} = \begin{bmatrix} 1 & 0 & 0 \\ 0 & 1 & 0 \\ 4 & 0 & 1 \end{bmatrix},$$

$$E_4^{-1} = \begin{bmatrix} 1 & 0 & 0 \\ 0 & 1 & 0 \\ 0 & -3 & 1 \end{bmatrix},\ E_5^{-1} = \begin{bmatrix} 1 & 0 & 0 \\ 0 & 1 & 0 \\ 0 & 0 & 7 \end{bmatrix}$$

이므로

$$L = E_1^{-1} \cdots E_5^{-1} = \begin{bmatrix} 2 & 0 & 0 \\ -3 & 1 & 0 \\ 4 & -3 & 7 \end{bmatrix}$$

이다. 따라서 행렬 A의 LU-인수분해는

$$A = \begin{bmatrix} 2 & 6 & 2 \\ -3 & -8 & 0 \\ 4 & 9 & 2 \end{bmatrix} = \begin{bmatrix} 2 & 0 & 0 \\ -3 & 1 & 0 \\ 4 & -3 & 7 \end{bmatrix} \begin{bmatrix} 1 & 3 & 1 \\ 0 & 1 & 3 \\ 0 & 0 & 1 \end{bmatrix}$$

로 주어진다.

10. 먼저 $L\mathbf{y}=\mathbf{b}$의 $\mathbf{y}$를 구한다.

$$[L:\mathbf{b}]=\begin{bmatrix}1&0&0&0&-9\\-1&1&0&0&5\\2&-5&1&0&7\\-3&8&3&1&11\end{bmatrix}\sim\begin{bmatrix}1&0&0&0&-9\\0&1&0&0&-4\\0&0&1&0&5\\0&0&0&1&1\end{bmatrix}=[I:\mathbf{y}]$$

이므로, $\mathbf{y}=\begin{bmatrix}-9\\-4\\5\\1\end{bmatrix}$을 얻는다. 이제 $U\mathbf{x}=\mathbf{y}$를 풀어 $\mathbf{x}$를 구하면 된다.

$$[U:\mathbf{y}]=\begin{bmatrix}3&-7&-2&2&-9\\0&-2&-1&2&-4\\0&0&-1&1&5\\0&0&0&-1&1\end{bmatrix}\sim\begin{bmatrix}1&0&0&0&3\\0&1&0&0&4\\0&0&1&0&-6\\0&0&0&1&-1\end{bmatrix}=[I:\mathbf{x}]$$

이므로, $A\mathbf{x}=\mathbf{b}$의 해는 $\mathbf{x}=\begin{bmatrix}3\\4\\-6\\-1\end{bmatrix}$로 주어진다.

3장 연습문제 3.3

1. A의 역행렬이

$$A^{-1}=\begin{bmatrix}\frac{3}{8}&-\frac{1}{8}&0\\\frac{3}{16}&-\frac{1}{16}&-\frac{1}{4}\\-\frac{1}{2}&\frac{1}{2}&\frac{1}{2}\end{bmatrix}$$

이므로, 주어진 연립방정식의 유일한 해는

$$\mathbf{x}=A^{-1}\mathbf{b}=\begin{bmatrix}\frac{3}{8}&-\frac{1}{8}&0\\\frac{3}{16}&-\frac{1}{16}&-\frac{1}{4}\\-\frac{1}{2}&\frac{1}{2}&\frac{1}{2}\end{bmatrix}\begin{bmatrix}1\\0\\2\end{bmatrix}=\begin{bmatrix}\frac{3}{8}\\-\frac{5}{16}\\\frac{1}{2}\end{bmatrix}$$

즉 $x_1=\frac{3}{8}$, $x_2=-\frac{5}{16}$, $x_3=\frac{1}{2}$이다.

2. A, $\mathbf{x}$, $\mathbf{b}$를 각각

$$A=\begin{bmatrix}1&2&3\\2&5&3\\1&0&8\end{bmatrix},\ \mathbf{x}=\begin{bmatrix}x_1\\x_2\\x_3\end{bmatrix},\ \mathbf{b}=\begin{bmatrix}2\\3\\4\end{bmatrix}$$

로 놓으면, 주어진 연립방정식은 행렬방정식 $A\mathbf{x}=\mathbf{b}$와 동치이다. 이때 A의 역행렬이

$$A^{-1} = \begin{bmatrix} -40 & 16 & 9 \\ 13 & -5 & -3 \\ 5 & -2 & -1 \end{bmatrix}$$

이므로, 주어진 연립방정식의 유일한 해는

$$\mathbf{x} = A^{-1}\mathbf{b} = \begin{bmatrix} -40 & 16 & 9 \\ 13 & -5 & -3 \\ 5 & -2 & -1 \end{bmatrix}\begin{bmatrix} 2 \\ 3 \\ 4 \end{bmatrix} = \begin{bmatrix} 4 \\ -1 \\ 0 \end{bmatrix}$$

즉 $x_1 = 4,\ x_2 = -1,\ x_3 = 0$이다.

3. A, $\mathbf{x}$, $\mathbf{b}$를 각각

$$A = \begin{bmatrix} 1 & 2 & 3 \\ 2 & 5 & 3 \\ 1 & 0 & 8 \end{bmatrix},\ \mathbf{x} = \begin{bmatrix} x \\ y \\ z \end{bmatrix},\ \mathbf{b} = \begin{bmatrix} 5 \\ 3 \\ 17 \end{bmatrix}$$

로 놓으면, 행렬방정식 $A\mathbf{x} = \mathbf{b}$ 형태로 표현된다. 먼저 계수행렬 A의 역행렬을 구한다.

$$\begin{bmatrix} 1 & 2 & 3 & : & 1 & 0 & 0 \\ 2 & 5 & 3 & : & 0 & 1 & 0 \\ 1 & 0 & 8 & : & 0 & 0 & 1 \end{bmatrix}$$

이라 놓고 기본행연산을 실시하면

$$\begin{bmatrix} 1 & 0 & 0 & : & -40 & 16 & 9 \\ 0 & 1 & 0 & : & 13 & -5 & -3 \\ 0 & 0 & 1 & : & 5 & -2 & -1 \end{bmatrix}$$

이므로

$$A^{-1} = \begin{bmatrix} -40 & 16 & 9 \\ 13 & -5 & -3 \\ 5 & -2 & -1 \end{bmatrix}$$

이 된다. 따라서 선형연립방정식의 해는

$$\mathbf{x} = A^{-1}\mathbf{b} = \begin{bmatrix} -40 & 16 & 9 \\ 13 & -5 & -3 \\ 5 & -2 & -1 \end{bmatrix}\begin{bmatrix} 5 \\ 3 \\ 17 \end{bmatrix} = \begin{bmatrix} 1 \\ -1 \\ 2 \end{bmatrix}$$

즉 $x = 1,\ y = -1,\ z = 2$이다.

4. $\mathbf{y}$를 $A\mathbf{x} = \mathbf{b}$의 하나의 해라고 하면

$$A(\mathbf{y} - \mathbf{x}_b) = A\mathbf{y} - A\mathbf{x}_b = \mathbf{b} - \mathbf{b} = \mathbf{0}$$

이므로, $\mathbf{y} - \mathbf{x}_b$는 $A\mathbf{x} = \mathbf{0}$의 해가 된다. 이때 $\mathbf{y} - \mathbf{x}_b = \mathbf{x}_0$로 놓으면

$$\mathbf{y} = \mathbf{x}_b + (\mathbf{y} - \mathbf{x}_b) = \mathbf{x}_b + \mathbf{x}_0$$

를 얻는다.

5. (1) 참 (2) 참 (3) 거짓 (4) 거짓 (5) 참 (6) 참 (7) 참

4장 연습문제 4.1

1. 2

2. (1) 1행과 2행을 교환한다.

$$-\begin{vmatrix} 3 & -6 & 9 \\ 0 & 1 & 5 \\ 2 & 6 & 0 \end{vmatrix}$$

1행의 공통인자 3을 밖으로 끌어낸다.

$$-3\begin{vmatrix} 1 & -2 & 3 \\ 0 & 1 & 5 \\ 2 & 6 & 0 \end{vmatrix}$$

1행에 -2배하여 3행에 더한다.

$$-3\begin{vmatrix} 1 & -2 & 3 \\ 0 & 1 & 5 \\ 0 & 10 & -6 \end{vmatrix}$$

2행에 -10배하여 3행에 더한다.

$$-3\begin{vmatrix} 1 & -2 & 3 \\ 0 & 1 & 5 \\ 0 & 0 & -56 \end{vmatrix}$$

3행의 공통인자 -56을 밖으로 끌어낸다.

$$(-3)(-56)\begin{vmatrix} 1 & -2 & 3 \\ 0 & 1 & 5 \\ 0 & 0 & 1 \end{vmatrix}$$

따라서 $\det(A)=168$이다.

(2) 1행에 -3배하여 2행에 더한다.

$$\begin{vmatrix} 1 & 1 & 5 \\ 0 & -9 & -6 \\ 2 & 6 & 2 \end{vmatrix}$$

1행에 -2배하여 3행에 더한다.

$$\begin{vmatrix} 1 & 1 & 5 \\ 0 & -9 & -6 \\ 0 & 4 & -8 \end{vmatrix}$$

2행과 3행을 교환한다.

$$(-1)\begin{vmatrix} 1 & 1 & 5 \\ 0 & 4 & -8 \\ 0 & -9 & -6 \end{vmatrix}$$

2행에서 공통인수 4를 밖으로 끌어낸다.

$$(-1)(4)\begin{vmatrix} 1 & 1 & 5 \\ 0 & 1 & -2 \\ 0 & -9 & -6 \end{vmatrix}$$

2행에 9배하여 3행에 더한다.

$$(-1)(4)\begin{vmatrix} 1 & 1 & 5 \\ 0 & 1 & -2 \\ 0 & 0 & -24 \end{vmatrix}$$

3행에서 공통인수 -24를 밖으로 끌어낸다.

$$(-1)(4)(-24)\begin{vmatrix} 1 & 1 & 5 \\ 0 & 1 & -2 \\ 0 & 0 & 1 \end{vmatrix}$$

따라서 $\det(B)=96$이다.

3. (1) 0　　(2) 0

4. (1) 16　　(2) -32

5. 1행에 관하여 여인자 전개를 하면

$$\triangle=(-1)^{1+1}x\begin{vmatrix}a&0&0\\0&a&0\\0&0&a\end{vmatrix}+(-1)^{1+3}a\begin{vmatrix}0&a&0\\a&0&0\\0&0&a\end{vmatrix}$$

$$=a^3x+a(-a^3)=a^3x-a^4=0$$

이 된다. 이때 $a\neq 0$이므로, $x=a$가 된다.

6. A의 2행에 -2배하여 3행에 더하고, 2행에 -3배하여 1행, 4행에 각각 더한다.

$$\det(A)=\begin{vmatrix}0&-1&1&3\\1&2&-1&1\\0&0&3&3\\0&1&8&0\end{vmatrix}$$

1열에 대하여 여인자 전개한다.

$$\det(A)=-\begin{vmatrix}-1&1&3\\0&3&3\\1&8&0\end{vmatrix}$$

1행을 3행에 더한다.

$$\det(A)=-\begin{vmatrix}-1&1&3\\0&3&3\\1&9&3\end{vmatrix}$$

1열에 대하여 여인자 전개한다.

$$\det(A)=-(-1)\begin{vmatrix}3&3\\9&3\end{vmatrix}$$

따라서 $\det(A)=-18$이다.

7. (1) -2　　(2) 251

8. (1) A의 각 성분의 여인자는

$$C_{11}=12,\quad C_{12}=6,\quad C_{13}=-16,$$

$$C_{21}=4,\quad C_{22}=2,\quad C_{23}=16,$$

$$C_{31}=12,\quad C_{32}=-10,\quad C_{33}=16$$

이다. 따라서 A의 여인자 행렬은

$$\begin{bmatrix}12&6&-16\\4&2&16\\12&-10&16\end{bmatrix}$$

이고, 수반행렬은

$$\operatorname{adj}(A)=\begin{bmatrix}12&6&-16\\4&2&16\\12&-10&16\end{bmatrix}$$

으로 주어진다.

(2) B의 각 성분의 여인자는

$$C_{11}=0,\quad C_{12}=-3,\quad C_{13}=0,$$
$$C_{21}=2,\quad C_{22}=7,\quad C_{23}=-2,$$
$$C_{31}=-4,\quad C_{32}=-26,\quad C_{33}=10$$

이다. 따라서 B의 여인자 행렬은

$$\begin{bmatrix} 0 & -3 & 0 \\ 2 & 7 & -2 \\ -4 & -26 & 10 \end{bmatrix}$$

이고, 수반행렬은

$$\text{adj}(B)=\begin{bmatrix} 0 & 2 & -4 \\ -3 & 7 & -26 \\ 0 & -2 & 10 \end{bmatrix}$$

으로 주어진다.

9. $\det(A)=64\neq 0$이고 $\text{adj}(A)=\begin{bmatrix} 12 & 4 & 12 \\ 6 & 2 & -10 \\ -16 & 16 & 16 \end{bmatrix}$이므로

$$A^{-1}=\frac{1}{\det(A)}\cdot\text{adj}(A)=\frac{1}{64}\begin{bmatrix} 12 & 4 & 12 \\ 6 & 2 & -10 \\ -16 & 16 & 16 \end{bmatrix}=\begin{bmatrix} \frac{3}{16} & \frac{1}{16} & \frac{3}{16} \\ \frac{3}{32} & \frac{1}{32} & -\frac{5}{32} \\ -\frac{1}{4} & \frac{1}{4} & \frac{1}{4} \end{bmatrix}$$

10. $\text{adj}(\text{adj}(A))=\text{adj}(\det(A)A^{-1})=\det(\det(A)A^{-1})(\det(A)A^{-1})^{-1}$

$$=(\det(A))^{n}\det(A^{-1})\det(A^{-1})A=(\det(A))^{n-2}A$$

가 된다. 이때 $\det(A)=1$이므로, $\text{adj}(\text{adj}(A))=A$가 성립한다.

11. (1) 48 (2) 27 (3) $\frac{4}{3}$ (4) $-\frac{81}{2}$

4장 연습문제 4.2

1. (1) 참 (2) 거짓 (3) 거짓

2. 계수행렬을 $A=\begin{bmatrix} 1 & 0 & 2 \\ -3 & 4 & 6 \\ -1 & -2 & 3 \end{bmatrix}$라 하면, $\det(A)=-4$이고

$$A_1=\begin{bmatrix} 6 & 0 & 2 \\ 30 & 4 & 6 \\ 8 & -2 & 3 \end{bmatrix},\quad A_2=\begin{bmatrix} 1 & 6 & 2 \\ -3 & 30 & 6 \\ -1 & 8 & 3 \end{bmatrix},\quad A_3=\begin{bmatrix} -1 & 0 & 2 \\ -3 & 4 & 30 \\ -1 & -2 & 8 \end{bmatrix}$$

로부터

$$\det(A_1) = -4,\ \det(A_2) = -4,\ \det(A_3) = -8$$

을 얻는다. 따라서 연립방정식의 해는

$$x = \frac{\det(A_1)}{\det(A)} = 1,\ y = \frac{\det(A_2)}{\det(A)} = 1,\ z = \frac{\det(A_3)}{\det(A)} = 2$$

로 주어진다.

3. $b = 3a,\ c = -2a$

4. $\lambda^2 - (a+d)\lambda + (ad-bc) = 0$

5. (1) $a+b+c=0$ 또는 $a=b=c$ (2) $(a+b)(b+c)(c+a)=0$

6. -6

5장 연습문제 5.1

1. (1) 거짓 (2) 참 (3) 참 (4) 참 (5) 거짓

2. 두 가역행렬을 더하여 비가역행렬을 만들 수 있기 때문이다. 예를 들면

$$\begin{bmatrix} 1 & 0 \\ 0 & 1 \end{bmatrix} + \begin{bmatrix} -1 & 0 \\ 0 & -1 \end{bmatrix} = \begin{bmatrix} 0 & 0 \\ 0 & 0 \end{bmatrix}$$

이다.

3. 우선 $A\mathbf{0} = \mathbf{0}$이므로 $\mathbf{0} \in W$이다. 따라서 $W \neq \varnothing$이다. 이제 $\mathbf{x}, \mathbf{y} \in W$와 $k \in R$에 대하여 $A\mathbf{x} = \mathbf{0}$, $A\mathbf{y} = \mathbf{0}$이므로

$$A(\mathbf{x}+\mathbf{y}) = A\mathbf{x} + A\mathbf{y} = \mathbf{0}+\mathbf{0} = \mathbf{0},\ A(k\mathbf{x}) = k(A\mathbf{x}) = k\mathbf{0} = \mathbf{0}$$

이 성립한다. 따라서

$$\mathbf{x}+\mathbf{y} \in W,\quad k\mathbf{x} \in W$$

이다. 그러므로 W는 R^n의 부분공간이다.

4. 두 벡터 $\mathbf{y}_1, \mathbf{y}_2 \in W$와 스칼라 c에 대하여

$$\mathbf{x} \cdot (\mathbf{y}_1 + \mathbf{y}_2) = \mathbf{x} \cdot \mathbf{y}_1 + \mathbf{x} \cdot \mathbf{y}_2 = \mathbf{0} + \mathbf{0} = \mathbf{0}$$

이고 $\mathbf{x} \cdot (c\mathbf{y}) = c(\mathbf{x} \cdot \mathbf{y}) = c\mathbf{0} = \mathbf{0}$이므로, W는 R^3의 부분공간이다.

5. (1) 부분공간 (2) 부분공간이 아님 (3) 부분공간
(4) 부분공간이 아님 (5) 부분공간이 아님 (6) 부분공간이 아님

6. (1) 기저 : $\{(1, 1, 0)\}$, 차원 : 1 (2) 기저 : $\{(0, 1, 1)\}$, 차원 : 1
(3) 기저 : 존재하지 않음, 차원 : 0 (4) 기저 : $\{(1, 1, 0), (0, 1, 1)\}$, 차원 : 2

7. S의 부분집합 S'을 $S' = \{\mathbf{v}_1, \mathbf{v}_2, \cdots, \mathbf{v}_h\}$ (단, $1 \le h \le n$)이라 하고, S'이 일차종속이라 하

자. 그러면 어떤 $a_i \neq 0$ (단, $1 \leq i \leq n$)에 대하여

$$a_1\mathbf{v}_1 + \cdots + a_i\mathbf{v}_i + \cdots + a_h\mathbf{v}_h = \mathbf{0}$$

을 만족한다. 따라서

$$a_1\mathbf{v}_1 + \cdots + a_i\mathbf{v}_i + \cdots + a_h\mathbf{v}_h + 0\,\mathbf{v}_{h+1} + \cdots + 0\,\mathbf{v}_n = \mathbf{0}$$

이므로, S는 일차종속이다. 또한 이 명제의 대우도 참이므로 S가 일차독립이면 S'도 일차독립이다.

8. (1) 일차독립 (2) 일차종속

9. $a(1+x)+b(-1+x)+cx^2=0$이면 $a=b=c=0$이므로, S는 일차독립이다.

다음, 임의의 $Ax+Bx+Cx^2 \in P_2$에 대하여

$$Ax+Bx+Cx^2 = a(1+x)+b(-1+x)+cx^2$$

을 만족하는 a, b, c의 존재성은 연립방정식

$$\begin{cases} a-b \quad = A \\ a+b \quad = B \\ \qquad\quad c = C \end{cases}$$

즉

$$\begin{bmatrix} 1 & -1 & 0 \\ 1 & 1 & 0 \\ 0 & 0 & 1 \end{bmatrix}\begin{bmatrix} a \\ b \\ c \end{bmatrix} = \begin{bmatrix} A \\ B \\ C \end{bmatrix}$$

에서 계수행렬이 가역이므로 보장된다. 따라서 S는 P_2를 생성한다. 그러므로 S는 P_2의 기저이다.

10. 적어도 a, b, c 중 하나는 0이 아니므로, $c \neq 0$이라고 가정하자. 그러면 $(x, y, z) \in V$에 대하여 $z = -\frac{a}{c}x - \frac{b}{c}y$이고

$$(x, y, z) = \left(x, y, \frac{a}{c}x - \frac{b}{c}y\right) - x\left(1, 0, -\frac{a}{c}\right) + y\left(0, 1, -\frac{b}{c}\right)$$

이다. 그러므로 $\left(1, 0, -\frac{a}{c}\right)$와 $\left(0, 1, -\frac{b}{c}\right)$가 V를 생성하고 일차독립이므로, 평면 V의 기저가 된다. 따라서 $\dim V = 2$이다.

11. (1) 기저 : $\{(1, 2, 3, 4), (1, 1, 1, 1), (0, 1, 2, 0)\}$, 차원 : 3

(2) R^4의 기저 : $\{(1, 2, 3, 4), (1, 1, 1, 1), (0, 1, 2, 0), (1, 0, 0, 0)\}$

W의 보충공간 : $\text{span}\{(1, 0, 0, 0)\}$

12. (1) $A\mathbf{x} = \mathbf{0}$의 첨가행렬 $[A : \mathbf{0}]$의 기약행사다리꼴은

$$\begin{bmatrix} 1 & 0 & -1 & : & 0 \\ 0 & 1 & 0 & : & 0 \\ 0 & 0 & 0 & : & 0 \end{bmatrix}$$

이다. 이때 자유변수 x_3를 s라고 하면, $x_1 = s$, $x_2 = 0$, $x_3 = s$이므로, 일반해는

$$\mathbf{x} = \begin{bmatrix} x_1 \\ x_2 \\ x_3 \end{bmatrix} = s\begin{bmatrix} 1 \\ 0 \\ 1 \end{bmatrix} \quad (\text{단, } s \in R)$$

이 된다. 해공간의 기저와 차원은 각각

$$\{(1,\ 0,\ 1)\}, \quad \text{nullity}(A) = 1$$

로 주어진다.

(2) $A\mathbf{x} = \mathbf{0}$의 첨가행렬 $[A : \mathbf{0}]$의 기약행사다리꼴은

$$\begin{bmatrix} 1 & 1 & 0 & 0 & : & 0 \\ 0 & 0 & 1 & 0 & : & 0 \\ 0 & 0 & 0 & 1 & : & 0 \\ 0 & 0 & 0 & 0 & : & 0 \end{bmatrix}$$

이므로, 일반해는

$$\mathbf{x} = \begin{bmatrix} x_1 \\ x_2 \\ x_3 \\ x_4 \end{bmatrix} = \begin{bmatrix} -x_1 \\ x_2 \\ 0 \\ 0 \end{bmatrix} = \begin{bmatrix} -s \\ s \\ 0 \\ 0 \end{bmatrix} = s\begin{bmatrix} -1 \\ 1 \\ 0 \\ 0 \end{bmatrix} \quad (\text{단, } s \in R)$$

이 된다. 따라서 해공간의 기저와 차원은 각각

$$\{(-1,\ 1,\ 0,\ 0)\}, \quad \text{nullity}(A) = 1$$

로 주어진다.

13. 먼저 $\mathbf{u}, \mathbf{v}, \mathbf{w} \in R^2$와 $\lambda \in R$에 대하여

(1) $<\mathbf{u}, \mathbf{v}> \ = \ <\mathbf{v}, \mathbf{u}>$

(2) $<\mathbf{u}+\mathbf{v}, \mathbf{w}> \ = \ <\mathbf{u}, \mathbf{w}> + <\mathbf{v}, \mathbf{w}>$

(3) $<\lambda\mathbf{u}, \mathbf{v}> \ = \lambda <\mathbf{v}, \mathbf{u}>$

를 만족한다. 이제 $\mathbf{w} = \begin{bmatrix} x \\ y \end{bmatrix}$로 놓으면

$$<\mathbf{w}, \mathbf{w}> \ = \mathbf{w}^T A\mathbf{w} = 3x^2 + 4xy + 4y^2 = (x+2y)^2 + 2x^2$$

으로부터 $\mathbf{w}^T A\mathbf{w} \geq 0$이므로, A는 양의 정부호이다. 또한

$$\mathbf{w}^T A\mathbf{w} = 0 \Leftrightarrow x = y = 0$$

이 성립한다. 따라서 $<\mathbf{u}, \mathbf{v}>$는 R^n 위에서 내적이다.

14. $W^{\perp} = \text{span}\{(1,\ 0,\ 0,\ -1),\ (0,\ 1,\ -2,\ 0)\}$

15. $a = 5$

16. 그람 - 슈미트 정규직교화과정를 이용하면

$$\mathbf{u}_1 = (1,\ 1,\ 0)$$

$$\mathbf{u}_2 = \mathbf{v}_2 - \text{proj}_{W_1}\mathbf{v}_2 = \mathbf{v}_2 - \frac{(\mathbf{v}_2 \cdot \mathbf{u}_1)}{\|\mathbf{u}_1\|^2}\mathbf{u}_1 = \left(-\frac{1}{2},\ \frac{1}{2},\ 1\right)$$

을 얻는다. 따라서 $\mathbf{u}_1$, $\mathbf{u}_2$를 정규화하면

$$\mathbf{z}_1 = \left(\frac{1}{\sqrt{2}},\ \frac{1}{\sqrt{2}},\ 0\right),\ \mathbf{z}_2 = \left(-\frac{1}{\sqrt{6}},\ \frac{1}{\sqrt{6}},\ \frac{2}{\sqrt{6}}\right)$$

이므로, 정규직교기저는

$$\left\{\left(\frac{1}{\sqrt{2}},\ \frac{1}{\sqrt{2}},\ 0\right),\ \left(-\frac{1}{\sqrt{6}},\ \frac{1}{\sqrt{6}},\ \frac{2}{\sqrt{6}}\right)\right\}$$

로 주어진다.

17. 그람 - 슈미트 정규직교화과정을 이용하면

$$\mathbf{v}_1 = \mathbf{u}_1 = (i,\ 0)$$

$$\mathbf{v}_2 = \mathbf{u}_2 - \operatorname{proj}_{\mathbf{v}_1}\mathbf{u}_2 = \mathbf{u}_2 - \frac{\mathbf{u}_2 \cdot \mathbf{v}_1}{\|\mathbf{v}_1\|^2}\mathbf{v}_1 = (0,\ i)$$

이다. 이때 $\mathbf{v}_1$, $\mathbf{v}_2$는 서로 직교하고, 각각 노름이 1이 된다. 따라서 정규직교기저는

$$\{(i,\ 0),\ (0,\ i)\}$$

로 주어진다.

18. (1) $\operatorname{rank}(A) = 2$

(2) $\{(1,\ 2,\ 3,\ 4),\ (1,\ 3,\ 5,\ 7)\}$

(3) $\{(1,\ -2,\ 1,\ 0),\ (2,\ -3,\ 0,\ 1)\}$

(4) $\operatorname{span}\{(1,\ -2,\ 1,\ 0),\ (2,\ -3,\ 0,\ 1)\}$

5장 연습문제 5.2

1. $A\mathbf{x}$, $A\mathbf{y} \in W$이고 k가 임의의 실수일 때

$$A\mathbf{x} + A\mathbf{y} = A(\mathbf{x}+\mathbf{y}) \in W,\quad kA\mathbf{x} = A(k\mathbf{x}) \in W$$

이므로, W는 R^n을 생성한다. 또한 $A \neq \mathbf{0}$이고 S가 일차독립이므로, $A\mathbf{x}_i \in W$ 와 임의의 실수 c_i (단, $i = 1, 2, \cdots, n$)에 대하여

$$c_1 A\mathbf{x}_1 + c_2 A\mathbf{x}_2 + \cdots + c_n A\mathbf{x}_n = \mathbf{0},\ \text{즉}\ A(c_1\mathbf{x}_1 + c_2\mathbf{x}_2 + \cdots + c_n\mathbf{x}_n) = \mathbf{0}$$

일 때, $c_1 = c_2 = \cdots = c_n = 0$을 얻는다. 따라서 W는 일차독립이다. 그러므로 W는 R^n의 기저가 된다.

2. 기저 β에서 기저 ϵ으로의 전이행렬 P는 $P = \begin{bmatrix} 2 & 1 \\ 1 & -1 \end{bmatrix}$이다.
이때 $\mathbf{x} = 3\mathbf{e}_1 + 9\mathbf{e}_2$이고 $\mathbf{x} = 4\mathbf{y}_1 - 5\mathbf{y}_2$이므로

$$[\mathbf{x}]_\epsilon = \begin{bmatrix} 3 \\ 9 \end{bmatrix},\quad [\mathbf{x}]_\beta = \begin{bmatrix} 4 \\ -5 \end{bmatrix}$$

이다. 따라서

$$\begin{bmatrix} 3 \\ 9 \end{bmatrix} = [\mathbf{x}]_\epsilon = P[\mathbf{x}]_\beta = \begin{bmatrix} 2 & 1 \\ 1 & -1 \end{bmatrix}\begin{bmatrix} 4 \\ -5 \end{bmatrix}$$

이므로, $[\mathbf{x}]_\alpha = P[\mathbf{x}]_\beta$가 성립함을 알 수 있다.

3. $[I]_\beta^\alpha = \begin{bmatrix} 3 & 5 \\ -1 & -2 \end{bmatrix}$

4. 기저 ϵ에서 기저 β로의 전이행렬 P가

$$P=\begin{bmatrix}1&0&-1&0\\0&1&-1&0\\0&0&1&0\\0&-2&1&1\end{bmatrix}$$

이므로, $[\mathbf{w}]_\beta=\begin{bmatrix}-2\\-1\\3\\3\end{bmatrix}$이다.

5. $[I]_\beta^\epsilon=\begin{bmatrix}1&1&1\\1&-1&2\\1&1&2\end{bmatrix}$

6. $[I]_\beta^\alpha=\begin{bmatrix}-\frac{4}{3}&-\frac{10}{3}&-1\\\frac{4}{3}&\frac{7}{3}&1\\-\frac{1}{3}&-\frac{1}{3}&0\end{bmatrix}$

6장 연습문제 6.1

1. (1), (3)은 선형이고 (2), (4)는 선형이 아니다.

2. (2) $\left\{\begin{bmatrix}1\\3\\5\end{bmatrix}\right\}$ (3) $\left\{\begin{bmatrix}1\\0\end{bmatrix},\begin{bmatrix}0\\1\end{bmatrix}\right\}$ (4) $\begin{bmatrix}2&1&-1\\1&-2&1\end{bmatrix}$

3. $c_1=c_2=0$

4. $A=\begin{bmatrix}3&5&-1\\4&-1&1\\3&2&-1\end{bmatrix}$

5. $(-3,-2)$

6. $\ker T=\{\mathbf{0}\}$, $\operatorname{Im} T=M_n$

7. 임의의 $\mathbf{v}\in\ker T$에 대하여 $T(\mathbf{v})=\mathbf{0}=T(\mathbf{0})$이고, T가 단사이므로 $\mathbf{v}=\mathbf{0}$이다. 따라서 $\ker T=\{\mathbf{0}\}$이 된다. 역으로 $T(\mathbf{v}_1)=T(\mathbf{v}_2)$이면

$$\mathbf{0}=T(\mathbf{v}_1)-T(\mathbf{v}_2)=T(\mathbf{v}_1-\mathbf{v}_2)$$

이므로, $\mathbf{v}_1-\mathbf{v}_2\in\ker T=\{\mathbf{0}\}$, 즉 $\mathbf{v}_1=\mathbf{v}_2$이다. 따라서 T는 단사이다.

8. (1) 임의의 $\mathbf{v}_1,\mathbf{v}_2\in\ker T$ 에 대하여 $T(\mathbf{v}_1)=T(\mathbf{v}_2)=\mathbf{0}$이므로

(i) $T(\mathbf{v}_1+\mathbf{v}_2)=T(\mathbf{v}_1)+T(\mathbf{v}_2)=\mathbf{0}+\mathbf{0}=\mathbf{0}$, 즉 $\mathbf{v}_1+\mathbf{v}_2\in\ker T$

(ii) 임의의 스칼라 k에 대하여

$$T(k\mathbf{v}_1)=kT(\mathbf{v}_1)=k\mathbf{0}=\mathbf{0},\ \text{즉}\ k\mathbf{v}_1\in\ker T$$

이다. 따라서 $\ker T$는 R^n의 부분공간이다.

(2) 임의의 $\mathbf{w}_1, \mathbf{w}_2 \in \text{Im}\, T$에 대하여 $T(\mathbf{v}_1) = \mathbf{w}_1$, $T(\mathbf{v}_2) = \mathbf{w}_2$인 $\mathbf{v}_1, \mathbf{v}_2 \in R^n$가 존재하므로

(i) $\mathbf{w}_1 + \mathbf{w}_2 == T(\mathbf{v}_1) + T(\mathbf{v}_2) = T(\mathbf{v}_1 + \mathbf{v}_2) \in \text{Im}\, T$

(ii) 임의의 스칼라 k에 대하여

$$k\mathbf{w}_1 = kT(\mathbf{v}_1) = T(k\mathbf{v}_1) \in \text{Im}\, T$$

이다. 따라서 $\text{Im}\, T$는 R^m의 부분공간이다.

9. $T_2(T_1(\mathbf{x})) = \begin{bmatrix} x+2y \\ -x-y \end{bmatrix}$

10. T_1과 T_2의 표준행렬은 각각

$$T_1 = \begin{bmatrix} \frac{\sqrt{2}}{2} & 0 & -\frac{\sqrt{2}}{2} \\ 0 & 1 & 0 \\ \frac{\sqrt{2}}{2} & 0 & \frac{\sqrt{2}}{2} \end{bmatrix}, \quad T_2 = \begin{bmatrix} \sqrt{2} & 0 & 0 \\ 0 & \sqrt{2} & 0 \\ 0 & 0 & \sqrt{2} \end{bmatrix}$$

이므로, $T_2 \circ T_1$의 표준행렬은 $T = T_2 \circ T_1 = \begin{bmatrix} 1 & 0 & -1 \\ 0 & \sqrt{2} & 0 \\ 1 & 0 & 1 \end{bmatrix}$이 된다.

6장 연습문제 6.2

1. $A\mathbf{x} \cdot A\mathbf{x} = (A\mathbf{x})^T A\mathbf{x} - \mathbf{x}^T A^T A\mathbf{x} - \mathbf{x}^T$이고

$$A\mathbf{x} \cdot A\mathbf{x} = \lambda\mathbf{x} \cdot \lambda\mathbf{x} = \lambda^2 \mathbf{x} \cdot \mathbf{x} = \lambda^2 \mathbf{x}^T \mathbf{x}$$

이다. 이때 $\mathbf{x}^T\mathbf{x} \neq \mathbf{0}$이므로 $\lambda^2 = 1$, 즉 $|\lambda| = 1$이 성립한다

2. $\det(\lambda I_2 - A) = \begin{vmatrix} \lambda-1 & -b \\ -c & \lambda-d \end{vmatrix} = \lambda^2 - (a+d)\lambda + ad - bc$, $\text{tr}(A) = a+d$, $\det(A) = ad - bc$이므로, $\lambda^2 - 4\lambda + 4 = 0$이 된다. 따라서 A의 고윳값은 $\lambda = 2$ (중복도 2) 로 주어진다.

3. $\lambda I_3 - A = \begin{bmatrix} \lambda-1 & 0 & 0 \\ 0 & \lambda-3 & 0 \\ 0 & 0 & \lambda-3 \end{bmatrix}$이라 할 수 있으므로, $A = \begin{bmatrix} 1 & 0 & 0 \\ 0 & 3 & 0 \\ 0 & 0 & 3 \end{bmatrix}$이고, $A^2 = \begin{bmatrix} 1 & 0 & 0 \\ 0 & 9 & 0 \\ 0 & 0 & 9 \end{bmatrix}$가 된다. 따라서 $\lambda I_3 - A^2 = \begin{bmatrix} \lambda-1 & 0 & 0 \\ 0 & \lambda-9 & 0 \\ 0 & 0 & \lambda-9 \end{bmatrix}$이다. 그러므로 행렬 A^2의 고윳값은 $\lambda = 1$, $\lambda = 9$ (중복도 2)로 주어진다.

4. (1) $\mathbf{0}$이 아닌 임의의 벡터 $\mathbf{x} = \begin{bmatrix} x_1 \\ x_2 \end{bmatrix}$에 대하여 $A\mathbf{x} = \lambda\mathbf{x}$라 하면

$$\begin{bmatrix} 3 & 2 \\ 3 & -2 \end{bmatrix} \begin{bmatrix} x_1 \\ x_2 \end{bmatrix} = \lambda \begin{bmatrix} x_1 \\ x_2 \end{bmatrix}$$

이므로, 동차연립방정식

$$(\lambda-3)x_1-2x_2=0,\quad 3x_1-(\lambda+2)x_2=0 \qquad (*)$$

을 얻는다. 이것이 0 아닌 해를 가질 필요충분조건이 계수행렬의 행렬식의 값이 0, 즉

$$\begin{vmatrix} \lambda-3 & -2 \\ 3 & -(\lambda+3) \end{vmatrix}=0$$

이므로, A의 고윳값은 $\lambda_1=4$, $\lambda_2=-3$이다. 이제 $\lambda_1=4$, $\lambda_2=-3$에 대응하는 A의 고유벡터를 구해보자. $\lambda_1=4$에 대응하는 고유벡터를 $\mathbf{x}_1=\begin{bmatrix} x_1 \\ x_2 \end{bmatrix}$라 하면 식 (*)로부터 $x_1-2x_2=0$이므로

$$\mathbf{x}_1=\begin{bmatrix} x_1 \\ x_2 \end{bmatrix}=\begin{bmatrix} 2s \\ s \end{bmatrix}=s\begin{bmatrix} 2 \\ 1 \end{bmatrix} \ (\text{단, } s\in R-\{0\})$$

이다. $\lambda_2=-3$에 대응하는 고유벡터를 $\mathbf{x}_2=\begin{bmatrix} x_1 \\ x_2 \end{bmatrix}$라 하면 식 (*)로부터 $x_1+\frac{1}{3}x_2=0$이므로

$$\mathbf{x}_2=\begin{bmatrix} x_1 \\ x_2 \end{bmatrix}=\begin{bmatrix} -\frac{1}{3}t \\ t \end{bmatrix}=t\begin{bmatrix} -\frac{1}{3} \\ 1 \end{bmatrix} \ (\text{단, } t\in R-\{0\})$$

이다.

(2) B의 특성방정식은

$$\det(\lambda I_2-B)=\begin{vmatrix} \lambda-1 & 3 \\ 3 & \lambda-1 \end{vmatrix}=\lambda^2-2\lambda-8=0$$

이므로, B의 고윳값은 $\lambda_1=-2$, $\lambda_2=4$이다. 한편 B의 각 고윳값 λ에 대응하는 B의 고유벡터를 $\mathbf{x}=\begin{bmatrix} x_1 \\ x_2 \end{bmatrix}$라 하면 $(\lambda I_2-B)\mathbf{x}=\mathbf{0}$으로부터 연립방정식

$$(\lambda-1)x_1+3x_2=0,\ 3x_1+(\lambda-1)x_2=0 \qquad (*)$$

을 얻는다. 이제 $\lambda_1=-2$, $\lambda_2=4$에 대응하는 B의 고유벡터를 구해보자.

$\lambda_1=-2$일 때 (*)로부터 $x_1-x_2=0$이므로, 고윳값 $\lambda_1=-2$에 대응되는 고유벡터는

$$\mathbf{x}_1=\begin{bmatrix} s \\ s \end{bmatrix}=s\begin{bmatrix} 1 \\ 1 \end{bmatrix} \ (\text{단, } s\in R-\{0\})$$

으로 주어진다. 마찬가지로 $\lambda_2=4$일 때 (*)로부터 $x_1+x_2=0$이므로, 고윳값 $\lambda_2=4$에 대응되는 고유벡터는

$$\mathbf{x}_2=\begin{bmatrix} -t \\ t \end{bmatrix}=t\begin{bmatrix} -1 \\ 1 \end{bmatrix} \ (\text{단, } t\in R-\{0\})$$

로 주어진다.

(3) C의 특성방정식은

$$\det(\lambda I_3-C)=\begin{vmatrix} \lambda-2 & 3 & -1 \\ -1 & \lambda+2 & -1 \\ -1 & 3 & \lambda-2 \end{vmatrix}=\lambda(\lambda-1)^2=0$$

이므로, C의 고윳값은 $\lambda_1=0$, $\lambda_2=1$ (중복도 2) 이다. 한편 C의 각 고윳값 λ에 대응하는 C의 고유벡터를 $\mathbf{x}=\begin{bmatrix} x_1 \\ x_2 \\ x_3 \end{bmatrix}$라 하면 $(\lambda I_3-C)\mathbf{x}=\mathbf{0}$으로부터 연립방정식

$$\begin{aligned}(\lambda-2)x_1+3x_2\quad -x_3&=0\\ -x_1+(\lambda+2)x_2\quad -x_3&=0\\ -x_1+3x_2+(\lambda-2)x_3&=0\end{aligned} \qquad (*)$$

을 얻는다. 이제 $\lambda_1=0$, $\lambda_2=1$에 대응하는 C의 고유벡터를 구해보자.

$\lambda_1=0$일 때 (*)로부터

$$x_1-x_3=0,\ x_2-x_3=0$$

이므로, 고윳값 $\lambda_1=0$에 대응되는 고유벡터는

$$\mathbf{x}_1=\begin{bmatrix} s\\ s\\ s\end{bmatrix}=s\begin{bmatrix}1\\1\\1\end{bmatrix}\ (\text{단, } s\in R-\{0\})$$

으로 주어진다. 미찬가지로 λ_2-1일 때 (*)로부터

$$x_1-3x_2+x_3=0$$

이므로, 고윳값 $\lambda_2=1$에 대응되는 고유벡터는

$$\mathbf{x}_2=\begin{bmatrix}3s-t\\ s\\ t\end{bmatrix}=s\begin{bmatrix}3\\1\\0\end{bmatrix}+t\begin{bmatrix}-1\\0\\1\end{bmatrix}\ (\text{단, } s,\ t\in R-\{0\})$$

로 주어진다.

5. $\left\{\begin{bmatrix}1\\-1\\0\end{bmatrix}, \begin{bmatrix}0\\1\\-1\end{bmatrix}\right\}$

6. A, A'이 각각 기저 α, β에 관한 T의 행렬이므로, 임의의 $\mathbf{x}\in R^n$에 대하여

$$A[\mathbf{x}]_\alpha=[T(\mathbf{x})]_\alpha,\quad A'[\mathbf{x}]_\beta=[T(\mathbf{x})]_\beta$$

이다. 또한 P를 β에서 α로의 전이행렬이라 하면 P^{-1}는 α에서 β로의 전이행렬이고, 임의의 $\mathbf{x}\in R^n$에 대하여 $T(\mathbf{x})\in R^n$이므로

$$P[\mathbf{x}]_\beta=[\mathbf{x}]_\alpha,\quad P^{-1}[T(\mathbf{x})]_\alpha=[T(\mathbf{x})]_\beta$$

가 된다. 따라서 임의의 $\mathbf{x}\in R^n$에 대하여

$$A'[\mathbf{x}]_\beta=[T(\mathbf{x})]_\beta=P^{-1}[T(\mathbf{x})]_\alpha=P^{-1}A[\mathbf{x}]_\alpha=P^{-1}AP[\mathbf{x}]_\beta$$

이므로

$$A'=P^{-1}AP$$

가 성립한다.

7. $[T]_\alpha=\begin{bmatrix}2&-1\\-2&0\end{bmatrix}$

8. $P=[I]_\beta^\alpha=\begin{bmatrix}1&2\\1&1\end{bmatrix}$

9. (1) 행렬 $A=\begin{bmatrix}4&-2&1\\2&0&1\\2&-2&3\end{bmatrix}$의 서로 다른 고윳값은 2, 2, 3이다. 이때 각 고윳값에 대한 고유벡터

는 $\begin{bmatrix}1\\1\\0\end{bmatrix}$, $\begin{bmatrix}-1\\0\\2\end{bmatrix}$, $\begin{bmatrix}1\\1\\1\end{bmatrix}$이고, 세 벡터는 일차독립이다. 따라서 B는 대각화 가능하다.

(2) 행렬 $B=\begin{bmatrix}-1 & 4\\0 & 3\end{bmatrix}$의 고윳값은 -1, 3이다. 이때 각 고윳값에 대한 고유벡터는 $\begin{bmatrix}1\\0\end{bmatrix}$과 $\begin{bmatrix}1\\1\end{bmatrix}$이고, 두 벡터는 일차독립이다. 따라서 B는 대각화 가능하다.

(3) 행렬 $C=\begin{bmatrix}2 & 0 & 0\\1 & 3 & 0\\-3 & 5 & 3\end{bmatrix}$의 서로 다른 고윳값은 $\lambda_1=2$, $\lambda_2=3$ (중복도 2)이다. 이때 각 고윳값 $\lambda_1=2$, $\lambda_2=3$에 대응하는 C의 고유벡터가 각각

$$\mathbf{x}_1=\begin{bmatrix}1\\-1\\8\end{bmatrix},\ \mathbf{x}_2=\begin{bmatrix}0\\0\\1\end{bmatrix}$$

이므로, C는 3개의 일차독립인 고유벡터를 갖지 않는다. 따라서 C는 대각화 가능하지 않다.

10. A의 특성방정식이 $(\lambda-1)^2(\lambda-10)=0$이므로, A의 고윳값은 1 (중복도 2)과 10이다. $\lambda=1$에 대응되는 일차독립인 고유벡터를 구하면

$$\mathbf{v}_1=\begin{bmatrix}-1\\1\\0\end{bmatrix},\ \mathbf{v}_2=\begin{bmatrix}-1\\0\\2\end{bmatrix}$$

이고, $\lambda=10$에 대응되는 고유벡터는 $\mathbf{v}_3=\begin{bmatrix}2\\2\\1\end{bmatrix}$이 된다. 한편 직교행렬 P를 구하기 위해서 $\{\mathbf{v}_1, \mathbf{v}_2\}$에 대하여 그람-슈미트 정규직교화 과정을 적용하면

$$\mathbf{u}_1=\begin{bmatrix}-\frac{1}{\sqrt{2}}\\ \frac{1}{\sqrt{2}}\\ 0\end{bmatrix},\ \mathbf{u}_2=\begin{bmatrix}-\frac{1}{3\sqrt{2}}\\ -\frac{1}{3\sqrt{2}}\\ \frac{4}{3\sqrt{2}}\end{bmatrix},\ \mathbf{u}_3=\begin{bmatrix}\frac{2}{3}\\ \frac{2}{3}\\ \frac{1}{3}\end{bmatrix}$$

을 얻는다. 따라서

$$P=\begin{bmatrix}-\frac{1}{\sqrt{2}} & -\frac{1}{3\sqrt{2}} & \frac{2}{3}\\ \frac{1}{\sqrt{2}} & -\frac{1}{3\sqrt{2}} & \frac{2}{3}\\ 0 & \frac{4}{3\sqrt{2}} & \frac{1}{3}\end{bmatrix}$$

로 주어지고, $P^TAP=\begin{bmatrix}1 & 0 & 0\\0 & 1 & 0\\0 & 0 & 10\end{bmatrix}$이 성립한다.

11. $A^{-1}=\frac{1}{8}(A^2-6A+12I)$

12. (1) $P=\begin{bmatrix} 1 & 1 & 0 \\ -1 & 1 & 1 \\ 1 & 0 & 1 \end{bmatrix}$ (2) $Q=\begin{bmatrix} \frac{1}{\sqrt{3}} & \frac{1}{\sqrt{2}} & -\frac{1}{\sqrt{6}} \\ -\frac{1}{\sqrt{3}} & \frac{1}{\sqrt{2}} & \frac{1}{\sqrt{6}} \\ \frac{1}{\sqrt{3}} & 0 & \frac{2}{\sqrt{6}} \end{bmatrix}$

(3) $A^n=\begin{bmatrix} 2\cdot 3^{n-1} & 3^{n-1} & -3^{n-1} \\ 3^{n-1} & 2\cdot 3^{n-1} & 3^{n-1} \\ -3^{n-1} & 3^{n-1} & 2\cdot 3^{n-1} \end{bmatrix}$

13. 이차방정식 $5x^2-2xy+5y^2=4$는

$$\mathbf{x}^T A\mathbf{x}=[x \quad y]\begin{bmatrix} 5 & -1 \\ -1 & 5 \end{bmatrix}\begin{bmatrix} x \\ y \end{bmatrix}=4$$

로 나타낼 수 있고, A의 고윳값 $\lambda_1=6$, $\lambda_2=4$로부터

$$q(\mathbf{x})=6(x')^2+4(y')^2$$

을 얻는다. 따라서 새로운 O-$x'y'$ 좌표계에서 이차곡선의 방정식은

$$6(x')^2+4(y')^2=4, \text{ 즉 } 3(x')^2+2(y')^2=2$$

이므로, $x'y'$축에서의 타원이다.

14. $P=\begin{bmatrix} 1 & -1 & 1 \\ 1 & 0 & 1 \\ 0 & 2 & 1 \end{bmatrix}$에 의하여

$$P^{-1}=\begin{bmatrix} -2 & 3 & -1 \\ -1 & 1 & 0 \\ 2 & -2 & 1 \end{bmatrix},\quad A=PDP^{-1},\quad D=\begin{bmatrix} 2 & 0 & 0 \\ 0 & 2 & 0 \\ 0 & 0 & 3 \end{bmatrix}$$

이므로

$$A^5=PD^5P^{-1}=\begin{bmatrix} 1 & -1 & 1 \\ 1 & 0 & 1 \\ 0 & 2 & 1 \end{bmatrix}\begin{bmatrix} 2^5 & 0 & 0 \\ 0 & 2^5 & 0 \\ 0 & 0 & 3^5 \end{bmatrix}\begin{bmatrix} -2 & 3 & -1 \\ -1 & 1 & 0 \\ 2 & -2 & 1 \end{bmatrix}=\begin{bmatrix} 454 & -422 & 211 \\ 422 & -390 & 211 \\ 422 & -422 & 243 \end{bmatrix}$$

15.

$$A\mathbf{u}_1=\begin{bmatrix} 2 & i \\ -i & 2 \end{bmatrix}\begin{bmatrix} \frac{i}{\sqrt{2}} \\ \frac{1}{\sqrt{2}} \end{bmatrix}=3\begin{bmatrix} \frac{i}{\sqrt{2}} \\ \frac{1}{\sqrt{2}} \end{bmatrix}=3\mathbf{u}_1$$

$$A\mathbf{u}_2=\begin{bmatrix} 2 & i \\ -i & 2 \end{bmatrix}\begin{bmatrix} -\frac{1}{\sqrt{2}} \\ -\frac{i}{\sqrt{2}} \end{bmatrix}=\begin{bmatrix} -\frac{1}{\sqrt{2}} \\ -\frac{i}{\sqrt{2}} \end{bmatrix}=1\mathbf{u}_2$$

이므로, $\mathbf{u}_1$, $\mathbf{u}_2$는 A의 고유벡터이다. 또한 $\|\mathbf{u}_1\|=\|\mathbf{u}_2\|=1$이고

$$\mathbf{u}_1\cdot\mathbf{u}_2=\mathbf{u}_1^*\mathbf{u}_2=0$$

이므로, $\mathbf{u}_1$, $\mathbf{u}_2$는 정규직교인 고유벡터이다.

16. $\mathbf{x}$, $\mathbf{y}$를 A의 서로 다른 고윳값 λ, μ에 대응하는 고유벡터라 하면, $A\mathbf{x}=\lambda\mathbf{x}$, $A\mathbf{y}=\mu\mathbf{y}$ (단,

$\mathbf{x} \neq \mathbf{0}$, $\mathbf{y} \neq \mathbf{0}$)이므로

$$\lambda(\mathbf{x} \cdot \mathbf{y}) = (\lambda \mathbf{y}^*)\mathbf{x} = \mathbf{y}^*(\lambda \mathbf{x}) = \mathbf{y}^*(A\mathbf{x}) = (\mathbf{y}^* A)\mathbf{x} = (A^* \mathbf{y})^* \mathbf{x}$$
$$= (A\mathbf{y})^* \mathbf{x} = (\mu \mathbf{y})^* \mathbf{x} = (\mu \mathbf{y}^*)\mathbf{x} = \mu(\mathbf{y}^* \mathbf{x}) = \mu(\mathbf{x} \cdot \mathbf{y})$$

가 성립한다. 그런데 $\lambda \neq \mu$이므로, $\mathbf{x} \cdot \mathbf{y} = 0$이다. 따라서 $\mathbf{x}$와 $\mathbf{y}$는 직교한다.

17. $\mathbf{x}$, $\mathbf{y}$를 A의 서로 다른 고윳값 λ, μ에 대응하는 고유벡터라 하면

$$\lambda(\mathbf{x} \cdot \mathbf{y}) = \lambda \mathbf{x} \cdot \mathbf{y} = U\mathbf{x} \cdot \mathbf{y} = \mathbf{x} \cdot U^* \mathbf{y} = \mathbf{x} \cdot \bar{\mu}\, \mathbf{y} = \mu(\mathbf{x} \cdot \mathbf{y})$$

가 성립한다. 그런데 $\lambda \neq \mu$이므로, $\mathbf{x} \cdot \mathbf{y} = 0$이다. 따라서 $\mathbf{x}$와 $\mathbf{y}$는 직교한다.

참고문헌

1. 강신덕 외 역, 《선형대수학》, 교우사, 2007.
2. 강은실 외 5인, 《선형대수 입문》, 경문사, 2009.
3. 강정흥 외 공저, 《선형대수 입문》, 교우사, 2010.
4. 송영귀, 《선형대수학》, 교우사, 2011.
5. 이병무, 《기초공학수학》, 경문사, 2009.
6. 이상구, 《현대선형대수학》, 경문사, 2010.
7. 이석종, 《벡터와 행렬의 기초》, 교우사, 2009.
8. 조영수 외 2인, 《선형대수학과 응용》, 경문사, 2006.
9. 조용욱, 《선형대수학과 응용》, 경문사, 2007.
10. 채갑병, 《선형대수학》, 경문사, 2010.
11. 한재영 외 2인, 《선형대수학》, 경문사, 2008.
12. David Poole, *Linear Algebra*, 3nd ed., Brooks/Cole, 2010.
13. Gereth Williams, *Linear Algebra with Applications*, 2010.
14. Kolman & Hill, *Elementary Linear Algebra*, 9th ed., Prentice Hall, 2008.
15. Nicholson, W. Keith, *Linear Algebra with Applications*, 6th ed., McGraw Hill, 2009.
16. Ron Larson and Davidc Falvo, *Elementary Linear Algebra*, 2009.
17. Serge Lang, Linear Algebra, *Elementary Linear Algebra*, 4th ed., Springer. 1987.
18. Stephen Andrill & David Hecker, *Elementary Linear Algebra*, 4th ed., Elsevier, 2010.

찾아보기

쉬운 설명, 다양한 예제

선형대수학 **입문**

지은이　이병무
펴낸이　조경희
펴낸곳　경문사
펴낸날　2013년　9월　1일　1판 1쇄
　　　　2023년 10월　1일　1판 4쇄
등　록　1979년 11월　9일　제 1979-000023호
주　소　04057, 서울특별시 마포구 와우산로 174
전　화　(02)332-2004　팩스 (02)336-5193
이메일　kyungmoon@kyungmoon.com

값 23,000원

ISBN 978-89-6105-721-9